本书由国家青年科学基金项目"能源技术进步偏向对空气污染治理的影响机理研究"（项目编号：71903179）资助

# 中国能源技术进步偏向

## 理论分析与经验实证

朱荣军◎著

企业管理出版社

ENTERPRISE MANAGEMENT PUBLISHING HOUSE

图书在版编目（CIP）数据

中国能源技术进步偏向：理论分析与经验实证 / 朱荣军著 . -- 北京：企业管理出版社，
2022.3

ISBN 978-7-5164-2569-5

Ⅰ.①中… Ⅱ.①朱… Ⅲ.①能源 – 技术进步 – 研究 – 中国 Ⅳ.① TK01

中国版本图书馆 CIP 数据核字（2022）第 038031 号

书　　名：中国能源技术进步偏向：理论分析与经验实证

书　　号：ISBN 978-7-5164-2569-5

作　　者：朱荣军

策划编辑：赵喜勤

责任编辑：赵喜勤

出版发行：企业管理出版社

经　　销：新华书店

地　　址：北京市海淀区紫竹院南路 17 号　　邮编：100048

网　　址：http://www.emph.cn　　　　　　电子信箱：zhaoxq13@163.com

电　　话：编辑部（010）68420309　　　发行部（010）68701816

印　　刷：北京七彩京通数码快印有限公司

版　　次：2022 年 4 月第 1 版

印　　次：2022 年 4 月第 1 次印刷

开　　本：710mm×1000mm　　　1/16

印　　张：16.5 印张

字　　数：244 千字

定　　价：78.00 元

# 前　言

　　环境污染与能源对外依存度上升一直是中国经济快速增长过程中所面临的两大关键问题，也是中国经济绿色发展必须要解决的难题。因此，即使在中国经济增速放缓至中高速增长的情况下，政府依旧加快产业结构调整的步伐并加大创新驱动战略的实施力度，这一方面使得中国的产业结构不断得到优化，另一方面使得中国的研发投入与产出水平得到了大幅度提升。按照逻辑，经济增速放缓势必会抑制中国能源需求的过快增长，而产业结构的优化与研发投入及产出水平的提升无疑会提升中国的能源效率，两者相结合将有助于解决中国环境污染问题，并有效保障中国能源安全。但是，中国的环境污染问题并未得到有效的缓解，并且能源对外依存度继续上升，导致中国能源安全问题进一步凸显。

　　为什么会出现这种反常现象？这种反常现象的形成机理是什么？中国又该如何有效地解决环境污染问题并保障自身的能源安全？本书基于这些现实问题展开分析。本书在梳理已有关于技术进步偏向理论的前沿文献与经典文献的基础上，将能源与技术进步偏向理论相结合，构建中国的能源技术进步偏向理论分析框架，理论分析中国能源技术进步偏向的影响因素。在此基础上，分别从全国层面、区域层面与企业层面对理论分析结果进行实证检验。最后，基于理论分析与实证检验的结果，提出相应的政策建议。

　　具体而言，本书的主要内容包括6个方面：第一是构建中国能源技术进步偏向的理论分析框架，理论分析中国能源技术进步在清洁能源技术与污染能源技术之间形成偏向的影响因素；第二是选取 1995—2017 年中国 31 个省（自治区、直辖市）的可再生能源专利数与化石能源专利数，采用变异系数、基尼系数与泰尔指数分析中国清洁能源技术进步与污染能源技术进步的总体发展情况、地区差异及出现差异的原因；第三是选取中国 1995—2017 年的时间序列数据，采用岭回归分析方法实证分析中国能源技术进步在可再生能源技术与化石能源技术之间形成偏向的影响因素，初步检验上述理论分析结果；第四是选取 2003—2017 年中国省际面板数据，采用 FGLS 实证分析中国区域能源技术进步在可再生能源技术与化石能源技术之间形成偏向的影响因素，进一步检验上述理论分析结果；第五是选取 2010—2017 年的企业面板数据，考虑融资约束的作用，采用 ZIP 模型实证分析企业能源技术进步偏向的影响因素，更进一步地检验理论分析结果；第六是提出促使中国能源技术进步偏向清洁的可再生能源技术，大力提升可再生能源技术水平，加快可再生能源对化石能源的替代速度，进而有效解决中国环境污染问题并保障中国能源安全的政策建议。

本研究得到的结论包括 7 个方面：①中国的清洁能源技术进步水平要高于污染能源技术进步水平，两者均存在明显的地区差异。2004 年后，清洁能源技术进步水平开始超过污染能源技术进步水平，两者的差距越来越大。清洁能源技术进步的地区差异呈"上升—下降—上升"变化，污染能源技术进步的地区差异在"上升—下降"波动中最终呈下降趋势，前者由主要来源于地区内差异逐渐演变成主要来源于地区间差异，后者主要来源于地区内的差异。②中国各个层面的能源技术进步偏向均存在路径依赖，即化石能源技术存量的增加将进一步强化能源技术进步偏向化石能源技术，与此对应的是，可再生能源技术存量的增加则将进一步强化能源技术进步偏向可再生能源技术，但前者的作用相对更大。③能源技术溢出对中国各个层面的能源技术进步偏向均存在显著作用，但在区域层面与企业层面表现出的作用大小有所不同。其中，化石能源技术溢出的增加促使能源技术进步偏向化石能源技术，而可再生能源技术溢出的增加则促使能源技术进步偏向可再生能源技术。对于区域能源技术进步偏向，可再生能源技术溢出的作用要大于化石能源技术溢出的作用，但对于企业能源技术进步偏向，化石能源技术溢出的作用相对更大。④化石能源价格的上涨仅能改变中国区域能源技术进步偏向，促使中国区域能源技术进步偏向可再生能源技术，但不能改变全国层面与企业层面的能源技术进步偏向。化石能源价格上涨会吸引企业进入可再生能源技术研发领域，但在企业进入之后，化石能源价格上涨反而会抑制企业的可再生能源技术进步，进而在总体上不利于企业的可再生能源技术进步，最终导致企业能源技术进步偏向化石能源技术。⑤企业面临的融资约束程度加剧促使企业能源技术进步偏向化石能源技术，其中外源融资约束程度加剧所产生的作用更大。融资约束程度加剧，尤其是外源融资约束程度的加剧，对企业可再生能源技术研发的抑制作用大于其对企业化石能源技术研发的抑制作用，导致企业能源技术进步偏向化石能源技术。⑥政府对可再生能源发展的政策支持可以有效改变全国层面与区域层面的能源技术进步偏向，促使全国层面与区域层面的能源技术进步偏向可再生能源技术。但是，对从事可再生能源技术研发的企业采取直接补贴的政策支持反而会抑制企业的可再生能源技术进步，使企业能源技术进步偏向化石能源技术。⑦环境规制难以改变中国区域能源技术进步偏向，但能促进企业的可再生能源技术研发，使企业能源技术进步偏向可再生能源技术。具体来看，环境规制水平提升将促使中国区域能源技术进步偏向化石能源技术。环境规制会促使企业进入可再生能源技术研发领域，在企业进入之后，环境规制会促进企业的可再生能源技术研发，进而使得企业能源技术进步偏向于可再生能源技术。

在理论分析与实证检验的基础上，本书提出了促使中国能源技术进步偏向可再生能源技术，进而大力提升可再生能源技术水平的政策建议：①中央政府与各级地方政府应根据各地区的可再生能源禀赋水平，有区别地加大对可再生能源技术发展的政策支持力度。②积极吸引可再生能源技术水平高的国家的直接投资，并加强与可再生能源技术水平高的国家之间的进出口贸易，加快吸收这些国家的可再生能源技术溢出。③加快中国能源要素价格的市场化进程，政府可以通过能源税等手段调节国内化石能源价格。④加快中国多层次资本市场的建设进程，为从事可再生能源技术研发的企业提供有效的外部资金支持，缓解其外源融资约束。⑤通过政府采购等手段增加从事可再生能源技术研发企业的市场规模，但减少对其的直接补贴。

本书中针对中国能源技术进步偏向的理论分析和政策建议，均为学术探讨。若有不当之处，欢迎相关专家和读者批评指正。

# 目 录

# 第一章

# 导 论

## 第一节　研究背景与研究意义

### 一、研究背景

改革开放以来，中国经济进入了高速增长的通道，年均增速接近 10%，渐次超越了英国、德国、日本等传统发达资本主义国家，成为仅次于美国的世界第二大经济体，创造了举世瞩目的"中国奇迹"。但是，奇迹的背后潜藏着诸多不容忽视的问题，其中又以环境污染问题与能源安全问题最为突出，这两个问题已经成为中国经济高质量发展道路上的主要"绊脚石"。对此，在中国经济由高速增长换挡至中高速增长，转而进入经济新常态之后，政府依旧下定决心来改变以往的规模速度型粗放增长方式，转而着力于产业结构的调整与优化，并不断加大创新驱动战略的实施力度，提升经济增长的质量与效率，力图通过提升能源效率来解决环境污染问题并保障自身的能源安全，以短期的阵痛换取长期的可持续增长。但中国的环境污染问题并未得到有效缓解，能源安全问题依然严峻。总体来看，中国经济发展呈现出"经济增速不断放缓，产业结构快速优化，创新发展大力实施，而环境污染问题未得到有效解决，能源安全问题十分严峻"的特征。

总体而言,中国的经济增速不断放缓,由高速增长转而进入中高速增长阶段。如图 1-1 所示,进入 21 世纪以来,中国的经济增长率水平呈逐年递增的态势,由 2000 年的 8.49% 逐年增加至 2007 年的 14.23%,这是 1978 年以来中国经济增长率水平的第二个峰值,仅次于 1984 年的 15.19%。在此之后,国际金融危机的爆发导致世界经济增速放缓。受此影响,中国经济的增长率水平由 2007 年的 14.23% 大幅度下降至 2008 年的 9.65%,并分别在 2012 年与 2016 年跌破了 8% 与 7%。到了 2019 年,中国的经济增长率进一步下滑至 5.95%,尚不及 2007 年的一半,更是创造了 1992 年以来的新低。若不考虑 2020 年新冠肺炎疫情突袭这一特殊情况,在 2007—2019 年期间,中国经济增长率的总体下降幅度达到了 8.28 个百分点,并在 2010—2016 年期间出现了经济增速连续 6 年都下滑的现象,导致中国经济由高速增长换挡至中高速增长,经济发展开始进入新常态。与前三次的增速下滑相比,低于 1984—1990 年 11.27 个百分点的下降幅度,但高于 1978—1981 年 6.22 个百分点、1992—1999 年 6.56 个百分点的下降幅度。

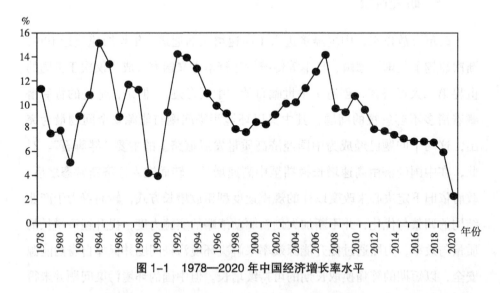

图 1-1　1978—2020 年中国经济增长率水平

将这一下降幅度放在世界范围内进行比较可以看出,中国的经济增速放缓幅度更是非常显著。如表 1-1 所示,在 2007 年之前,世界范围内的主要发达国家与经济体的经济增长率水平均在 5% 以下存在小幅度的波动,新兴经济体中印度与俄罗斯的经济增长率水平则存在上升趋势，但略低于中国经济增长率水平的增长幅度。2007 年之后，尽管世界经济在 2009 年产生了负增长，但在随后的 2010 年旋即恢复了正增长，在 2007—2019 年期间，经济增长率水平的总体下降幅度仅为 1.99 个百分点。OECD 国家、欧盟国家、美国、日本等发达国家与经济体的经济增速变化情况亦是如此，但总体下降幅度均未超过 3 个百分点。与新兴经济体相比，巴西、俄罗斯、南非与印度的经济增长率水平在 2007 年之后存在明显波动，有增有降，甚至出现了为负的情况，但未出现类似于中国这种明显的单边下降趋势，总体的下降幅度也明显小于中国的下降幅度。而印度与中国同属于世界上经济增长潜力巨大的新兴经济体，其经济增长率水平除了在 2008 年低至 3.89% 及 2019 年低至 4.04% 以外，2007—2019 年期间其余年份的增长率水平均保持在 5% 以上。并且，在中国经济增长率于 2016 年跌破 7% 的情况下，印度依旧逆势保持 7% 以上的增长率水平，经济增长率水平的整体下降幅度也未超过 4 个百分点。因此，无论是与发达国家或者发达经济体相比，还是与同属于新兴经济体的印度、巴西、俄罗斯及南非等国家相比，中国经济增长率水平的下降幅度都是十分明显的。

表 1-1　2000—2020 年部分国家与经济体的经济增长率水平

单位：%

| 年份 | 全世界 | OECD 国家 | 欧盟 国家 | 美国 | 日本 | 南非 | 巴西 | 印度 | 俄罗斯 |
|------|--------|-----------|-----------|------|------|------|------|------|--------|
| 2000 | 4.42 | 4.00 | 3.90 | 4.13 | 2.78 | 4.20 | 4.39 | 3.84 | 10.00 |
| 2001 | 1.95 | 1.40 | 2.18 | 1.00 | 0.41 | 2.70 | 1.39 | 4.82 | 5.10 |
| 2002 | 2.17 | 1.53 | 1.11 | 1.74 | 0.12 | 3.70 | 3.05 | 3.80 | 4.70 |
| 2003 | 2.95 | 2.05 | 0.91 | 2.86 | 1.53 | 2.95 | 1.14 | 7.86 | 7.30 |
| 2004 | 4.41 | 3.21 | 2.59 | 3.80 | 2.20 | 4.55 | 5.76 | 7.92 | 7.20 |
| 2005 | 3.90 | 2.82 | 1.92 | 3.51 | 1.66 | 5.28 | 3.20 | 7.92 | 6.40 |
| 2006 | 4.37 | 3.09 | 3.48 | 2.85 | 1.42 | 5.60 | 3.96 | 8.06 | 8.20 |
| 2007 | 4.32 | 2.72 | 3.14 | 1.88 | 1.65 | 5.36 | 6.07 | 7.66 | 8.50 |

续表

| 年份 | 全世界 | OECD 国家 | 欧盟 国家 | 美国 | 日本 | 南非 | 巴西 | 印度 | 俄罗斯 |
|---|---|---|---|---|---|---|---|---|---|
| 2008 | 1.86 | 0.28 | 0.65 | −0.14 | −1.09 | 3.19 | 5.09 | 3.09 | 5.20 |
| 2009 | −1.66 | −3.41 | −4.30 | −2.54 | −5.42 | −1.54 | −0.13 | 7.86 | −7.80 |
| 2010 | 4.31 | 2.95 | 2.21 | 2.56 | 4.19 | 3.04 | 7.53 | 8.50 | 4.50 |
| 2011 | 3.12 | 1.84 | 1.81 | 1.55 | −0.12 | 3.28 | 3.97 | 5.24 | 4.30 |
| 2012 | 2.52 | 1.28 | −0.76 | 2.25 | 1.50 | 2.21 | 1.92 | 5.46 | 4.02 |
| 2013 | 2.67 | 1.52 | −0.06 | 1.84 | 2.00 | 2.49 | 3.00 | 6.39 | 1.76 |
| 2014 | 2.87 | 2.08 | 1.57 | 2.53 | 0.37 | 1.85 | 0.50 | 7.41 | 0.74 |
| 2015 | 2.92 | 2.48 | 2.30 | 3.08 | 1.22 | 1.19 | −3.55 | 8.00 | −1.97 |
| 2016 | 2.61 | 1.76 | 2.00 | 1.71 | 0.52 | 0.40 | −3.28 | 8.26 | 0.19 |
| 2017 | 3.28 | 2.55 | 2.80 | 2.33 | 2.17 | 1.41 | 1.32 | 6.80 | 1.83 |
| 2018 | 3.03 | 2.24 | 2.11 | 3.00 | 0.32 | 0.79 | 1.78 | 6.53 | 2.81 |
| 2019 | 2.33 | 1.58 | 1.55 | 2.16 | 0.27 | 0.15 | 1.41 | 4.04 | 2.03 |
| 2020 | −3.60 | −4.69 | −6.22 | −3.49 | −4.80 | −6.96 | −4.06 | −7.96 | −2.95 |

数据来源：World Bank Data。

经济增速大幅度放缓无疑会影响中国跨越"中等收入陷阱"，进而迈入高收入国家行列的进程，但是，中国政府依旧下定决心来改变以往粗放型的经济增长方式，开始不断加快经济结构的战略性调整，提高经济发展的质量与效率，这使得中国的产业结构不断得到优化。如图1-2所示，自改革开放以来，第一产业占中国GDP的比重在经历了短暂的上升之后开始进入下降通道，由1990年的26.58%逐渐下降至2019年的7.11%，降幅十分显著。第二产业与第三产业占中国GDP的比重以2012年为分水岭，出现了完全不同的变化趋势。1878—2011年，第二产业占中国GDP的比重存在一定幅度的波动，但常年保持在45%左右的水平。第三产业占中国GDP的比重在经历短暂的波动之后，从1985年开始呈现出逐渐上升的趋势，但总体水平要低于第二产业占比。其中，在2003年之后出现的重化工业化趋势使得第二产业占中国 GDP 的比重在 2006 年达到了 47.6% 的高点，第三产业占中国 GDP 的比重则存在轻微的下降。从 2012 年开始，中国的产业结构一改以往"第二产业占比持续处于高水平而仅保持小幅度调整、第一产业与第三产业的占比以'剪刀型'路径调整"的特点，转而呈现出"第一产业占比继续下降但降幅较小、第三产业占比迅速超过第二产业占比而居于首位"的全新特点。具体来看，作为中国能源消耗大户的第二产业，其占中国 GDP 的比重在 2012 年之后开始大幅度下降，到了 2019 年，已经低至 38.97%。而对于能源消耗量较小的第三产业，其占中国 GDP 的比重则在 2011 年之后开始大幅度上涨，并在 2012 年超过了第二产业的占比。到了 2019 年，第三产业占中国 GDP 的比重已经达到了 53.92%。

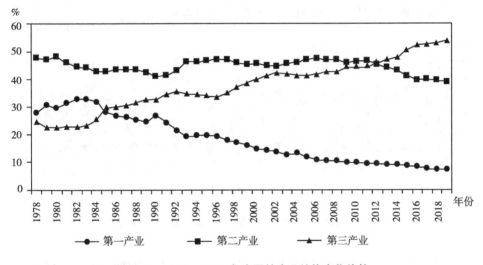

图 1-2　1978—2019 年中国的产业结构变化趋势

与之相对应的是，第三产业对中国 GDP 的贡献率在 2010 年之后开始不断上升，而第二产业的贡献率则逐年下降。如图 1-3 所示，自 2000 年开始，除了 2001 年之外，第二产业对中国 GDP 的贡献率在大部分年份都高于第三产业的贡献率。到了 2010 年，第二产业对中国 GDP 的贡献率更是高达 57.4%，而第三产业的贡献率则仅为 39.0%，两者相差 18.4 个百分点。在此之后，第二产业对中国 GDP 的贡献率由 57.4% 的高位水平逐年下降至 2017

年的 34.2%，而后存在小幅度的回调，至 2019 年，上升到了 36.8%，但与 2010 年相比，下降幅度依旧达到了 20.6 个百分点。而第三产业对中国 GDP 的贡献率则由 2010 年的 39.0% 逐年增加至 2018 年的 61.5%，2019 年降至 59.4%，但与 2010 年相比，上升幅度依旧高达 20.4 个百分点，几乎与第二产业贡献率的下降幅度持平。从 2014 年开始，第三产业一跃取代第二产业，成为推动中国 GDP 增长的第一引擎。可以看出，中国的产业结构调整无论是在幅度上，还是在效果上，均取得了重大突破，中国经济结构的战略性调整正在逐步取得成效。

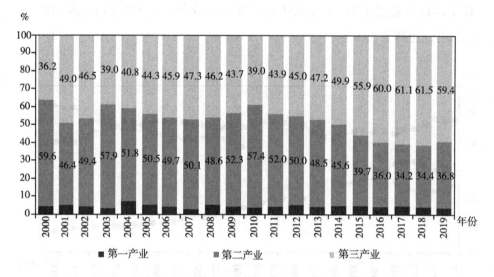

图 1-3　2000—2019 年中国三次产业对 GDP 的贡献率

与产业结构调整及优化同时进行的是，中国政府不断加大创新驱动战略的实施力度，创新发展理念不断凸显，使得中国的研发投入与产出水平均得到了快速的提高。2000 年，中国的研发支出与研发人员投入分别为 895.66 亿元、92.21 万人年。此后，中国的研发支出与研发人员投入均快速增加。如图 1-4 所示，两者分别以每年近 20%、10% 的水平增加，其中，研发支出在 2001 年突破了 1000 亿元的水平，研发人员投入则在 2002 年突破了 100 万人年的水平。即使在受到国际金融危机的严重影响之后，中国的研发支出与研发人员投入在 2008—2015 年间也分别增加了 206.97% 与 91.26%。至 2019

年，中国的研发支出与研发人员投入分别达到了 22143.58 亿元、480.08 万人年。相比于 2000 年，增幅分别达到了 23.72 倍、4.21 倍，研发人员投入的增长趋势十分显著。

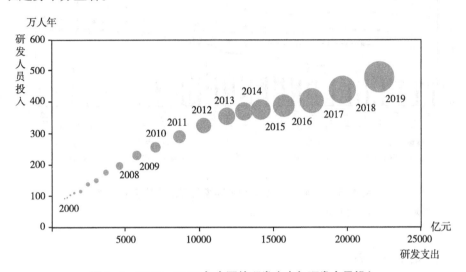

**图 1-4 2000—2019 年中国的研发支出与研发人员投入**

不断增加的研发支出使得中国的研发强度水平逐年提高，由早期低于大部分发达国家与新兴经济体的水平，转而提升至绝对超过其他新兴经济体并逐渐接近发达国家与发达经济体的水平。如图 1-5 所示，1996 年，中国的研发强度水平仅为 0.57%，尚低于俄罗斯（0.97%）与印度（0.63%）。但在随后的数年中，中国的研发强度水平不断提升，到了 2004 年，已经完成了对俄罗斯、南非、巴西与印度等国家的超越。此后，在这 4 个国家的研发强度保持在 1% 左右水平波动的情况下，中国的研发强度继续逐年增加，即使是国际金融危机也未阻挡增加的步伐。到了 2013 年，中国的研发强度已经超过了 2%，不仅将俄罗斯、南非、巴西与印度等新兴经济体远远地甩在身后，而且开始跻身世界研发强度水平较高国家的行列。2014 年，中国的研发强度水平已经超过了整个欧盟国家的水平，不断接近 OECD 国家与美国的水平。此后，中国的研发强度水平稳步提升，由 2014 年的 2.02% 增加至 2019 年的 2.24%，超过了欧盟国家的水平，与 OECD 国家的水平逐渐接近。日本、美国等发达国家的研发强度水平在总体上比较稳定，而中国的研发强度水平则

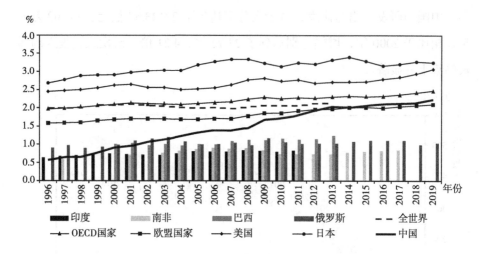

**图 1-5　1996—2019 年部分国家与经济体的研发强度**

数据来源：World Bank Data 和 OECD。

呈明显的上升趋势。

与此同时，中国的研发产出水平也呈不断增加的态势。如表 1-2 所示，中国在专利合作协定（Patent Cooperation Treaty，PCT）中申请的专利数在 2000 年为 25346 件，占全世界的比例仅为 3.08%，尽管高于印度、南非、巴西与俄罗斯等国家，但远远低于发达国家与发达经济体的水平，仅为美国 PCT 专利申请数的 15.38%。到了 2007 年，中国的 PCT 专利申请数相比 2000 年的水平增加了近 5 倍，达到了 153060 件，占全世界的比例也达到了 14.51%，但依旧不及美国 2000 年的 PCT 专利申请数，也不及同期日本 PCT 专利申请数的一半。2015 年，中国的 PCT 专利申请数又增加了 532.60%，达到了 968252 件，占全世界的比例也攀升至 51.94%。不仅远远高于印度、南非、巴西与俄罗斯等国的水平，而且在快速增加的过程中于 2009 年、2010 年与 2015 年分别超过了美国、日本与整个 OECD 国家的 PCT 专利申请水平，成为世界上 PCT 专利申请数最多的国家。此后，中国的 PCT 专利申请数依旧保持非常高的增速，在其他国家的 PCT 专利申请数保持较慢增速的情况下，中国的 PCT 专利申请数占全世界 PCT 专利申请数的比例逐年上升。到了 2019 年，欧盟国家的 PCT 专利申请数占全世界的比例仅为 4.14%，日本所占比例为

表 1-2 2000—2019 年部分国家与经济体的 PCT 专利申请数（单位：件）

| 年份 | 全世界 | OECD 国家 | 欧盟国家 | 美国 | 日本 | 中国 | 俄罗斯 | 印度 | 南非 | 巴西 |
|---|---|---|---|---|---|---|---|---|---|---|
| 2000 | 823163 | 752241 | 96284 | 164795 | 384201 | 25346 | 23377 | 2206 | 895 | 3179 |
| 2001 | 832292 | 752498 | 85366 | 177513 | 382815 | 30038 | 24777 | 2379 | 966 | 3439 |
| 2002 | 825400 | 741413 | 83028 | 184245 | 365204 | 39806 | 23712 | 2693 | 983 | 3481 |
| 2003 | 856413 | 752467 | 82272 | 188941 | 358184 | 56769 | 24969 | 3425 | 922 | 3866 |
| 2004 | 895630 | 780219 | 83787 | 189536 | 368416 | 65786 | 22985 | 4014 | 956 | 4044 |
| 2005 | 965511 | 813383 | 82973 | 207867 | 367960 | 93485 | 23644 | 4721 | 1003 | 4054 |
| 2006 | 997878 | 809962 | 82673 | 221784 | 347060 | 122318 | 27884 | 5686 | 866 | 3956 |
| 2007 | 1054755 | 829570 | 92853 | 241347 | 333498 | 153060 | 27505 | 6296 | 915 | 4194 |
| 2008 | 1080237 | 815539 | 94756 | 231588 | 330110 | 194579 | 27712 | 6425 | 860 | 4280 |
| 2009 | 1075392 | 773005 | 93676 | 224912 | 295315 | 229096 | 25598 | 7262 | 822 | 4271 |
| 2010 | 1160899 | 789177 | 94332 | 241977 | 290081 | 293066 | 28722 | 8853 | 821 | 4228 |
| 2011 | 1291549 | 799150 | 94116 | 247750 | 287580 | 415829 | 26495 | 8841 | 656 | 4695 |
| 2012 | 1441076 | 829655 | 92961 | 268782 | 287013 | 535313 | 28701 | 9553 | 608 | 4798 |
| 2013 | 1625118 | 845534 | 93229 | 287831 | 271731 | 704936 | 28765 | 10669 | 638 | 4959 |
| 2014 | 1713038 | 840289 | 92991 | 285096 | 265959 | 801135 | 24072 | 12040 | 802 | 4659 |
| 2015 | 1864186 | 831382 | 84301 | 288335 | 258839 | 968252 | 29269 | 12579 | 889 | 4641 |
| 2016 | 2128683 | 845353 | 93621 | 295327 | 260244 | 1204981 | 26795 | 13199 | 704 | 5200 |
| 2017 | 2162897 | 838822 | 91618 | 293904 | 260292 | 1245709 | 22777 | 14961 | 728 | 5480 |
| 2018 | 2294881 | 823910 | 89574 | 285095 | 253630 | 1393815 | 24926 | 16289 | 657 | 4980 |
| 2019 | 2144825 | 822759 | 88889 | 285113 | 245372 | 1243568 | 23337 | 19454 | 567 | 5464 |

数据来源：World Bank Data。

注：为了保持专利申请数在不同国家之间的可比性，本研究选取的是各个国家与经济体在专利合作协定中的专利申请数，而非各国在国内的专利申请数。

11.44%，美国所占比例为 13.29%，整个 OECD 国家所占比例为 38.36%，都不及中国的 57.98%。

研发投入与产出水平的大幅度增加极大地提升了中国的技术进步水平，加之中国产业结构的不断调整与优化，使得中国的能源效率水平得到显著提升。如图 1-6 所示，自 1978 年以来，中国的 GDP 单位能耗一直处于较低水平，1991 年也仅为 2.12 千元 / 吨标准煤。此后，在 1991—2000 年有了大幅度的提升，至 2000 年，中国的 GDP 单位能耗水平已经达到了 6.82 千元 / 吨标准煤。但在 2000—2007 年，中国的 GDP 单位能耗在 6.5~8.7 千元 / 吨标准煤之间徘徊，未呈现出明显增加的趋势。随着中国产业结构的不断优化与技术进步水平的不断提升，中国的 GDP 单位能耗水平由 2007 年的 8.68 千元 / 吨标准煤快速上升至 2020 年的 20.40 千元 / 吨标准煤，增幅约为 135%。这表明，在 2007—2020 年期间，中国的能源效率得到了极大的提升。

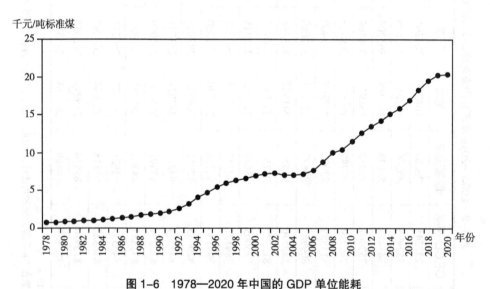

图 1-6　1978—2020 年中国的 GDP 单位能耗

经济增速大幅度放缓无疑会降低中国的能源需求，能源效率的提高又会节约能源，这理论上有助于解决中国的环境污染问题并保障中国的能源安全。然而，中国的环境污染问题并未得到有效改善。由亚洲开发银行和清华大学联合发布的环境报告指出，中国最大的 500 个城市中只有不到 1% 的城市达到了世界卫生组织推荐的空气质量，在全球污染最严重的 10 个城市中，中国更是占到了 7 个（张庆丰等，2012）。2016 年，由美国耶鲁大学与哥伦比亚大学联合推出的环境表现指数（EPI）显示，中国的 EPI 分值仅为 65.1 分，与 80 分的良好环境分值依旧存在较大的差距，在世界 180 个主要国家与地区中也仅排名 109 位。尤其是在空气质量水平方面，中国的情况更是十分严峻。如表 1-3 所示，中国的空气质量得分仅为 23.81 分。其中，PM2.5 污染的分值为 0，这意味着，PM2.5 污染已经基本上覆盖了中国的绝大部分地区。$NO_2$ 污染的分值为 15.29 分，排名 176 位。到了 2020 年，中国的 EPI 分值进一步降至 37.3，与 80 分的良好环境分值的差距更大了，在世界 180 个主要国家与地区中的排名进一步下滑至 120 位。在分项指标中，空气质量与 PM2.5 的分值存在明显的上升，但和排名前 10 位的国家相比，依旧存在显著差异。即使在"金砖五国"中，中国的空气质量与 PM2.5 分值也不存在明显的优势，仅比印度的表现好。这表明，虽然中国政府加大了环境污染的治理力度，空气质量与 PM2.5 的表现也有了一定程度的提升，但是整体的环境表现并未得到显著提升，环境污染治理依旧任重道远。

2016 年，即使是在 EPI 分值的排名居于倒数前 10 位的国家中，除了孟加拉国以外，其余 9 个国家的空气质量分值也均高于中国。而 EPI 分值排名居于前 10 位的国家中，除了斯洛文尼亚以外，其余 9 个国家的空气质量分值均在 80 分以上，基本上不受 PM2.5 的污染，仅在 $NO_2$ 污染中表现的略微严重。与美国及日本等发达国家相比，美国与日本的 EPI 分值分别排名 26 位与 39 位，空气质量分值也分别达到了 89.73 与 77.63 的高分水平，且基本上不受 PM2.5 的污染。即使是在这两个国家得分相对较低的 $NO_2$ 污染方面，其分值也要高于中国。此外，与新兴经济体相比，中国的 EPI 分值要高于印度，但远低于俄罗斯、巴西与南非。其中，印度的空气质量分值要略高于中国，而俄罗斯、巴西与南非在空气质量、PM2.5 污染、$NO_2$ 污染的分值这 3 个方面均全面超过中国。

此外，中国的环境污染已经不仅局限于国内，中国所排放的二氧化碳逐年增加。如表 1-4 所示，1990 年，中国的二氧化碳排放量为 21.73 亿吨，不

表1-3　2016年与2020年部分国家的环境质量得分情况

| 排名 | 2016年 | | | | | 排名 | 2020年 | | | |
| --- | --- | --- | --- | --- | --- | --- | --- | --- | --- | --- |
| | 国家 | EPI | 空气质量 | PM2.5 | $NO_2$ | | 国家 | EPI | 空气质量 | PM2.5 |
| 1 | 芬兰 | 90.68 | 93.77 | 100 | 53.72 | 1 | 丹麦 | 82.5 | 85.5 | 78.8 |
| 2 | 冰岛 | 90.51 | 97.04 | 100 | 84.06 | 2 | 卢森堡 | 82.3 | 87.2 | 81.4 |
| 3 | 瑞典 | 90.43 | 93.26 | 100 | 52.77 | 3 | 瑞士 | 81.5 | 90.6 | 87.8 |
| 4 | 丹麦 | 89.21 | 86.98 | 100 | 28.70 | 4 | 英国 | 81.3 | 84.7 | 75.4 |
| 5 | 斯洛文尼亚 | 88.98 | 78.26 | 84.82 | 51.81 | 5 | 法国 | 80 | 88.1 | 82.2 |
| 6 | 西班牙 | 88.91 | 91.27 | 100 | 50.83 | 6 | 奥地利 | 79.6 | 81.3 | 73.9 |
| 7 | 葡萄牙 | 88.63 | 93.36 | 100 | 60.63 | 7 | 芬兰 | 78.9 | 98.8 | 100 |
| 8 | 爱沙尼亚 | 88.59 | 92.90 | 100 | 54.64 | 8 | 瑞典 | 78.7 | 98.2 | 100 |
| 9 | 马耳他 | 88.48 | 94.81 | 100 | 96.25 | 9 | 挪威 | 77.7 | 97.9 | 100 |
| 10 | 法国 | 88.20 | 82.43 | 100 | 30.46 | 10 | 德国 | 77.2 | 81.1 | 70.4 |
| 26 | 美国 | 84.72 | 89.73 | 100 | 40.74 | 12 | 日本 | 75.1 | 85.9 | 78 |
| 32 | 俄罗斯 | 83.52 | 84.76 | 100 | 36.69 | 24 | 美国 | 69.3 | 84.2 | 78.8 |
| 39 | 日本 | 80.59 | 77.63 | 92.09 | 24.87 | 55 | 巴西 | 51.2 | 50 | 56.6 |
| 46 | 巴西 | 78.90 | 91.78 | 100 | 76.58 | 58 | 俄罗斯 | 50.5 | 54.1 | 46.9 |
| 81 | 南非 | 70.52 | 88.84 | 100 | 66.71 | 98 | 南非 | 43.1 | 28.9 | 22.7 |

续表

| 排名 | 2016年 国家 | EPI | 空气质量 | PM2.5 | NO₂ | 排名 | 2020年 国家 | EPI | 空气质量 | PM2.5 |
|---|---|---|---|---|---|---|---|---|---|---|
| 109 | 中国 | 65.10 | 23.81 | 0 | 15.29 | 120 | 中国 | 37.3 | 27.1 | 23.4 |
| 141 | 印度 | 53.58 | 28.07 | 0 | 77.18 | 169 | 印度 | 27.6 | 13.4 | 10.9 |
| 171 | 刚果 | 42.05 | 51.51 | 74.98 | 93.84 | 171 | 海地 | 27 | 31.1 | 47.5 |
| 172 | 莫桑比克 | 41.82 | 71.94 | 100 | 90.87 | 172 | 所罗门群岛 | 26.7 | 27 | 40.1 |
| 173 | 孟加拉国 | 41.77 | 21.86 | 0 | 78.38 | 173 | 乍得 | 26.7 | 26.8 | 42.4 |
| 174 | 马里 | 41.48 | 64.05 | 100 | 92.86 | 174 | 马达加斯加 | 26.5 | 36.1 | 56.4 |
| 175 | 乍得 | 37.83 | 67.41 | 100 | 94.33 | 175 | 几内亚 | 26.4 | 24.7 | 37.8 |
| 176 | 阿富汗 | 37.50 | 70.74 | 100 | 92.86 | 176 | 科特迪瓦 | 25.8 | 20.3 | 25.9 |
| 177 | 尼日尔 | 37.48 | 63.35 | 100 | 93.84 | 177 | 塞拉利昂 | 25.7 | 25.1 | 37.3 |
| 178 | 马达加斯加 | 37.10 | 71.53 | 100 | 96.25 | 178 | 阿富汗 | 25.5 | 17.7 | 25.4 |
| 179 | 厄立特里亚 | 36.73 | 77.11 | 100 | 95.77 | 179 | 缅甸 | 25.1 | 20.7 | 27 |
| 180 | 索马里 | 27.66 | 68.69 | 100 | 97.67 | 180 | 利比里亚 | 22.6 | 30.9 | 43.7 |

数据来源：EPI官网（http://epi.yale.edu）。

注：满分均为100分，EPI与空气质量的分值越高，表示环境质量与空气质量越高。PM2.5与空气质量的分值越高，表明PM2.5污染的情况越不严重。

表 1-4 1990—2018 年部分国家与经济体的二氧化碳排放量变化情况（单位：亿吨）

| 年份 | 全世界 | OECD | 欧盟 | 美国 | 日本 | 中国 | 印度 | 俄罗斯 | 南非 | 巴西 |
|------|--------|--------|-------|-------|-------|-------|-------|--------|------|------|
| 1990 | 206.08 | 113.35 | 35.63 | 48.45 | 10.93 | 21.73 | 5.62 | 21.65 | 2.48 | 1.98 |
| 1991 | 207.99 | 113.82 | 35.24 | 48.08 | 11.06 | 23.02 | 6.07 | 21.41 | 2.42 | 2.05 |
| 1992 | 207.42 | 114.15 | 34.09 | 48.80 | 11.17 | 24.18 | 6.30 | 20.05 | 2.39 | 2.09 |
| 1993 | 208.74 | 115.14 | 33.49 | 50.00 | 11.10 | 26.44 | 6.52 | 18.22 | 2.46 | 2.15 |
| 1994 | 209.84 | 117.09 | 33.36 | 50.73 | 11.63 | 27.64 | 6.88 | 16.13 | 2.52 | 2.23 |
| 1995 | 215.83 | 118.64 | 33.90 | 51.27 | 11.73 | 30.85 | 7.41 | 15.65 | 2.64 | 2.42 |
| 1996 | 220.39 | 122.44 | 34.87 | 52.83 | 11.86 | 30.65 | 7.77 | 15.34 | 2.74 | 2.63 |
| 1997 | 223.94 | 125.07 | 34.19 | 55.48 | 11.74 | 31.29 | 8.21 | 14.27 | 2.89 | 2.82 |
| 1998 | 225.10 | 125.10 | 34.10 | 55.91 | 11.31 | 32.32 | 8.40 | 14.19 | 2.97 | 2.91 |
| 1999 | 226.16 | 125.61 | 33.55 | 56.10 | 11.66 | 31.49 | 9.04 | 14.56 | 2.78 | 3.01 |
| 2000 | 233.12 | 128.82 | 33.62 | 57.76 | 11.83 | 33.44 | 9.40 | 14.90 | 2.85 | 3.13 |
| 2001 | 237.07 | 129.00 | 34.18 | 57.49 | 11.71 | 35.27 | 9.54 | 14.91 | 3.21 | 3.20 |
| 2002 | 240.54 | 127.96 | 34.11 | 55.94 | 12.07 | 38.08 | 9.88 | 14.92 | 3.31 | 3.17 |
| 2003 | 251.44 | 130.22 | 35.04 | 56.60 | 12.16 | 44.13 | 10.16 | 15.22 | 3.53 | 3.09 |
| 2004 | 263.20 | 131.51 | 35.09 | 57.40 | 12.11 | 51.22 | 10.87 | 15.34 | 3.80 | 3.27 |

续表

| 年份 | 全世界 | OECD | 欧盟 | 美国 | 日本 | 中国 | 印度 | 俄罗斯 | 南非 | 巴西 |
|---|---|---|---|---|---|---|---|---|---|---|
| 2005 | 273.25 | 131.91 | 34.89 | 57.56 | 12.14 | 58.19 | 11.38 | 15.31 | 3.78 | 3.31 |
| 2006 | 282.24 | 131.24 | 34.97 | 56.57 | 11.90 | 64.32 | 12.14 | 15.90 | 3.80 | 3.34 |
| 2007 | 293.12 | 132.95 | 34.57 | 57.40 | 12.26 | 69.88 | 13.36 | 15.92 | 3.97 | 3.52 |
| 2008 | 295.75 | 129.76 | 33.79 | 55.63 | 11.60 | 71.95 | 14.24 | 16.13 | 4.27 | 3.72 |
| 2009 | 292.54 | 122.07 | 31.29 | 51.60 | 11.01 | 77.15 | 15.69 | 14.95 | 4.04 | 3.51 |
| 2010 | 310.32 | 126.88 | 32.15 | 53.93 | 11.56 | 84.71 | 16.65 | 15.83 | 4.25 | 3.98 |
| 2011 | 320.04 | 124.50 | 31.17 | 51.72 | 12.12 | 92.78 | 17.61 | 16.62 | 4.09 | 4.17 |
| 2012 | 324.44 | 122.62 | 30.58 | 49.50 | 12.52 | 95.33 | 19.09 | 16.67 | 4.27 | 4.52 |
| 2013 | 330.54 | 123.22 | 29.84 | 50.90 | 12.61 | 99.37 | 19.67 | 16.24 | 4.37 | 4.83 |
| 2014 | 330.85 | 120.94 | 28.39 | 51.03 | 12.20 | 98.95 | 21.37 | 16.07 | 4.48 | 5.07 |
| 2015 | 329.43 | 120.33 | 28.97 | 49.83 | 11.82 | 98.30 | 21.50 | 15.58 | 4.25 | 4.80 |
| 2016 | 329.41 | 119.62 | 29.04 | 48.89 | 11.71 | 98.14 | 21.83 | 15.31 | 4.25 | 4.42 |
| 2017 | 333.52 | 119.25 | 29.27 | 48.14 | 11.52 | 100.18 | 23.01 | 15.57 | 4.35 | 4.50 |
| 2018 | 340.41 | 119.98 | 28.71 | 49.81 | 11.06 | 103.13 | 24.35 | 16.08 | 4.33 | 4.28 |

数据来源：World Bank Data。

到美国的一半，略高于俄罗斯。但中国的二氧化碳排放量在随后的数年中开始增加，到了 2001 年已经达到了 35.27 亿吨，超过了整个欧盟国家（34.18亿吨）。到了 2005 年，开始超过美国，跃居世界第一。在此之后，产业结构不断优化与技术进步水平不断提升也未能阻止中国二氧化碳排放量逐年增加的趋势。到了 2018 年，中国的二氧化碳排放量已经高达 103.13 亿吨，远远高于美国的 49.81 亿吨，接近整个 OECD 国家的 119.98 亿吨。

将中国二氧化碳排放量的变化情况及其他国家与经济体的二氧化碳排放量变化情况进行比较可发现，在 2000 年之前，各个国家的二氧化碳排放量占世界二氧化碳排放总量的比例相对比较稳定，中国的占比在 12% 左右，美国的占比在 23% 左右（如图 1-7 所示）。在进入 21 世纪之后，"金砖四国"与其余国家的二氧化碳排放量占比分别在 12% 与 33% 左右上下浮动，但中国、美国及欧盟国家的二氧化碳排放量占比发生了剧烈的变化，由美国居首、欧盟国家次之、中国居于末位的总体趋势，逐渐演变成中国占据首位、美国居于次席、欧盟国家居于末位的趋势，且美国与欧盟国家的二氧化碳排放量占比不断下降。到了 2008 年之后，中国的二氧化碳排放量占比继

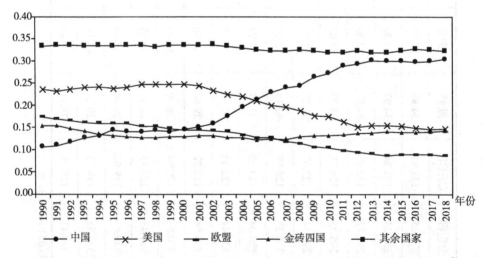

图 1-7　1990—2018 年世界各个国家与经济体的二氧化碳排放量占比的变化情况 [1]

数据来源：World Bank Data。

———————

[1] "金砖四国"是指俄罗斯、巴西、南非与印度。

续增加并稳居世界第一位，美国与欧盟国家的占比水平加起来也不及中国的占比水平。具体来看，1990年，中国的二氧化碳排放量占全球的二氧化碳排放量的比例仅为10.55%。美国的占比为23.51%，欧盟国家的占比为17.29%，"金砖四国"的占比为15.40%，其余国家的占比为33.26%，都高于中国。随后，中国的二氧化碳排放量占比逐年上升，由10.55%上升到2005年的21.30%，超过了20%，而后继续上升到了2018年的30.30%。在此期间，美国的占比降至14.63%，欧盟国家的占比降至8.43%，"金砖四国"的占比升至14.40%，其余国家的占比为32.23%。至2018年，中国的占比是美国占比的2倍多，是欧盟国家占比的3倍多，是"金砖四国"占比的2倍多，与其余国家的占比非常接近。

据估计，中国的环境污染成本已经占到GDP的8%以上，其中，发达地区的环境成本更是高达GDP的10%（杨继生等，2013）。为了解决环境污染问题，中国政府不断加大环境治理的投资力度。如图1-8所示，2000年，中国的环境污染治理投资总额为1014.9亿元，占GDP的比例为1.01%，甚至超过了同期中国的研发强度水平。此后，中国的环境污染治理投资总额在总体上呈不断攀升的态势，其占GDP的比例也由1%左右不断增加至2008—2014年期间的1.5%左右。到了2015年，中国的环境污染治理投资总额略有

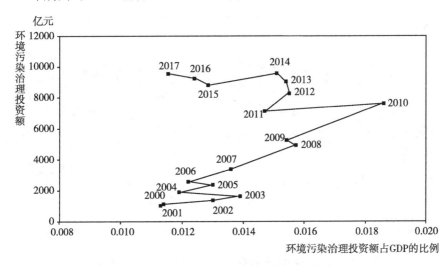

图1-8　2000—2017年中国环境污染治理投资水平

数据来源：历年《中国统计年鉴》。

下降，但依旧高达 8806.3 亿元。与印度、巴西、俄罗斯与南非等国相比，这些国家的研发强度水平即使到了 2014 年也未超过 1.3%，这意味着中国用于环境治理的投资比例要远远超过这些国家用于研发的支出比例。如果将环境治理投资用于中国的研发支出，则意味着中国的研发强度将会达到 3.5%，这一研发强度水平将远远超过美国，并与日本接近。此后，中国的环境污染治理投资总额又开始上升，到了 2017 年，达到了 9538.95 亿元，接近于万亿级别。在加大环境治理的同时，中国环境保护部更是在 2015 年重新启动了尘封近十年之久的绿色 GDP 研究，加快构建绿色 GDP2.0 体系，这都反映了中国目前所面临的环境污染问题依旧十分严峻。

更为严峻的是，中国的能源安全问题日益凸显。如图 1-9 所示，2001 年之前，中国的能源在总体上并不依赖于其他国家。但在 2001 年之后，中国的能源在总体上需要依靠进口，尤其是在中国经济保持高速增长的时期，中国能源对外依存度逐年上升，到 2007 年已经达到了 8.42%。在 2007 年之后，能源对外依存度不但丝毫未见下降趋势，反而继续保持逐年增加近 1 个百分点的态势，到 2014 年，已经达到了 15.02%，增加幅度与 2002—2007 年的相差无几。而在同期，OECD 国家与美国的能源对外依存度分别由 2008 年的

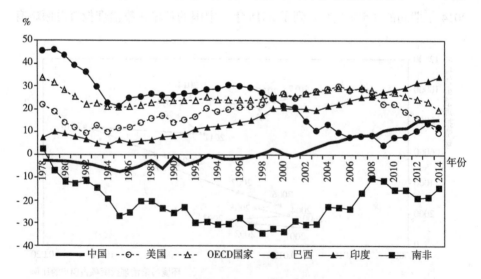

图 1-9　1978—2014 年部分国家与经济体的能源对外依存度

数据来源：World Bank Data。

28.31% 与 25.26% 快速下降至 2014 年的 19.64% 与 9.21%。其中，美国的能源对外依存度更是在 2013 年之后就已经低于中国。南非长期保持能源的独立性，巴西的能源对外依存度则由近 50% 的高位水平开始下降，在 2008 年之后开始低于中国。印度的能源对外依存度原本就高于中国，但其上升幅度相对较小。

此外，中国化石能源对外依存度的上升幅度更是十分显著，其中又以石油与天然气表现得最为明显。如图 1-10 所示，在煤炭、石油与天然气中，1990 年，三者均不需要依赖外部进口。但是，煤炭自 1991 年开始依赖进口，石油从 1993 年开始需要依赖进口，天然气从 2007 年开始需要依赖进口。其中，煤炭的对外依存度水平相对较低，至 2016 年达到 12.07% 之后又开始下降，至 2020 年已经降至 2.49%，影响相对较小。但是，石油与天然气的对外依存度均保持明显的上升趋势。石油对外依存度由 1993 年的 1.62% 一路快速飙升至 2020 年的 70.52%，上升速度非常快。天然气一改 2007 年之前基本不依赖国外的特征，一路猛增至 2018 年的 42.96%，虽然此后两年有所降低，但在 2020 年依旧保持在 41.48% 的高位水平，产生了"中东北非地区稍微一乱，中国能源价格旋即一抖，中国经济增长微微一颤"的现象，保障能源安全问题变得愈发迫切。

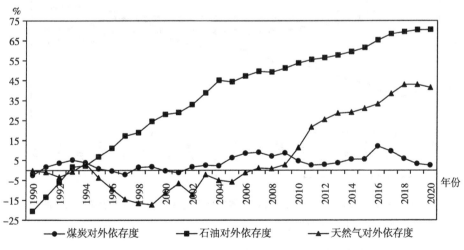

图 1-10　1978—2020 年中国的化石能源对外依存度

数据来源：历年《中国统计年鉴》。

为什么会产生上述反常现象？其中一个主要原因在于，可再生能源的物理性能低于化石能源，成本高于化石能源，研发可再生能源面临的不确定性高于研发化石能源。研发者基于利润最大化的原则，将大量的研发资源投入到污染能源技术研发中，而清洁能源技术研发却难以吸引足够的研发资源，使得中国能源技术进步偏向污染能源技术，促进了污染能源的技术进步 ①。在技术进步的作用下，污染能源技术水平不断得到提升，降低了污染能源的平均使用成本，导致污染能源在中国能源消费结构中始终占据绝对的主导地位，由此产生的环境污染问题与能源安全问题也难以得到有效的缓解与改善。如图 1–11 所示，以化石能源为代表的污染型能源在中国能源消费结构中所占的比例一直居高不下。具体来看，全世界的化石能源消费量占能源消费总量的比例在 80%~83% 之间，OECD 国家与美国的化石能源消费量占能源消费总量的比例则自 1978 年之后开始稳步下降，由高峰时期的 90% 以上逐年下降至 2014 年的 80% 左右。有所不同的是，中国的化石能源消费量占能源消费总量的比例自 1978 年开始呈现出逐年上升的趋势，由 1978 年的

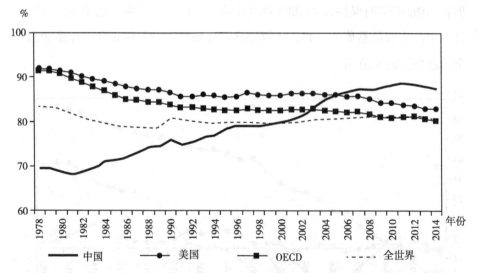

图 1–11　1978—2014 年部分国家及全世界的化石能源消费量占能源消费总量的比例
数据来源：World Bank Data。

---

① 参考 Noailly 和 Smeets（2016）的做法，本书中的污染能源主要是指在使用过程中会产生环境污染的能源，具体是指石油、煤炭与天然气等传统化石能源。

69.64% 稳步上升至 2007 年的 87.41%。即使在中国经济增速放缓，产业结构调整与优化的步伐不断加快、技术进步水平也大幅度提升的情况下，化石能源消费量所占比例依旧存在一定程度的上涨，在 2011 年已经达到 88.73%。尽管这一占比在此后有所下降，但到了 2014 年，这一占比水平依旧达到 87.48%，甚至略高于 2007 年的水平。

作为一个发展中国家，长期保持经济的中高速增长依旧是中国的首要目标，也是中国应对诸多国内外挑战的关键所在，更是完成"两个一百年"奋斗目标的根本所在。而在经济增长过程中，能源要素的投入变得越来越重要，其对中国经济增长的贡献超过了 50%（蒲志仲等，2015）。因此，经济的中高速增长将会持续产生庞大的能源需求。但是，在中国能源消费结构以化石能源为主的情况下，化石能源的大量消耗所产生的环境污染问题已经严重影响到了中国经济的可持续增长，环境污染治理已经迫在眉睫，建设生态文明更是中国政府未来工作中的重中之重。并且，作为负责任的大国，中国政府也积极地参与全球环境治理，积极地履行减排承诺[①]。更为关键的是，中国国内的能源供给，尤其是化石能源的供给，已经远远无法满足国内的能源需求，从国外尤其是地缘政治冲突频繁的地区进口化石能源，使得中国的能源安全难以得到有效保障，中国经济的中高速增长容易受制于他国。对此，中国必须加快推进能源生产与消费革命，构建清洁低碳、安全高效的能源体系，这样既可以有效维持中国经济的中高速增长，又可以助力中国的生态文明建设，更可以有效保障中国的能源安全。

吸引研发资源进入清洁能源技术研发领域，促使中国的能源技术进步偏向清洁能源技术，提升清洁能源技术水平，进而降低清洁能源的平均使用成本，最终扭转清洁能源相对于污染能源在利用成本上的劣势，可以达到推动中国能源生产与消费革命，并构建清洁低碳、安全高效的能源体系的总体

---

① 在 2009 年召开的哥本哈根世界气候变化会议上，中国政府郑重承诺，中国的单位 GDP 二氧化碳排放到 2020 年将比 2005 年下降 40%~45%。在 2015 年召开的气候变化巴黎会议上，中国政府进一步做出承诺，中国的二氧化碳排放量将力争在 2030 年左右达到峰值，并争取尽早实现单位 GDP 二氧化碳排放比 2005 年下降 60%~65%。

目标。基于此，本书聚焦于"哪些因素会影响中国的能源技术进步偏向"和"哪些因素会促使中国的能源技术进步偏向清洁能源技术"等问题的分析。首先，梳理已有关于技术进步偏向理论的国内外经典文献与前沿文献，指出已有技术进步偏向理论在微观机理分析及现实运用中的一些不足。其次，从微观机理分析与现实运用两个方面对技术进步偏向理论进行拓展，构建中国能源技术进步偏向理论分析框架，理论分析中国能源技术进步偏向的影响因素。再次，分别从全国层面、区域层面及企业层面对上述理论分析结果进行实证检验。最后，结合上述理论分析与实证检验的结果，本书系统地给出促使中国能源技术进步偏向清洁能源技术的政策建议，为推动中国的能源生产与消费革命，并构建清洁低碳、安全高效的能源体系提供重要参考。

## 二、研究意义

提升中国的清洁能源技术水平，加快清洁能源对污染能源的替代速度，促进中国的能源生产与消费革命，进而形成以清洁能源为主的能源消费结构，是维持中国经济中高速增长、有效解决环境污染问题、保障国内能源安全的有效途径，也是中国经济走向绿色发展的现实道路。本书一方面立足于中国技术进步来源于国内技术研发活动与国外技术溢出的现状，进一步考虑技术溢出的作用，完善了技术进步偏向理论的微观机理分析；另一方面，基于能源要素投入对经济增长的重要作用，将能源要素与技术进步偏向理论相结合，对技术进步偏向理论的分析框架进行了拓展，据此构建了中国能源技术进步偏向的理论分析框架。在此基础上，本书从三个层面实证分析了能源技术进步偏向的影响因素。最终根据研究结论提出促使中国能源技术进步偏向清洁能源技术，进而加快实现中国能源生产与消费革命的现实路径，这对于中国经济的绿色发展、能源安全、生态文明建设等均具有十分重要的意义。

### （一）理论意义

第一，本书纳入了技术溢出效应，对技术进步偏向理论的微观机理分析进行了一定程度的完善。最早的技术进步偏向理论研究主要关注发达国家，并且以封闭经济的分析框架为主，分析指出，价格效应与市场规模效应是影响技术进步偏向的两个最主要的因素（Acemoglu，2002）。此后的研究对此进行了两个方面的拓展：一方面，由封闭经济的分析框架拓展至开放经济的分析框架（Acemoglu et al.，2014；Hemous，2016）；另一方面，考虑到研发活动存在路径依赖的特征，所以纳入生产率效应（Acemoglu et al.，2012）。但是，这两个方面的拓展依旧未摆脱将研究聚焦于发达国家的旧有特征，忽视了发展中国家的技术进步既源于自身的研发活动，又源于吸收发达国家技术溢出的特点。由于离世界技术前沿较远，发达国家的技术溢出同样会对发展中国家的技术进步产生重要的促进作用（Coe and Helpman，1995）。并且，对于中国这一世界最大的发展中国家而言，吸收发达国家的技术溢出确实促进了中国国内的技术进步（李梅与柳士昌，2011）。基于此，本书聚焦于中国这一发展中国家，假设中国的技术进步源于国内研发活动与吸收发达国家的技术溢出，在已有技术进步偏向理论分析框架的基础上进一步纳入了技术溢出的作用，对技术进步偏向理论的微观机理分析进行了一定的完善。

　　第二，本书拓展了技术进步偏向理论的分析框架，将技术进步偏向理论的分析框架运用到能源要素的相关问题分析中。以往的研究主要将技术进步偏向理论运用到劳动力与资本这两种生产要素的分析中，分析技能溢价与劳动收入份额变化这两个问题，但对于能源要素的研究却比较匮乏。一方面，在中国经济快速增长的过程中，能源所发挥的作用越来越重要。已有文献研究表明，能源投入对中国经济增长的贡献率在1952—2012年达到了41.8%，而在2003—2012年更是高达53.1%（蒲志仲等，2015）。另一方面，区别于劳动力与资本，能源要素，尤其是化石能源的大量使用，会产生明显的负外部性。据估计，中国的环境污染成本已经占到GDP的8%以上（杨继生等，2013）。因此，将技术进步偏向理论分析框架运用到能源问题的分析中，可以为分析中国经济的中高速增长与生态文明建设等现实问题提供一定的理论基础。本书将Acemoglu et al.（2012）、Acemoglu et al.（2014）及Hemous（2016）的技术进步偏向理论分析框架与能源要素相结合，构建中国能源技术进步偏向的理论模型，研究中国的能源技术进步偏向问题，有效地拓展了技术进步偏向理论的分析框架。

（二）现实意义

第一，本书为中国的能源生产与消费革命、生态文明建设及经济的绿色发展提供了现实指导。以往有关中国能源问题的研究主要集中在"国际能源价格上涨是否会对中国宏观经济运行产生冲击"，"技术进步在提高能源效率过程中是否会遇到回弹效应的影响"及"政府能否通过公共政策手段促进中国能源效率的提升"等问题上（陈宇峰和陈启清，2011；冯烽和叶阿忠，2012；张江山和张旭昆，2014）。主要得出两个重要结论：一是技术进步可以提高能源效率，缓解国际能源价格冲击对中国宏观经济运行的不利影响；二是中国能源技术进步存在显著的回弹效应，导致中国的节能减排效果不佳。结合这两个结论可以发现，仅考虑能源技术进步的大小，而不考虑能源技术进步的偏向，将无法有效达到节能减排的目标，更难以有效促进中国经济的绿色发展。本书另辟蹊径，从理论层面与实证层面系统研究了中国能源技术进步的偏向问题，给出了促使中国能源技术进步偏向清洁能源技术的政策建议，为中国的能源生产与消费革命、生态文明建设及经济的绿色发展指明了方向。

第二，本书为中国各地区制定能源政策提供了重要参考。尽管幅员辽阔的中国拥有丰裕的能源资源，但中国的能源资源分布呈现出明显的区域差异性。其中，山西、陕西、新疆与内蒙古等地区的化石能源禀赋十分丰裕，占全国化石能源储量的比例在40%以上（罗来军等，2015）。而太阳能、陆上风能等清洁能源则受到地理条件的限制，主要分布在海拔较高的宁夏、甘肃、新疆、青海及西藏等地区，海上风能、水能等清洁能源则主要分布在东部沿海地区。除此之外，中国的经济发展也呈现出明显的区域差异性，各地区的产业结构、工业化水平及城市化水平都存在明显差异，导致各地区的能源消费水平与能源消费结构也有所不同。能源禀赋水平与能源消费水平之间的差异会显著影响各地区的能源技术进步偏向。对于化石能源禀赋丰裕的地区而言，其能源技术进步是否会偏向化石能源技术，哪些因素能促使这些地区的能源技术进步偏向清洁能源技术？对于化石能源消费水平较高的地区而言，又有哪些因素会导致这些地区的能源技术进步偏向清洁能源技术？这些问题关乎中国各地区的能源发展战略。本书通过分析不同能源禀赋水平与不同能源消费水平的能源技术进步偏向问题，为中国各地区制定能源政策提供了有益的参考。

第三，本书为促进中国能源企业从事清洁能源技术研发，进而加快中国能源企业的转型与升级提供了方向。能源技术研发活动是一项系统工程，需要大量的资金支持，这远非企业内部资金所能满足，因此，从事能源技术研发活动的企业亟须从外部获取资金。一方面，无论是化石能源技术研发活动，还是可再生能源技术研发活动，都存在高风险性和不确定性，导致企业在从事化石能源技术研发与可再生能源技术研发时均容易受到融资约束的抑制作用。另一方面，与化石能源技术研发活动相比，可再生能源技术研发活动开展的时间相对较晚，所积累的知识存量也相对较少，使得可再生能源技术研发活动所面临的风险性与不确定性高于化石能源技术研发活动，导致可再生能源技术研发活动所面临的融资约束可能更大（Noailly and Smeets，2016）。中国的金融发展水平相对较低，对研发活动的支持力度也相应较弱，那么对于中国的能源企业而言，是在进行化石能源技术研发活动与可再生能源技术研发活动时都会受到融资约束的抑制作用，还是仅在进行可再生能源技术研发活动时会受到融资约束的抑制作用？若是前一种情况，是不是能源企业在进行可再生能源技术研发活动时受到的融资约束的抑制作用相对更大？本书在全国层面与区域层面的研究基础上，进一步实证分析了企业的能源技术进步偏向问题，并纳入融资约束，提出通过缓解清洁能源技术研发的融资约束，进而促使企业能源技术进步偏向清洁能源技术的现实路径，为中国能源企业的转型与优化提供政策建议。

## 第二节　重要概念界定

在最初构建技术进步偏向理论分析框架时，Acemoglu（2002）将技术进步偏向定义为：假设存在两种生产要素 $L$ 与 $Z$，生产函数的形式为 $F(L, Z,$

$A$），如果 $\partial\left(\dfrac{\partial F/\partial L}{\partial F/\partial Z}\right)\Big/ \partial A>0$，则技术进步偏向于 $L$；反之，则技术进步偏向于 $Z$。在此基础上，Acemoglu 进一步指出：技术研发者在对 $L$ 互补型技术及 $Z$ 互补型技术进行研发时所能获取的相对利润大小决定了技术进步偏向，而决定相对利润大小的因素主要包括价格效应与市场规模效应。

该定义主要关注生产要素 $Z$ 和 $L$，由于这两种生产要素的使用不会产生负外部性，因此，关注的焦点在于技术进步偏向对这两种生产要素所能获取的报酬的影响作用上。但在随后的研究中，Acemoglu et al.（2012）将关注的焦点由生产要素的报酬转移到技术的发展，主要分析了技术进步在污染技术与清洁技术之间的偏向问题。具体而言，假设存在两种生产要素与两种技术，分别为清洁型生产要素与污染型生产要素、清洁技术与污染技术。其中，清洁型生产要素与清洁技术互补，生产清洁要素密集型产品；污染型生产要素与污染技术互补，生产污染要素密集型产品。在清洁技术与污染技术中，技术研发者基于对这两种技术进行研发所能获取的利润的相对大小，而将研发资源投入到某种技术的研发中，导致技术进步偏向某类技术。若清洁技术研发所能获取的利润相对较大，则研发资源将进入清洁技术研发中，最终导致技术进步偏向清洁技术；反之，则导致技术进步偏向污染技术。

当生产要素为劳动力与资本时，分析技术进步在这两种生产要素之间的偏向及其对这两种生产要素的报酬的作用具有非常重要的现实意义，可以有效解释技能溢价与劳动收入份额下降等现实问题。但当生产要素为污染型要素与清洁型要素时，继续分析这两种生产要素所获得的报酬并不具备太大的现实意义，而分析技术进步在污染技术与清洁技术之间的偏向及其对清洁技术发展的作用则更有现实意义。因此，Acemoglu（2002）与 Acemoglu et al.（2012）对技术进步偏向的定义在基本原理上是一致的，只是研究对象发生了变化。

借鉴 Acemoglu et al.（2012）的做法，考虑到有些能源的使用会产生环境污染，而有些能源的使用则不会，本书将能源技术进步偏向定义为：能源技术进步在清洁能源技术与污染能源技术之间的偏向。具体而言，根据能源的使用是否会产生环境污染，将能源划分为污染型能源与清洁型能源，前者的使用会产生环境污染，并与污染能源技术结合生产污染能源密集型产品；后者的使用则不会，并与清洁能源技术结合生产清洁能源密集型产品。技术研发者基于对污染能源技术研发与清洁能源技术研发所能获得的相对利润的大小，选择将研发资源投入到某种类型的能源技术研发中。如果污染能源技术研发获得的利润相对较大，则技术研发者会将研发资源投入到污染能源技术研发中，促使能源技术进步偏向污染能源技术；反之，则促使能源技术进步偏向清洁能源技术。

## 第三节　研究内容与研究方法

### 一、研究内容

本书在梳理以往有关技术进步偏向理论研究的国内外经典文献与前沿文献的基础上，首先将能源要素与技术进步偏向理论相结合，构建中国能源技术进步偏向的理论分析框架，理论分析中国能源技术进步偏向的影响因素，接着从全国层面、区域层面与企业层面分别实证检验中国能源技术进步偏向的影响因素，最后依据上述理论分析与实证检验的结果提出政策建议。本书的主要内容包括六个方面。

第一，构建中国能源技术进步偏向的理论分析框架。已有的技术进步偏向理论研究主要关注其对劳动力与资本这两种生产要素的报酬的作用，对能源这一生产要素的关注相对较少。能源要素与这两种生产要素存在明显区别：某些能源的使用会产生环境污染，如传统的化石能源；而某些能源的使用则不会产生环境污染，如太阳能、风能等可再生能源。因此，在将技术进步偏向理论运用到能源要素问题的分析中时，关注的焦点应该是什么？是不同类型能源的报酬问题，还是能源技术进步在清洁能源技术与污染能源技术之间的偏向问题？此外，是否需要考虑开放经济下，中国从发达国家获取的能源技术溢出对中国能源技术进步偏向的作用？当产生环境污染后，政府采取公共政策进行干预，对中国能源技术进步偏向又会产生什么作用？这些问题都是在构建中国能源技术进步偏向理论分析框架时要着重考虑的问题，也是本书的首要研究内容。

第二，分析中国能源技术进步的特征及区域差异。中国的化石能源与可再生能源的发展面临显著差异：①在中国的能源禀赋中，化石能源占据主导位置，但占比呈下降趋势，可再生能源发展较快，占比呈明显的上升趋势；②化石能源的物理性能要优于可再生能源，研发化石能源所面临的风险要低于研发可再生能源；③中国的环境污染主要源于化石能源的大量使用，为有效治理环境污染，中国政府不断加大对可再生能源发展的支持力度，并通过"能耗双控"与"双碳目标"等战略抑制化石能源的使用。因此，化石能源的技术进步与可再生能源的技术进步会存在明显的差异。另外，由于经济发展水平、能源消耗水平、能源禀赋水平等方面的差异，各地区的化石能源技术进步与可再生能源技术进步也各有不同。因此，中国的能源技术进步偏向如何？呈现什么样的时空变化特征？更进一步的，在能源消费与能源禀赋不同的情况下，各地区的化石能源技术进步与可再生能源技术进步是否会存在差异？这种差异呈现什么样的变化特征？对这些问题的分析，有助于本书勾画出中国能源技术进步偏向的总体特征，为了解中国能源技术进步偏向的发展现状提供重要的数据支撑。这是本书的第二个重要研究内容。

第三，从总体上实证分析中国能源技术进步偏向的影响因素。中国目前的经济发展面临维持经济中高速增长、有效解决环境污染问题与保障能源安全三重压力，而促使能源技术进步偏向清洁能源技术，大力提升清洁能源技术水平，进而加快清洁能源对污染能源的替代，最终使清洁能源成为中国能源消费的主要来源，可以有效缓解这三重压力。那么，究竟哪些因素会影响中国的能源技术进步偏向？哪些因素会促使中国能源技术进步偏向清洁能源技术，哪些因素会促使中国能源技术进步偏向化石能源技术？此外，政府的公共政策干预对中国能源技术进步偏向的作用究竟如何，是否会促使中国能源技术进步偏向清洁能源技术？这些问题都是在构建完中国能源技术进步偏向理论分析框架之后，需要考虑的重要问题，是本书的第三个重要研究内容。

第四，进一步实证分析中国区域能源技术进步偏向的影响因素。尽管第二个研究内容已经从总体上给出了本书所要探讨的问题的答案，但是中国的经济发展水平、产业结构水平、能源消费水平、能源消费结构及能源禀赋水平等均存在显著的地区差异性，而这些都将直接影响到中国各地区的能源技术进步偏向。基于此，本书需要进一步深入分析中国区域能源技术进步偏向的影响因素。一方面，本书的面板数据分析中纳入了更多的样本数据，完善了实证分析结果；另一方面，本书对区域能源技术进步偏向的影响因素研究有助于更深入地了解其中的机制。因此，在实证分析中国能源技术进步偏向影响因素的基础上，本书进一步实证分析了中国区域能源技术进步偏向的影响因素。这是本书的第四个重要研究内容。

第五，实证分析企业能源技术进步偏向的影响因素。对全国层面与区域层面的能源技术进步偏向影响因素进行研究，可以有效验证第一个研究内容中提出的几个假设，但这两个研究内容主要侧重于宏观层面的分析，微观企业层面的研究尚需要进一步深入。对于企业而言，除全国层面与区域层面提到的几个影响因素外，融资约束对企业能源技术进步偏向的作用也十分重要，这与能源技术进步源于企业的能源技术研发活动，而能源技术研发活动需要大量资金支持的特点有关。无论是污染能源技术研发活动，还是清洁能源技术研发活动，都存在较高的风险与不确定性。但相较而言，清洁能源技术研发活动面临的风险与不确定性更大。因此，除了宏观层面分析中所考虑的影响因素之外，融资约束是否也会影响企业的能源技术进步偏向？本书在完成上述两块宏观层面的实证分析之后，进一步分析企业能源技术进步偏向的影响因素，尤其是考虑了融资约束的作用。这也是本书的第五个研究内容。

第六，提出促使中国能源技术进步偏向清洁能源技术的政策建议。能源要素投入在中国经济增长过程中所发挥的作用越来越显著，如何在有效保障中国能源投入，进而维持中国经济中高速增长的同时，降低能源消耗所带来的环境污染，是本书的重要关切。而促使能源技术进步偏向清洁能源技术可以有效地解决这一关切。究竟采取哪些政策措施能促使中国能源技术进步偏向清洁能源技术？根据全国层面、区域层面与企业层面的实证分析结果，在不同层面，究竟应该采取哪些政策措施来促使能源技术进步偏向清洁能源技术？这些问题是本书重点关注的第六个研究内容。

## 二、研究方法

本书在梳理以往经典文献与前沿文献的基础上，基于技术进步偏向、资源与环境经济学及技术创新经济学的相关理论，以中国经济发展过程中所面临的现实问题与挑战为导向，通过构建微观理论模型与经验实证分析，针对中国的现实问题提出有效的解决方案，最终为中国的能源生产与消费革命及经济绿色发展提供方向。本书的研究方法主要包括以下四个。

第一，文献分析方法。本书广泛收集与查阅国内外有关技术进步偏向理论的经典文献与前沿文献，按照技术进步偏向理论的起源、拓展与现实运用三个方面梳已有文献中技术进步偏向理论的研究逻辑进路与各种分析工具，为后续构建能源技术进步偏向理论分析框架及相关的实证检验提供基础。

第二，统计分析法。本书基于 1995—2017 年中国 31 个省（自治区、直辖市）的化石能源与可再生能源的专利申请数据，采用变异系数与均值分析了中国化石能源技术进步与可再生能源技术进步的总体特征与时序变化特征。在此基础上，考虑各省（自治区、直辖市）的能源消费、能源禀赋等方面的差异，采用基尼系数与泰尔指数分析中国化石能源技术进步与可再生能源技术进步的地区差异及其演化特征，并进一步分析地区差异的来源。此外，采用空间重心模型分析中国化石能源技术进步与可再生能源技术进步的空间演化特征。

第三，实证分析方法。①将能源划分为污染型能源与清洁型能源，并将能源技术划分为污染能源技术与清洁能源技术，在此基础上，将 Acemoglu et al.（2012）、Acemoglu et al.（2014）及 Hemous（2016）的技术进步偏向理论运用到能源问题分析中，构建中国的能源技术进步偏向理论分析框架，理论分析中国能源技术进步偏向的影响因素。②根据上述理论分析结果，选取全国层面的数据，采用岭回归分析方法进行实证分析，对理论分析结果进行实证检验。③在全国层面实证分析的基础上，选取中国30个省（自治区、直辖市）的面板数据，采用FGLS进一步对中国区域能源技术进步偏向的影响因素进行实证分析。④选取从事能源技术研发的企业，将其划分为从事化石能源技术研发的企业与从事可再生能源技术研发的企业，基于能源技术研发活动需要大量的资金支持，而这两种能源技术研发活动所面临的融资约束程度又不同的现状，本书通过构建零膨胀泊松模型（ZIP），在全国层面与区域层面实证研究的基础上，进一步纳入融资约束指标，实证分析企业能源技术进步偏向的影响因素。

第四，系统研究方法。促使中国能源技术进步偏向清洁能源技术，进而提高中国的清洁能源技术水平，是促进中国能源生产与消费革命，加强生态文明建设，进而使中国经济走上绿色发展道路的有效路径。哪些因素会促使中国能源技术进步偏向清洁能源技术，如何借助政府的公共政策手段来达到这一目的，是否需要缓解清洁能源技术研发的融资约束而使企业能源技术进步偏向清洁能源技术？针对这些问题，本书系统梳理上述理论分析与实证检验的结果，进而提出促使中国能源技术进步偏向清洁能源技术的政策建议，为相关部门的决策提供参考。

## 第四节　研究思路与框架安排

本书从中国经济发展过程中面临的现实挑战出发，提出研究的重要关切，即影响中国能源技术进步偏向的因素包括哪些，其中哪些因素能促使中国能源技术进步偏向清洁能源技术。围绕这两个问题，本书采用梳理经典文献与前沿文献、构建理论分析框架、进行系统性的实证检验三个步骤展开研究。首先，紧扣技术进步偏向理论这一主题，对已有研究文献进行全面系统的梳理，为后续的理论分析与实证检验奠定文献基础。其次，基于文献梳理，结合本书所要分析的两个问题，对已有的技术进步偏向理论分析框架进行一定程度的拓展，构建中国能源技术进步偏向理论分析框架，理论分析中国能源技术进步偏向的影响因素。再次，采用不同层面的数据对理论分析的结果进行系统的实证检验。最后，在总结理论分析与实证检验结论的基础上，围绕中国经济发展过程中所需要解决的问题，提出相应的政策建议。本研究的技术路线图如图1-12所示。

按照上述研究思路，本书总共分为以下八章。

第一章为导论，主要包括研究背景、研究意义、关键概念界定、研究内容、研究方法及研究框架等。

第二章对国内外有关技术进步偏向理论的经典文献与前沿文献进行详细的梳理。按照技术进步偏向理论的缘起、内涵与外延的扩展、现实运用及未来可能的研究四个方面进行梳理与评价，分析现有的技术进步偏向理论在微观理论分析及现实运用中需要进一步完善的地方，为后续将能源要素与技术进步偏向理论相结合，进而构建中国能源技术进步偏向理论的分析框架奠定文献基础，也为后续的实证分析提供文献支持。

第三章为中国能源技术进步偏向的理论模型构建。在文献梳理的基础上，将能源要素与技术进步偏向理论相结合。按照其使用是否会产生环境污染将能源要素划分为污染能源与清洁能源，其中，前者的使用会产生环境污染，并与污染能源技术相结合生产污染能源密集型产品，后者的使用则不会产生环境污染，并与清洁能源技术相结合生产清洁能源密集型产品。基于中国的技术进步源于自身研发投入与发达国家技术溢出的特点，同时考虑中国经济具有明显的开放性特征，本书按照由封闭经济框架下的中国能源技术进步偏向分析逐渐拓展至开放经济框架下的中国能源技术进步偏向分析的研究思路，构建中国的能源技术进步偏向理论分析框架。进一步考察了政府公共政策干预对中国能源技术进步偏向的作用，为后续的经验实证提供微观理论基础。

第四章为中国能源技术进步的特征分析。依据能源的使用是否会产生环境污染，选取传统的化石能源来表示污染能源，化石能源技术表示污染能源技术；选取可再生能源来表示清洁能源，可再生能源技术表示清洁能源技术。在此基础上，根据国内外经典文献与前沿文献及数据的可得性，本书采

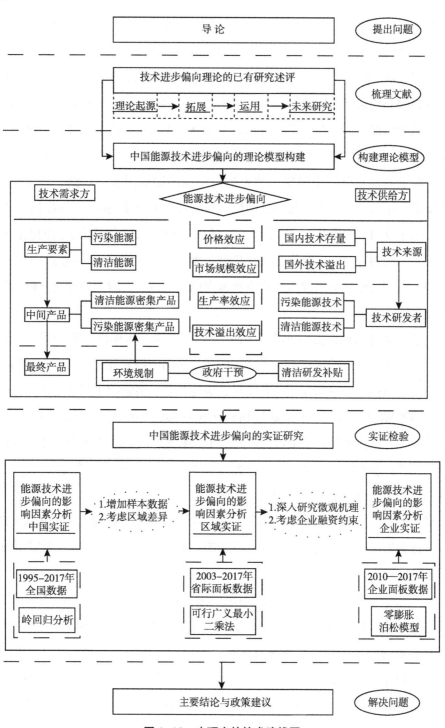

图 1-12  本研究的技术路线图

用与能源技术相关的专利申请数来衡量化石能源技术与可再生能源技术。基于化石能源技术与可再生能源技术的国际专利分类号（IPC），通过国家知识产权局获取1995—2017年中国的化石能源专利数与可再生能源专利数，采用变异系数与均值等方法分析中国清洁能源技术进步与污染能源技术进步的特征与演化情况；采用泰尔指数与基尼系数分析中国能源技术进步的地区差异及其来源；采用空间重心模型分析中国能源技术进步的空间演化特征。

第五章实证分析中国能源技术进步偏向的影响因素。根据上述理论分析框架，本书首先将焦点放到全国层面的能源技术进步偏向的影响因素分析上。基于第四章的能源技术进步数据，选取1995—2017年全国层面的能源技术进步偏向相关数据，根据上述理论分析得出的结论构建计量模型，采用岭回归方法实证分析中国能源技术进步偏向的影响因素，对上述理论分析结果进行检验。

第六章将研究焦点缩小至中国区域能源技术进步偏向的影响因素。在全国层面实证分析的基础上，考虑中国各地区的经济发展水平、产业结构水平、能源消费水平等均存在显著差异，而这些差异会影响中国各地区的能源技术进步偏向。对此，本章通过构建2003—2017年中国30个省（自治区、直辖市）的面板数据，采用可行广义最小二乘法（FGLS）实证分析中国区域能源技术进步偏向的影响因素。在此基础上，本章将中国30个省（自治区、直辖市）划分为东部地区与中西部地区、能源消费水平高的地区与能源消费水平低的地区、能源禀赋水平高的地区与能源禀赋水平低的地区，分别实证分析这些地区的能源技术进步偏向的影响因素，进一步完善对上述理论分析结果的检验。

第七章将研究焦点进一步缩小至中国企业能源技术进步偏向的影响因素。能源技术进步源于能源技术研发活动，而研发活动是一项系统性工程，需要大量的资金支持，且面临着极高的风险与不确定性。因此，能源技术研发活动容易受到融资约束的抑制作用。其中，化石能源技术研发活动与可再生能源技术研发活动所面临的风险与不确定性又存在明显差异。因此，融资约束将对化石能源技术研发与可再生能源技术研发产生不同程度的抑制作

用，进而会影响企业的能源技术进步偏向。基于此，本章从微观层面进一步实证分析能源技术进步偏向的影响因素，并考虑融资约束的作用，选取从事能源技术研发的企业，将其划分为化石能源技术研发企业与可再生能源技术研发企业，采用零膨胀泊松模型实证分析中国企业能源技术进步偏向的影响因素，从微观层面对上述实证分析进行进一步的完善。

第八章为研究结论、政策建议与研究展望。基于上述有关中国能源技术进步偏向理论分析框架的构建及三个层面的实证检验，本章对相关的结果进行梳理与提炼，从宏观、中观及微观这三个角度为中国能源生产与消费革命、能源结构转型及中国能源企业的转型升级提供政策建议。此外，本章还简单介绍了未来有关能源技术进步偏向问题的研究方向。

# 第二章

# 技术进步偏向理论的已有研究述评

在分析美国的技能溢价问题时，Acemoglu（1998）首次提出了技术进步偏向概念，并基于诱致性技术创新理论与内生增长理论给出了技术进步偏向的理论雏形。此后，Acemoglu（2002）构建了技术进步偏向理论的一般分析框架。后续的研究对此进行了拓展：一方面对该理论进行微观机理上的拓展。其中比较有代表性的是，Gancia 和 Bonfiglioli（2008）将技术进步偏向理论与南北贸易理论相结合，构建了开放经济下的技术进步偏向理论分析框架。Acemoglu et al.（2012）则将研究焦点由生产要素转向技术，将技术划分为污染技术与清洁技术，分析技术进步在污染技术与清洁技术中形成偏向的微观机理。在此基础上，Acemoglu et al.（2014）与 Hemous（2016）将该分析框架拓展至开放经济。另一方面，将技术进步偏向理论运用到现实问题的解释中，用以研究技能溢价、劳动收入份额下降及如何促使技术进步偏向清洁技术等相关问题。

因此，对于有关技术进步偏向理论的研究文献，本章从技术进步偏向理论的起源、技术进步偏向理论的分析框架及其扩展、技术进步偏向理论的现实运用三个方面进行细致的梳理。最后对相关研究进行总体上的评述并提出几个未来可以突破的方向。

# 第一节　技术进步偏向理论的起源

### 一、技术进步偏向理论的前身——诱致性技术创新假说

1932 年，美国著名经济学家 Hicks 在其著作《工资理论》中提出了诱致性技术创新假说，即生产要素的相对价格变化会刺激某个特定的创新，该创新旨在节约已经变得相对昂贵的生产要素。该假说提出了两个问题：一个问题是技术创新并不是作用于全部的生产要素，而是作用于个别的生产要素，这是技术进步偏向理论雏形的核心要义，即在两种不同的生产要素中，技术进步对其中一种生产要素的促进作用要大于其对另一种生产要素的促进作用；另一个问题是产生技术创新的原因在于生产要素的相对价格变化，即当两种生产要素的价格之比发生变化时，会引起相应的技术创新。但是，Hicks（1932）并未对该假说展开论述，将其发展成理论。因此，彼时的诱致性技术创新主要是以假说形式存在，既无微观机理分析，也无经验实证，因而未曾受到太多的关注。

直到 20 世纪 60 年代，诱致性技术创新假说才重新受到学者们的关注。学者们试图为该假说构建微观理论基础，将该假说发展成一个理论，期间的研究主要基于两个基本假设展开：一是创新可能性前沿假设（Innovation Possibility Frontier，IPF），最早由 Kennedy（1964）提出，核心在于从技术供给角度来描述知识水平给定的情况下，资本的技术进步率与劳动的技术进步率的集合，即技术由谁提供的问题。原因在于，Hicks（1932）主要关注技术的需求问题，即哪些生产要素需要技术进步来推动，至于这些技术进步来源于哪里，并未进行具体的分析。二是诱致性假设，即在要素投入固定与创新可能性前沿的约束条件下，企业选择资本与劳动的瞬时增加速率，使得产出的增长率最大。此后，众多文献研究基于这两个假设展开，均尝试从要素禀赋、要素价格与技术创新之间的内在联系出发，为生产要素价格的相对变动如何影响特定生产要素的技术创新，进而导致要素份额变动这一逻辑分析框

架提供微观机理的支持。除了对微观机理进行完善之外，也有学者试图对该假说进行实证检验，主要关注两种生产要素的价格发生变化之后，是否会促进其中某一种生产要素的技术创新，至于是否会影响生产要素份额的变化，相关的实证分析较少。其中最具代表性的是，Hayami 和 Ruttan（1970）利用土地稀缺但劳动力丰裕的日本与劳动力稀缺但土地丰裕的美国作为研究对象，分析两个国家在农药化学与机械方面的不同技术创新水平，证明了生产要素稀缺导致的生产要素价格上涨会诱致与该生产要素相关的技术创新。此后，该结论经 Binswanger（1974、1978）等的不断发展而形成了"希克斯 – 速水 – 拉坦 – 宾斯旺格"假说（Hicks-Hayami-Ruttan-Binswanger Hypothesis）。

尽管上述学者的努力将诱致性技术创新假说的研究往前推进了一大步，但在微观机理的构建上依旧受到诟病，主要是技术供给端的分析，在清楚技术由谁供给之后，还要清楚技术以什么形式供给，这是以往研究依旧未解决的难题。其中，Nordhaus（1973）对创新可能性前沿的形式提出了质疑，认为针对某种生产要素的研发应该取决于以往所积累的知识存量，而不是孤立的存在。研发活动存在较高的风险与不确定性，对于技术研发者而言，如果在前期研发活动中积累了丰富的知识存量，那么在后续的技术研发活动中，技术研发者可以有效地利用这些知识存量，有助于降低后续技术研发活动的风险与不确定性。但从另一方面来看，前期研发活动积累的知识存量也有可能会抑制后续的研发活动，原因在于技术创新并非是一个线性的过程，整个过程充满了曲折和挑战，失败的概率较高。因此，在分析技术供给端的问题时需要考虑已有知识存量的作用。还有一个未得到有效解决的问题是，研发为什么要指向某一特定生产要素。如果仅考虑两种生产要素，这两种生产要素之间的关系有可能是互补，也有可能是替代。当其中一种生产要素的价格上升引起两种生产要素的相对价格发生变化时，在两种生产要素互补的情况下，研发有可能会指向价格上涨了的生产要素，进而节约使用；在两种生产要素可互相替代的情况下，研发并不一定会指向价格上涨了的生产要素，因为人们会用价格较低的生产要素来替代价格上涨了的生产要素。因此，这需要从厂商这一微观层面进行解答，以往的研究未能给出满意的答案。除了上述微观机理上存在的缺陷，实证分析也存在值得改进的地方，即 Nordhaus（1973）提出的以往所积累的知识存量对现有研发的作用，也应该纳入实证分析中。

总体来看，诱致性技术创新假说在微观机理构建与经验实证分析中均存在一些缺陷，但其所提出的几个关键概念却为技术进步偏向理论奠定了基础：一是技术创新存在方向的构想，为技术进步存在方向这一总体思路提供了参考；二是生产要素价格的作用，其在技术进步偏向理论中体现为价格效应；三是创新可能性前沿的作用，其在技术进步偏向理论中体现为生产率效应。

## 二、技术进步偏向理论的正式提出

诱致性技术创新假说一直未能解决其致命缺陷，且又逢新古典增长理论处于不断完善与发展的时期，因此，诱致性技术创新假说在此后未受到太多关注，而新古典增长理论提出的中性技术进步假设则成为经典的分析范式，受到学者们的广泛关注与运用。但在随后的发展过程中，中性技术进步假设受到了事实的严峻挑战。21 世纪之前，美国的大学生普遍被视为技能劳动力，工资水平较高，而高中生则被视为非技能劳动力，工资水平相应较低。这两种工资水平之间的差异被称为技能溢价，其在 20 世纪后 30 年发生了剧烈的变化。20 世纪 70 年代，美国大学生的工资比高中生的工资高 55%，到了 1980 年，这一数值降至 41%，而在 1995 年又增至 62%（Autor et al., 1998）。尤其是在 20 世纪 80 年代，在美国技能劳动力供给不断增加的情况下，技能溢价水平依旧呈快速上升趋势，这与中性技术进步假设所产生的结果恰好相反。按照中性技术进步假设的逻辑，技术进步导致技能劳动力的边际生产率增加幅度与非技能劳动力的边际生产率增加幅度一样，则当技能劳动力的供给不断增加时，技能溢价水平应该下降而不是上升。

对于这一反常现象的一种解释是，由于技术进步偏向技能劳动力，导致美国的技能溢价在技能劳动力供给水平大幅增加的情况下依旧呈显著上升的趋势（Krusell et al., 1997；Autor et al., 1998）。但是，Acemoglu（1998）认为这种解释蕴含了新技术从本质上来说就是与技能劳动力互补的意思，这种外生地假设技术进步与技能劳动力互补的做法同样面临很多挑战。对此，Acemoglu（1998）提出了两个方面的疑问：一是为什么技能劳动力在20世纪70年代增加之后，技术进步偏向技能劳动力的速度也加快了？二是为什么新技术与技能劳动力是互补的而不是替代的？显然，Krusell et al.（1997）与Autor et al.（1998）的解释无法回答这两个至关重要的疑问。

　　基于此，Acemoglu（1998）借鉴了诱致性技术创新假说中生产要素价格的作用，提出技术进步偏向理论的分析框架雏形来解释这一反常现象。其核心在于将技术进步方向进行内生化处理，弥补了以往研究中缺乏微观机理分析而简单假设技术进步是技能偏向型所存在的缺陷，由此也解释了技能劳动力供给与技能溢价同时上升的现象。该分析框架仅局限于劳动力内部，对技术供给的处理也比较简单，且主要关注技术需求方面的分析。针对这些问题，Acemoglu（2002）正式提出了一个更一般的技术进步偏向理论分析框架：一是将技术进步偏向理论拓展至包括两种生产要素的分析框架；二是在保留诱致性技术创新假说中生产要素价格作用的基础上，进一步纳入诱致性技术创新假说中提出的创新可能性前沿的作用，完善了技术供给方面的分析。

　　具体而言，技术进步偏向理论主要分析技术进步在两种生产要素之间的均衡偏向。影响这一均衡偏向的因素主要包括价格效应与市场规模效应：价格效应是指某一生产要素的价格上涨将会促进该生产要素的技术创新，即技术创新指向稀缺的生产要素；市场规模效应是指与某一生产要素互补的技术所面临的市场规模越大，将越能促进该生产要素的技术创新，即技术创新指向丰裕的生产要素。这两种效应对技术进步偏向的作用相反，究竟哪个效应占优势要根据两种生产要素之间的替代弹性而定。据此，Acemoglu（2002）提出了两个假设：一是弱的诱致性有偏假设，即只要替代弹性不等于1，则不考虑生产要素之间的替代弹性，某生产要素的相对丰裕程度提高，将产生偏向于该生产要素的技术进步；二是强的诱致性有偏假设，当替代弹性足够大，尤其是达到1~2之间的某个特定临界值时，技术进步中的诱致性有偏可以克服替代效应，并提高那些已经变得更加丰裕的生产要素的相对报酬。

根据技术进步偏向理论的分析框架，技术进步不仅具有大小属性，即其会促进生产要素的生产率快速提升，而且具有方向属性，即其对某种生产要素的促进作用不同于对另一种生产要素的促进作用。在理论上，这是对内生增长理论的一个重要拓展，由仅考虑技术进步大小拓展至同时考虑技术进步的大小与方向；在实践上，该理论可以有效地解释经济发展过程中所产生的技能溢价现象。

# 第二节　技术进步偏向理论的分析框架及其扩展

## 一、技术进步偏向理论的基本分析框架

Acemoglu（2002）的技术进步偏向理论基本分析框架主要包括三个部分：一是代表性消费者；二是产品生产部分，涉及两种生产要素与两种技术；三是技术供给部分，根据技术进步的种类，划分为实验室设备形式与基于知识的 R&D 模型形式。其中，产品生产部分处于完全竞争市场的状态，两种技术主要由技术研发者垄断提供，技术研发者基于利润最大化的原则选择将研发资源投入到哪种类型的技术研发中，最终决定了技术进步方向。具体理论模型如下。

（一）模型基本设定

1. 消费者部分

假设经济中存在一个代表性消费者，其偏好为固定的相对风险规避类型（CRRA）：

$$\int_0^\infty \frac{C(t)^{1-\theta} - 1}{1-\theta} e^{-\rho t} dt \tag{2-1}$$

其中，$\rho$ 是贴现率，$\theta$ 是衡量相对风险规避的系数。不考虑时间问题，这个代表性消费者的预算约束为：

$$C+I+R \leqslant Y \tag{2-2}$$

其中，$C$ 为消费支出，$I$ 为投资支出，$R$ 为研发支出。解其最优化问题可得到：

$$g_c = \theta^{-1}(r-\rho) \tag{2-3}$$

其中，$g_c$ 是消费的增长率，$r$ 是利率。

2. 产品生产部分

最终产品由两个中间产品按照 *CES* 函数的形式进行生产，具体的生产函数如下：

$$Y = \left[ \gamma(Y_L)^{\frac{\varepsilon-1}{\varepsilon}} + (1-\gamma)(Y_Z)^{\frac{\varepsilon-1}{\varepsilon}} \right]^{\frac{\varepsilon}{\varepsilon-1}} \tag{2-4}$$

其中，$Y$ 为最终产品的产出，$Y_L$ 和 $Y_Z$ 为两种中间产品，$\varepsilon$ 为替代弹性，$\gamma$ 决定了两个中间产品在最终产品生产中的重要程度。$Y_L$ 为 $L$ 密集型的中间产品，$Y_Z$ 为 $Z$ 密集型的中间产品，生产函数分别为：

$$Y_L = \frac{1}{1-\beta} \left[ \int_0^{N_L} x_L(j)^{1-\beta} d_j \right] L^\beta \tag{2-5}$$

$$Y_Z = \frac{1}{1-\beta} \left[ \int_0^{N_Z} x_Z(j)^{1-\beta} d_j \right] Z^\beta \tag{2-6}$$

其中，$\beta = (0, 1)$，$L$ 和 $Z$ 是这两种生产要素的总量。$Y_L$ 由生产要素 $L$ 和互补于 $L$ 的机器设备 $x_L$ 进行生产，机器设备的总量为 $N_L$，$Y_Z$ 也做类似的解释。假设所有的机器设备都由技术研发者垄断提供，每台机器设备的租赁价格分别为 $\chi_L(j)$ 和 $\chi_Z(j)$，所有机器设备在使用后完全折旧，每台机器设备产生的边际成本相同，按照最终产品计为 $\psi$。

3. 技术供给部分

本书主要借鉴 Kennedy（1964）的创新可能性前沿形式，技术供给包括两种：第一种是实验室设备形式，即知识的积累呈线性状态；第二种是基于知识的 R&D 形式，即以往的研发对现在的研发存在作用（Rivera-Batiz and Romer，1991）。

（1）实验室设备形式。假设新的机器设备的生产函数为：

$$\dot{N}_L = \eta_L R_L; \quad \dot{N}_Z = \eta_Z R_Z \tag{2-7}$$

其中，$R_L$ 是 $L$ 密集型产品的研发支出，$R_Z$ 是 $Z$ 密集型产品的研发支出，均以最终产品来衡量。$\eta_L$ 和 $\eta_Z$ 分别为研发成本，即在互补于 $L$ 的机器设备中投入一单位的研发支出将生产出 $\eta_L$ 单位互补 $L$ 的新机器设备，$\eta_Z$ 的解释与之类似。由于 $\dfrac{\left(\dfrac{\partial \dot{N}_Z}{\partial R_Z}\right)}{\dfrac{\partial \dot{N}_L}{\partial R_L}}=\dfrac{\eta_Z}{\eta_L}$ 是常数，因此，该形式的 $IPF$ 并不存在状态

依赖。

（2）基于知识的 R&D 形式。假设技术研发全部来自科学家，其供给水平保持不变，为 $S$。假如仅存在一个研发部门，则有 $\dot{N}/N \propto S$。相反，如果存在两个研发部门，则每个部门的生产率将取决于其现有的知识水平。假设新的机器设备的生产函数为：

$$\dot{N}_L=\eta_L N_L^{(1+\delta)/2} N_Z^{(1-\delta)/2} S_L ; \quad \dot{N}_Z=\eta_Z N_L^{(1-\delta)/2} N_Z^{(1+\delta)/2} S_Z \qquad (2-8)$$

其中，$\delta \leqslant 1$，表示已有研发对以往知识积累的依赖程度。当 $\delta=0$ 时，$(\partial \dot{N}_Z/\partial S_Z)/(\partial \dot{N}_L/\partial S_L)=\eta$，不存在依赖。当 $\delta=1$ 时，$(\partial \dot{N}_Z/\partial S_Z)/(\partial \dot{N}_L/\partial S_L)=\eta N_Z/N_L$，存在极端水平的依赖，即 $N_L$ 越高，则在未来对互补于 $L$ 的机器设备的研发变得越便宜，但对互补于 $Z$ 的机器设备的研发则不存在影响。

（二）经济均衡

1. 假设 $N_L$ 与 $N_Z$ 给定不变

由于中间产品的市场是完全竞争的，因此，其市场出清条件为：

$$p=\frac{p_Z}{p_L}=\frac{1-\gamma}{\gamma}\left(\frac{Y_Z}{Y_L}\right)^{-\frac{1}{\varepsilon}} \qquad (2-9)$$

假设最终产品的价格为基准价格，即：

$$\left[\gamma^{\varepsilon} p_L^{1-\varepsilon}+(1-\gamma)^{\varepsilon} p_Z^{1-\varepsilon}\right]^{\frac{1}{1-\varepsilon}}=1 \qquad (2-10)$$

产品市场的完全竞争表明，Z 密集型部门的利润最大化问题为：

$$\max_{L,\{x_L(j)\}} p_L Y_L -\omega_L L-\int_0^{N_L} \chi_L(j) x_L(j) d_j \qquad (2-11)$$

将产品价格 $p_L$、机器设备的租赁价格 $\chi_L(j)$ 及机器设备的数量 $N_L$ 当作给定量，Z 密集型部门的利润最大化问题与此相似，则机器设备的需求分别为：

$$x_L(j)=\left(\frac{p_L}{\chi_L(j)}\right)^{1/\beta} L ; \quad x_Z(j)=\left(\frac{p_Z}{\chi_Z(j)}\right)^{1/\beta} Z \qquad (2-12)$$

因此可以计算出最优价格：

$$\chi_L(j)=\frac{\psi}{1-\beta}; \quad \chi_z(j)=\frac{\psi}{1-\beta} \qquad (2\text{-}13)$$

假设边际成本 $\psi$ 为 $(1-\beta)$，则有 $\chi_L(j)=\chi_z(j)=1$。据此，可以得到技术研发者在提供互补于 $L$ 的机器设备 $j$ 时的利润 $\pi_L(j)=(\chi_L(j)-\psi)x_L(j)$。则技术供给者的利润为：

$$\pi_L=\beta p_L^{1/\beta}L; \quad \pi_z=\beta p_z^{1/\beta}Z \qquad (2\text{-}14)$$

利润贴现值的净现值为：

$$rV_L-\dot{V}_L=\pi_L; \quad rV_z-\dot{V}_z=\pi_z \qquad (2\text{-}15)$$

其中，$r$ 为利率。在稳态中，即 $\dot{V}=0$，此时有：

$$V_L=\frac{\beta p_L^{1/\beta}L}{r}; \quad V_z=\frac{\beta p_z^{1/\beta}Z}{r} \qquad (2\text{-}16)$$

这表明，技术进步方向的决定因素主要有两个：一是价格效应，即当 $p_L$ 增加时，将刺激互补于 $L$ 的机器设备的研发；当 $p_z$ 增加时，将刺激互补于 $Z$ 的机器设备的研发。二是市场规模效应，即当 $L$ 增加时，将刺激互补于 $L$ 的机器设备的研发；当 $Z$ 增加时，将刺激互补于 $Z$ 的机器设备的研发。价格效应表明，研发将指向稀缺的生产要素，而市场规模效应则表明，研发将指向丰裕的生产要素。因此，价格效应与市场规模效应对技术进步方向的作用相反。将式（2-16）进行进一步化解可得：

$$\frac{V_z}{V_L}=\underbrace{p^{1/\beta}}_{\text{价格效应}}\times\underbrace{\frac{Z}{L}}_{\text{市场规模效应}}=\left(\frac{1-\gamma}{\gamma}\right)^{\frac{\varepsilon}{\sigma}}\left(\frac{N_z}{N_L}\right)^{-\frac{1}{\sigma}}\left(\frac{Z}{L}\right)^{\frac{\sigma-1}{\sigma}} \qquad (2\text{-}17)$$

其中，$\sigma=\varepsilon-(\varepsilon-1)(1-\beta)$，该式表明，当且仅当 $\varepsilon>1$ 时，才有 $\sigma>1$，即仅当两个中间产品存在完全替代关系时，两个生产要素才可完全替代。如果 $\sigma>1$，则 $\frac{V_z}{V_L}$ 是关于 $Z/L$ 的递增函数；反之，则为递减函数。因此，生产要素之间的替代弹性决定了价格效应与市场规模效应的相对大小。因而当两种生产要素之间完全替代时，市场规模效应超过了价格效应；而在两种生产要素之间完全互补时，价格效应超过了市场规模效应。

2. 考虑 $N_L$ 与 $N_z$ 变化时的情况

当 $N_L$ 与 $N_z$ 变化时，在实验室设备形式中，"技术市场出清"条件为：

$$\eta_L \pi_L = \eta_Z \pi_Z \qquad (2-18)$$

令 $\eta = \eta_Z / \eta_L$，则技术市场出清条件化简为：

$$\frac{N_Z}{N_L} = \eta^{\sigma} \left(\frac{1-\gamma}{\gamma}\right)^{\varepsilon} \left(\frac{Z}{L}\right)^{\sigma-1} \qquad (2-19)$$

这表明，当技术进步方向被内生化之后，$\frac{N_Z}{N_L}$ 由生产要素的相对供给水平与生产要素之间的替代弹性共同决定。当 $\sigma>1$ 时，$Z/L$ 增加使得 $\frac{N_Z}{N_L}$ 也增加，$\frac{N_Z}{N_L}$ 增加意味着技术进步偏向 $Z$，即偏向丰裕的生产要素。当 $\sigma<1$ 时，$Z/L$ 增加导致 $\frac{N_Z}{N_L}$ 下降，但是更低的物质产品生产率将导致更高的边际产品价值。因此，即使当 $\sigma<1$ 时，技术进步也内生地偏向于相对更丰裕的生产要素。

在基于知识的 R&D 形式中，"技术市场出清"条件为：

$$\eta_L N_L^{\delta} \pi_L = \eta_Z N_Z^{\delta} \pi_Z \qquad (2-20)$$

均衡的技术市场出清条件为：

$$\frac{N_Z}{N_L} = \eta^{\frac{\sigma}{1-\delta\sigma}} \left(\frac{1-\gamma}{\gamma}\right)^{\frac{\sigma}{1-\delta\sigma}} \left(\frac{Z}{L}\right)^{\frac{\sigma-1}{1-\delta\sigma}} \qquad (2-21)$$

此时，生产要素的相对供给与技术进步方向之间的关系取决于 $\delta$[①]。

## 二、技术进步偏向理论分析框架的扩展

技术进步偏向理论分析框架的提出，一方面对诱致性技术创新假说进行了微观机理上的拓展，将技术进步进行了内生化处理，解决了 Nordhaus（1973）所提出的技术供给端问题；另一方面对 Romer（1990）、Grossman 和 Helpman（1991）与 Aghion 和 Howitt（1992）所提出的内生增长理论进行了拓展，由仅考虑内生化技术进步的大小拓展至同时考虑内生化技术进步的大小与方向，将内生增长理论分析框架向前推进了一步。

但是，Acemoglu 在 2002 年所提出的技术进步偏向理论分析框架相对比较简单，着重关注封闭经济的情况，并且聚焦于技术进步偏向对生产要素份

---

① 本小节仅给出了技术进步偏向理论的核心内容，完整的分析框架可参考 Acemoglu（2002）。

额的作用分析。因此，后续的研究主要从两个方面对该分析框架进行了拓展，并形成相对比较完善的理论分析框架①：一是将技术进步偏向理论分析框架由封闭经济拓展至开放经济。全球化进程的不断加速使得各国之间的经济联系变得越来越紧密，技能溢价等国内问题的形成越来越受到国际贸易等因素的影响。对此，诸多文献研究将技术进步偏向理论与南北贸易理论相结合，分析开放经济中的技术进步偏向问题。二是将技术进步偏向理论分析框架的焦点由关注生产要素的报酬问题转向关注清洁技术的发展问题，分析技术进步在清洁技术与污染技术之间形成偏向的原因。由于初始的分析框架主要基于资本与劳动力等不会产生负外部性问题的生产要素，因而关注的焦点在于要素的报酬问题。一旦生产要素中存在污染型投入，则分析与生产要素互补的技术的相关问题将变得更加重要，而分析这些生产要素的报酬问题则居于次席。因此，这方面的拓展主要关注如何使技术进步偏向清洁技术的相关问题。

（一）开放经济下的技术进步偏向理论分析框架

开放经济下，国际贸易将对发达国家与发展中国家的技能溢价及劳动收入份额等产生作用。封闭经济中，技术供给主要来自国内的研发，而在开放经济中，不同国家的技术获得渠道存在明显的差异：处在全世界技术前沿的发达国家主要通过自身的研发活动来推动技术进步，而落后于全世界技术前沿的发展中国家则主要通过模仿发达国家的技术来推动技术进步。针对不同类型国家的技术进步特征，Acemoglu 和 Zilibotti（2001）认为，发达国家与发展中国家进行贸易时，发达国家的技术来自国内自主的研发投入，而发展中国家则通过贸易等手段模仿发达国家的技术。糟糕的是，发达国家所研发的技术主要是为了最优化地利用国内的技能劳动力。这将直接导致发展中国家遇到"技术与技能错配"的问题，即这些技术不适宜发展中国家的劳动力，使得发展中国家的生产率下降。沿着这一分析框架，他们进一步指出，

_____

① 也有学者从其他方面进行了拓展，例如潘士远（2008）将与技术进步相关的专利制度纳入技术进步偏向与技能溢价的分析框架中，董直庆等（2014）在分析技能溢价时纳入了个体的教育选择问题。

即使发展中国家与发达国家能使用相同的技术，发展中国家也会面临"技术与技能错配"的问题，导致发展中国家与发达国家之间的人均产出差距不断扩大。

开放经济中，由于发展中国家对发达国家先进技术的模仿会损害发达国家的利益，因而发达国家会要求发展中国家加强知识产权保护。此时，发展中国家的知识产权保护水平将会对技术进步偏向理论的分析框架产生重要的影响。基于此，Gancia 和 Bonfiglioli（2008）将技术进步偏向理论与南北贸易理论相结合，理论分析了发展中国家知识产权保护水平对跨国间工资差异的影响。他们的一个关键假设是，发达国家进行自主研发，而发展中国家只能模仿发达国家的技术。基于此假设，如果发达国家与发展中国家之间存在贸易，则发展中国家将因实施模仿策略而倾向于保持较弱的知识产权保护水平。在技术研发者追求利润最大化，且其从发展中国家获得的收益受到发展中国家知识产权保护水平影响的情况下，发达国家的最优研发策略是将研发指向自身的技术需求，而不需要考虑发展中国家的技术需求，这将扩大不同国家之间的工资水平差异。

既然"发达国家的技术供给"与"发展中国家的技术需求"之间存在不匹配的问题，那么这种不匹配是否会促进发展中国家的技术研发者向发达国家流动呢？毕竟，发达国家的技术研发者因其知识产权受到完全的保护而能获得更高的收益，而发展中国家的技术研发者则因知识产权保护水平较低而无法获得全部的收益。因此，发展中国家的技术研发者有可能不断向发达国家流动。Leite et al.（2014）对此问题展开了研究，指出移民、受过高等教育的知识分子及有较高科研潜能的群体在发达国家的技术研发与经济增长中发挥了重要作用，且在技术研发过程中能获得远高于在发展中国家从事技术研发活动所获得的收益。因此，大量发展中国家的技术研发人员移民到发达国家从事技术研发活动，大大推动了发达国家的技术进步。这扩大了发展中国家与发达国家之间的技术差距，并最终导致两者之间的经济发展水平存在明显差距。

上述三篇文献都将技术进步偏向理论与南北贸易理论进行了结合，考虑了不同类型国家的技术进步来源，并据此分析了发展中国家与发达国家在工资水平及经济发展水平上存在差距的原因，但这些研究的假设存在显著差异。其中，Acemoglu 和 Zilibotti（2001）与 Gancia 和 Bonfiglioli（2008）假设只有发达国家进行研发，发展中国家只能进行模仿。事实上，发展中国家也会进行相应的研发活动，例如中国、印度等国家，在从发达国家获取技术溢出面临发达国家的技术封锁时，这些发展中国家也会进行相应的自主研发活动。Leite et al.（2014）则假设科学家基于收益方面的考虑而在发达国家与发展中国家之间流动，自主研发与模仿之间不存在明显的界线。事实上，科学家在发达国家与发展中国家之间的流动时常会受到各国政府，尤其是发展中国家政府的限制。但是，这两种不同假设所得到的结果相差无几：发达国家因其完善的知识产权保护而能给予技术研发者完全受保护的垄断研发收益，使得技术研发指向发达国家的技术需求。归根结底，发展中国家的知识产权保护水平较低，甚至不存在知识产权保护，而发达国家的技术研发需要较强的知识产权保护，以便获取较高的事后回报。

然而，上述三篇文献对开放经济下的技术进步偏向理论分析相对比较宽泛。对于开放经济通过哪些渠道影响技术进步偏向，进而影响不同国家的技能溢价与劳动收入份额，以及这些渠道对技术进步偏向的具体作用如何，上述三篇文献均未涉及。事实上，发达国家与发展中国家之间的技术溢出渠道主要包括四种：进口、出口、FDI 与 OFDI。其中，进口与出口是发达国家与发展中国家之间产生联系的重要途径，而 FDI 发挥的作用越来越显著。除此之外，还有外包等比较新颖的方式。20 世纪后 30 年至今，随着全球化进程的不断加快，全球分工体系开始建立并日趋完善。发达国家开始逐渐将部分业务外包给劳动力成本相对较低的发展中国家，外包业务的发展对发展中国家的技术进步偏向产生了重要的影响。

对此，Acemoglu et al.（2015）将技术进步偏向理论纳入李嘉图模型中，分析了离岸外包（Off-shoring）对研发、技能溢价与收入不平等的作用。假设最终产品由技能密集型中间产品与非技能密集型中间产品进行生产，西方国家拥有丰富的技能劳动力，东方国家的非技能劳动力则比较丰裕。因此，在西方国家的非技能劳动力成本不断上升的情况下，西方国家的厂商会把某些非技能密集型产品的业务进行外包，厂商的利润最大化选择决定了外包的程度及技术进步的偏向。具体而言，当外包的成本较高时，外包程度的提高将导致西方国家非技能劳动力的成本下降，使得技术进步偏向技能劳动力，并导致世界总体范围内的技能溢价水平提升。反之，外包程度的增加将诱致技术进步偏向非技能劳动力，并降低技能溢价水平。总的来看，发达国家的外包提高了发展中国家劳动力的福利。但对于西方国家的非技能劳动力而言，外包对其福利的影响取决于外包的程度及均衡的增长率。

除此之外，对于发展中国家而言，由于自身的资本设备匮乏，技术水平相对落后，积极吸引发达国家的直接投资成为发展中国家的一个重要选择。发展中国家与发达国家的生产要素禀赋存在差异，因此，发达国家对发展中国家的直接投资将会影响其技术进步偏向。对此，Li et al.（2016）将技术进步偏向理论与南北国家之间的 FDI 相结合，分析了南北国家之间的 FDI 对技术进步偏向的作用。假设存在一个双寡头的国际合资企业，在母国发达国家有一家跨国企业，在东道国发展中国家有一家本土企业。母国的跨国企业利用技能劳动力与资本设备生产技术型的中间产品，东道国的本土企业利用本地的机器设备与非技能劳动力生产非技术型的中间产品，最终产品由这两种中间产品生产。结果表明，如果技术型的中间产品与非技术型的中间产品是可相互替代的，则当发达国家相较于发展中国家的议价能力增加时，均衡的相对技术进步偏向下降；反之，如果技术型的中间产品与非技术型的中间产品互补，则当发达国家相比于发展中国家的议价能力提高时，均衡的相对技术进步偏向将会上升。

将技术进步偏向理论置于开放经济分析框架下，更契合目前世界经济发展的现状。但目前的全球化进程遇到了两种反对声音：一是发达国家认为国内低技能劳动力的失业主要是由全球化进程造成的，发展中国家挤占了发达国家的就业机会。相比于发达国家，发展中国家的低技能劳动力的工资水平较低，发达国家中的大型企业倾向于通过外包等手段将一些产品放在发展中国家进行生产，这样可以有效利用发展中国家的低技能劳动力，但对发达国家中的低技能劳动力则产生了显著的负向冲击，这使得全球化开始受到部分群体的抵制。发达国家民粹主义的快速兴起、美国政府的逆全球化措施、英国"脱欧",都显示了发达国家反全球化进程的苗头。二是发展中国家开始重新定义自身在全球经济分工中的地位,开始关注外资引进所带来的弊端。虽然发展中国家通过参与全球化分工有效促进了国内经济的增长,也从发达国家获得了一些先进的技术,但是发展中国家在全球分工中一般都处于供应链的底端,通常从事组装等附加值较低的生产活动。这容易导致发展中国家锁定在供应链的底端,反而不利于发展中国家的长期经济增长。因此,发展中国家也开始对全球化分工提出了质疑。对于这两种反对声音,技术进步偏向理论的开放经济分析框架需要给出全球化进程对发展中国家及发达国家的总体福利水平,以及对不同群体福利水平变动的影响的全新分析,这是其在未来需要着重解决的问题与难题。

（二）分析清洁技术发展的技术进步偏向理论分析框架

技术进步偏向理论的分析框架可以总结为"两种生产要素 + 两种技术",如果生产要素为资本与劳动力、技能劳动力与非技能劳动力,那么技术进步偏向理论应该着重关注其对劳动收入份额及技能溢价的作用。毕竟,异质性劳动力获取的报酬大小直接关系到个体的教育决策,更关系到国家的教育投入及教育政策的制定,而劳动收入份额的变动更是涉及国家的稳定与经济的健康发展。如果生产要素变成清洁的生产要素与污染的生产要素,那么技术进步偏向理论应该着重关注两种技术的发展问题,尤其是清洁技术的发展问题。这在全球气候不断变暖、环境污染问题不断加剧的情况下显得尤为重要（Acemoglu et al.,2012）。

对此,Acemoglu et al.（2012）开创性地将技术进步偏向理论分析框架设定为"清洁投入与清洁技术互补、污染投入与污染技术互补",进而理论分析技术进步偏向清洁技术的影响因素。结果表明,价格效应、市场规模效应与生产率效应是三个主要因素。其中,前两个效应与技术进步偏向理论初始分析框架中的一致,生产率效应是指某一技术的已有技术水平将影响该技术在未来的研发。具体而言,三个效应对技术进步偏向的作用相反,而替代弹性与这两种技术的初始技术水平一起决定了技术进步在两种技术之间的偏向。当初始的污染技术水平高于清洁技术水平，且替代弹性大于1时，则技术进步将偏向污染技术，最终将导致环境灾难，此时需要政府公共政策的干预。当替代弹性足够大时，实施暂时的税收与补贴手段可以促使技术进步由偏向污染技术转而偏向清洁技术。但当替代弹性小于1时，需要对污染部门进行长期的政策干预才能阻止环境灾难，这将牺牲长期的经济增长。

与初始的分析框架相比，将关注焦点转移至清洁技术发展的做法存在三个不同点：一是技术进步偏向的影响因素增加了生产率效应，凸显了技术供给方面的重要性，即以往研发所积累的知识存量也会对技术进步偏向产生作用；二是在技术进步偏向的微观机理分析中，技术研发的黑箱开始逐渐被打开，即关于技术研发来源于哪里的问题逐渐开始得到解决；三是政府补贴与环境规制等政府公共政策的介入变得更加重要，且政府公共政策可以改变技术进步偏向。这些不同点是后续研究的关注焦点，也是需要进一步拓展的关键点。

上述研究主要是基于一般均衡分析，且主要分析技术进步偏向污染技术的影响因素、由此是否会导致环境灾难及应该如何采用公共政策干预技术进步偏向等问题。但是，在世界经济发展对污染技术与污染生产要素的依赖程度并未呈现出明显下降趋势的情况下，如何促使技术进步由偏向污染技术转而偏向清洁技术是关键。对此，Acemoglu et al.（2016）理论分析了这一转变的内在机理，考虑了两种技术的初始水平对技术进步偏向的影响。具体而言，假设在产品生产与技术研发中，清洁技术与污染技术均是竞争关系。若在初始时期，污染技术水平比清洁技术水平高，则这一转变将变得非常困难。原因在于，为了追赶污染技术，需要对清洁技术研发投入更多的资源，且清洁技术水平与污染技术水平之间的差距阻碍了技术进步偏向清洁技术。为了加快这一转变，需要对污染型产品的生产征税，并对清洁技术研发进行补贴，但数字模拟的结果显示，这一转变过程通常比较缓慢。

污染技术的大量使用所产生的环境污染问题是全球性问题，因而在治理的过程中，需要世界各国的有效合作。为此，Hemous（2016）将南北贸易理论纳入其中，假设南方国家与北方国家的技术研发均由利润最大化的厂商来执行，且厂商可以雇用科学家在污染部门与清洁部门内进行研发。在自由放任经济中，出口污染产品的国家将在污染部门中占有更大的市场份额，进而鼓励污染技术研发，使得技术进步偏向污染技术。假设清洁技术在初期落后于污染技术，当北方国家对污染产品生产征税，而南方国家不采取任何措施时，则北方国家部分污染产品的生产将转移至南方国家，使得南方国家的技术进步偏向污染技术。但是，当北方国家对清洁部门进行补贴并征收贸易税时，北方国家将在污染产品生产中形成比较优势，且进行清洁技术研发使得该部门的生产变得更加清洁。一旦北方国家的清洁技术水平变得足够高，最终将会降低北方国家与南方国家的环境污染。

无论是 Acemoglu et al.（2012）的初始理论分析框架，还是 Hemous（2016）将该框架拓展至开放经济进行分析，其中有一个假设一直没有发生变化，即技术进步是非资本体现型的（Disembodied）。若技术进步是资本体现型的，则对资本体现型的技术进行研发将使得资本设备的价格变得更加便宜，且更具生产率（Boucekkine et al.，2005），这种形式的技术进步也将影响清洁产品与污染产品之间的替代弹性。这些将直接影响到技术进步在清洁技术与污染技术之间的偏向问题，更将直接影响政府公共政策的制定。基于此，Lennox 和 Witajewski–Baltvilks（2017）对 Acemoglu et al.（2012）的理论分析框架进行了微调，假设清洁技术与污染技术都是资本体现型的，并纳入了 Krusell（1997）的资本积累方程，研究结果表明：促使污染技术中的研发资源转移到清洁技术中，将导致清洁资本品生产的相对成本持续下降，一方面使得清洁资本品变得更加便宜，进而鼓励清洁型投资；另一方面也使得清洁资本的使用者面临较高的折旧成本，进而抑制清洁投资的需求及向清洁技术转变的进程。因此，相比于以往研究，政府的公共政策也发生了巨大的变化：一是初始的最优碳税变得更高且增加得也更快；二是促进技术研发向清洁技术转变需要更高的清洁研发补贴。

在轰轰烈烈的全球化浪潮与工业化进程中，发达国家的经济继续保持稳定的增长，发展中国家也开启了快速增长的引擎，世界经济发展进入了一段较长的蜜月期。但是，此番世界经济快速增长的动力主要来自污染技术与污染生产要素的大量使用。在经济增长明显依赖于能源的情况下，大量的煤炭、石油等污染型能源被使用，由此导致环境污染问题大规模爆发与全球气候变暖，给全球经济的发展敲响了警钟，降低污染技术的使用并提高清洁技术的普及率成为世界各国关注的焦点。

但这也面临着诸多难题：一是如何加快发展中国家清洁技术对污染技术的替代进程。上述研究表明，政府通过公共政策促进这一替代进程的做法，要以降低经济增速为代价（Acemoglu et al.，2012）。如果考虑研发导致的折旧成本，则这一代价更大（Lennox and Witajewski–Baltvilks，2017）。对于发展中国家而言，虽然环境污染会影响居民的生活与企业的生产，但经济增长依旧是非常重要的目标，用清洁技术代替污染技术会降低经济增长的速度，这无疑会面临严峻的挑战。二是发达国家在推动这一替代进程的过程中，将会把污染通过贸易等方式转移至发展中国家（Copeland and Taylor，1994）。对于发达国家而言，通过全球化能将污染密集型产品的生产转移至发展中国家，而发展中国家基于经济发展的需要，也会接受发达国家转移过来的污染密集型产品，这容易导致发展中国家锁定在污染技术的使用中，进一步阻碍发展中国家采用清洁技术替代污染技术的进程。这两个难题表面上均针对发展中国家，但所产生的后果却是全球性的，因而需要世界各国政府的合作（Hemous，2016）。因此，亟须构建以发展中国家为主要研究对象的分析框架，给出发展中国家如何加快清洁技术对污染技术替代进程的微观机理分析，这是技术进步偏向理论在清洁技术发展问题研究中需要着重关注的问题，也是需要拓展的关键点。

# 第三节　技术进步偏向理论的现实运用

## 一、技术进步偏向理论与技能溢价

技能溢价是指技能型劳动力的工资水平与非技能型劳动力的工资水平之比。如果技能溢价水平不断提升，则劳动者应该对教育进行投资。尤其是在技能劳动力供给水平不断上升的情况下，技能溢价水平还继续上升，则劳动者更应该对教育进行投资。因此，技能溢价的变化会显著影响劳动力的教育决策。纵观世界各国，无论是发达国家，还是发展中国家，技能溢价水平在 20 世纪后 50 年中均存在不同程度的提升。具体来看，美国的技能溢价水平在 20 世纪 60 年代开始逐渐上升，到了 70 年代转而下降，但在 80 年代后又逆势反弹且加速提高，并在 90 年代有所放缓，呈现"N"型的变动趋势（Katz and Murphy，1992；Card and Lemieux，2001；Autor et al.，2008）。除美国以外，其他如丹麦、法国、德国、葡萄牙和英国等 OECD 国家也存在不同程度的技能溢价现象（Greenaway and Yu，2004；Munch and Skaksen，2008；Bricongne et al.，2010；Felbermayr et al.，2010）。在发展中国家中，委内瑞拉、巴西、阿根廷等拉美国家及巴基斯坦、印度尼西亚、菲律宾等亚洲国家也普遍存在技能溢价现象（Behrman et al.，2001；Amiti and Cameron，2011）。

作为世界上最大的发展中国家，中国的技能溢价水平并不比发达国家低太多。对此，潘士远（2007）等指出，中国的熟练劳动力与非熟练劳动力的相对工资从 1995 年的 1.17 上升到了 2000 年的 1.64，工资分化在 5 年间以每年 9% 左右的速度增加。宋冬林等（2010）进一步指出，中国技能劳动力与非技能劳动力的相对工资由 1978 年的 1.27 上升到了 2007 年的 1.88，且在 20 世纪 80 年代中期至 90 年代中期波动较大。此外，陆雪琴和文雁兵（2013）指出，中国的技能溢价在 1979—1992 年间表现得比较平稳，但在 1992—2011 年间逐渐上升，表明中国技能溢价水平的上升与中国的市场化进程同步。而喻美辞和熊启泉（2012）则研究了中国制造业的技能溢价水平，指出熟练劳动力的就业和工资比重的不断上升，使得制造业中的熟练劳动力和非熟练劳动力的相对工资以每年 9.37% 的速度由 1997 年的 1.17 上升至 2004 年的 2.18，仅在 2004—2008 年存在小幅度的回落。陈啸等使用世界投入产出数据库（WIOD）的数据来计算中国的技能溢价水平，结果表明中国的劳动技能溢价呈现出先上升后保持平稳的整体趋势：高技能劳动的工资水平在 1995 年是低技能劳动的 1.69 倍；在 1996—2003 年间快速上升，2003 年的技能溢价为 2.41 倍；在 2004—2009 年之间保持在 2.3 倍左右的水平。

在世界各国的技能溢价水平不断上升的同时，技能劳动力也不断增加，这与传统理论给出的结果并不一致。基于此，Acemoglu（1998、2002）采用技术进步偏向理论分析了技能溢价问题，指出技术进步偏向技能劳动力使得技能溢价水平不断提升，尤其是当技能劳动力与非技能劳动力之间的替代弹性处在 1~2 之间的某个临界值时，即使技能劳动力供给增加了，偏向于技能劳动力的技术进步也将使得技能溢价水平不断提升。沿着这一分析框架，Beaudry et al.（2006）提出了一个偏向型技术接受模型，认为新的技能密集型技术是内生的，劳动力技能水平更高的地区会采用这些新技术，而那些技能劳动力禀赋较低的地区则不会采用。Weiss（2008）则指出，生产要素根据其边际价值获得报酬，要素的边际价值等于边际产品乘以产出价格。技能有偏技术进步将对这两项产生相反作用。一方面，非技能劳动力的生产力未受到技能有偏技术进步的影响；另一方面，技能有偏技术进步会影响不同产品的价格，非技能劳动力从产品相对价格的变动中获得补偿。尤其是当不同部门的最终产品在消费需求中为互补品时，技术进步使得技术含量低的产品的相对价格上升，进而有效地抵消了技能有偏技术进步对非技能劳动力收入带来的不利影响。潘士远（2008）将专利划分为技能密集型产业的技术专利和劳动密集型产业的技术专利，分别与熟练劳动力和非熟练劳动力相匹配，指出劳动力禀赋结构可以通过影响最优专利制度来影响技术进步方向，从而对熟练劳动力和非熟练劳动力之间的工资不平等产生重要影响。Behar 采用实验室设备模型的分析框架，讨论了不执行研发的发展中国家的技能溢价问题。他假设发展中国家需要决定进口机器设备的类型是与技能劳动力互补还是与非技能劳动力互补，且发展中国家的技术与世界前沿技术相距较远，无法对技术的价格产生影响。研究表明，技能劳动力相对供给的增加使得与技能互补的机器设备的进口变得更加具有吸引力。此外，技能劳动力与非技能劳动力之间的替代弹性在 2 左右。

郭凯明等（2020）在多部门动态一般均衡模型中引入不同技能劳动力，研究了结构转型在技能溢价变动中的作用，指出在产业部门间产品替代弹性较低时，随着资本深化或资本密集型产业技术水平的快速提高，生产要素将

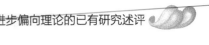

流向劳动密集型产业；如果劳动密集型产业同时也属于技能密集型产业，那么技能溢价将上升，反之亦然。劳动力数量增长后，如果资本密集型产业同时也属于技能密集型产业，那么即使高技能和低技能劳动力之比提高，技能溢价也可能会上升。邓明和吴亮（2021）构建了一个多要素嵌套 CES 生产函数，提出了识别技能溢价来源的方法，并基于 1993—2016 年的中国省际面板数据，分析了要素替代弹性对技能溢价的影响，指出不论在何种嵌套形式下，技能偏向性技术进步均能提高技能溢价水平；尽管在某些设定下，资本—技能互补机制也能提高技能溢价水平，但其作用远低于偏向性技术进步。

在开放经济中，技术进步偏向对技能溢价的作用有所不同。Acemoglu（2003a）将国际贸易纳入技能溢价的分析框架中，指出技能溢价主要由技术进步偏向、技能的相对供给及国际贸易共同决定，在技术内生的情况下，技能相对供给的增加将诱致有偏技术进步，提高对技能的需求。最为重要的是，国际贸易和技术进步偏向对技能溢价的作用并不孤立，国际贸易将会诱致技术进步偏向技能劳动力，从而使得美国及与之开展贸易的欠发达国家的技能溢价水平均上升。Yeaple（2005）建立了一个垄断竞争模型，将贸易成本与企业的进入、技术选择、是否出口及雇用工人的类型四个方面的决策联系起来，指出贸易壁垒的减少会影响该企业的技术进步偏向，导致贸易量扩大，增加熟练工人的相对需求，从而扩大工资差距，这是技能溢价不断上升的主要原因。Zeira（2007）则指出技能偏向型技术进步不仅扩大了熟练工人和非熟练工人之间的工资差距，而且还会扩大国家之间的生产率差距，国际贸易可以通过专业化分工进一步提高国家之间的生产率差距。

封闭经济与开放经济中的技能溢价的影响机理存在明显的不同，具体情况如图 2-1 所示。在封闭经济中，技术进步偏向技能劳动力，将直接对技能溢价产生作用，路径为图中的（1）。但在开放经济中，国际贸易对技能溢价的作用途径有两个：一是国际贸易直接对技能溢价产生作用，该路径为图中的（2）；二是国际贸易诱致技术进步偏向技能劳动力，进而对技能溢价产生作用，该路径为图中的（3）。Acemoglu（2003a）指出，传统的国际贸易理论对技能溢价影响作用的分析与现实条件并不符合，传统的理论分析表明，国

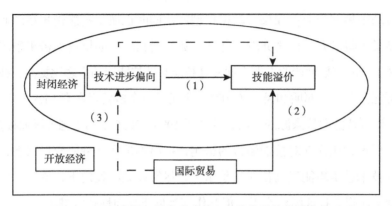

**图 2-1　国际贸易、技术进步偏向与技能溢价的内在联系**

际贸易将提高技能密集产品的价格，同时也降低技能密集度低的欠发达国家的技能溢价。然而事实却表明，技能密集产品的相对价格下降或者保持不变，与此同时，欠发达国家的技能溢价上升了。因此，国际贸易直接对技能溢价产生影响的路径并不符合现实，寻找国际贸易诱致技术进步偏向技能劳动力，进而作用于技能溢价的实证证据成为当前研究的一个重中之重。

上述研究表明，国际贸易与技术进步偏向之间存在内在联系，对技能溢价的作用也并非是两个影响因素作用的简单叠加，但有些研究未能考虑这种内在联系。宋冬林等（2010）指出，中国的技术进步偏向诱致技能型劳动力需求提高，导致劳动力市场收入结构发生变化，进而产生技能溢价，表明中国存在技能偏向型技术进步。董直庆等（2013）不仅证实了技能溢价源于技术进步偏向且这种偏向效应不断强化，而且实证检验了技术进步偏向对技能溢价存在显著的正向效应。此外，以加工贸易为主的出口模式并没有扩大技能溢价，反而抑制了劳动力报酬差距的扩大。陆雪琴和文雁兵（2013）则指出，技术进步在1997—2002年对技能溢价的影响呈倒"U"型，而在2003—2010年则呈正"U"型，进口增加会降低技能溢价，进出口总额上升则会提高技能溢价。除此之外，杨飞和程瑶（2014）关注了知识产权对技能偏向型技术进步的影响作用，认为南方的知识产权保护程度具有门槛效应，在知识产权保护程度达到该门槛值之前，南北贸易将促进高技能偏向型技术进步；反之，则促进低技能偏向型技术进步。喻美辞和蔡宏波（2019）基于出口产品"质"

的视角，理论阐释并实证检验了出口产品质量对技能溢价的影响及其作用机制，进而指出：出口产品质量提高显著提升了劳动力技能溢价，出口产品质量升级主要通过增加对高技能劳动力的相对需求、改善企业利润和绩效等机制提升技能溢价，技能溢价与高技能劳动力供给之间呈倒"U"型关系。

申朴等（2020）运用修正的明瑟工资方程，结合 CGSS 2015 年度微观个体调查数据和相关省级层面数据，研究了进口贸易引致的替代效应和技能偏向型技术进步效应对我国技能工资差距的影响，进而指出：从发展中经济体进口对我国低技能劳动产生了显著替代效应，自发达经济体进口则显著替代了中等技能劳动；源于发达经济体的进口具有显著的技能偏向型技术进步效应，但主要作用于中、高技能劳动；进口对我国劳动力市场技能结构和技能工资溢价的最终影响，取决于两种效应的相对大小。葛美瑜等（2020）对国际生产分工从功能和空间两个维度进行刻画，并分析了空间生产分工对技能溢价的影响，指出参与全球生产分工确实会扩大技能溢价，发达国家（地区）技能溢价的扩大主要是其服务业参与全球生产分工的结果，而发展中国家技能溢价扩大主要是因为制造业参与全球生产分工。盛斌和郝碧榕（2021）基于中国微观企业数据，考察了企业嵌入全球价值链对劳动力工资技能溢价的影响及其作用机制，指出企业嵌入全球价值链与技能溢价之间呈倒"U"型关系，即在全球价值链嵌入度较低时，企业提高价值链参与度将提升技能溢价；在全球价值链嵌入度较高时，则将缩小技能溢价。陈啸等（2021）构建了一个两部门理论模型，刻画中性技术进步引发技能偏向型结构转型进而提升技能溢价的传导机制，同时引入国际贸易因素全面分析了中国 1995—2009 年技能溢价变动的原因，指出技能偏向型结构转型对技能溢价上升的贡献为 6%~25%，偏向型技术进步的贡献为 70%~86%，而国际贸易的贡献则仅为 6%~8%。

也有研究将国际贸易与偏向型技术进步联系起来，分析了国际贸易通过影响技术进步偏向进而影响技能溢价。王俊（2019）基于技能偏向技术进步的视角，论证了贸易自由化相对提高了高技能劳动的产出效率，造成技能偏向技术进步继而引起技能溢价的作用机制，并以世界投入产出数据库和 WTO

数据库的中国行业层面数据为样本进行了计量检验。结果表明，贸易自由化显著促进了技能偏向技术进步，而且通过技能偏向技术进步促进了技能溢价。李惠娟等（2021）建立了参与全球价值链分工影响工资不平等的理论模型，以中国服务业为研究对象，分析了参与全球价值链分工对中国技能溢价的作用机理，指出中国服务业参与全球价值链分工以后，主要通过技能偏向型技术进步的中介作用来拉大高技能劳动力和低技能劳动力工资水平的差距（技能溢价）。

综上可以看出，无论是发达国家，还是发展中国家，都存在十分明显的技能溢价现象。对于发达国家而言，技术进步偏向技能劳动力使得发达国家产生技能溢价现象，并不受到发展中国家的影响。但对于发展中国家而言，为了自身经济发展的需要，发展中国家加强了与发达国家之间的贸易，也会吸引发达国家的直接投资，据此可以从发达国家获取先进技术，导致发展中国家的技术进步偏向技能劳动力，使其产生技能溢价现象。发达国家的技能溢价现象主要源于自身的技术进步偏向，发展中国家的技能溢价现象则受到发达国家的影响，两者存在质的区别。针对这一情况，发展中国家应该如何缓解自身的技能溢价，以使劳动力之间的收入差距不至于增加得过快，进而影响经济发展的质量？这一问题涉及对发展中国家的技能溢价的评价与解决，也是目前文献研究较少关注的。

## 二、技术进步偏向理论与劳动收入份额

当生产要素为异质性劳动力时，技术进步偏向会影响不同劳动力之间的相对工资水平，而当生产要素为资本与劳动力时，技术进步偏向会影响这两类生产要素的相对报酬水平。但是，与技能溢价分析主要源于事实特征不同的是，劳动收入份额分析主要源于事实特征与理论分析之间的冲突。基于新古典经济学的分析框架，早期研究要素收入分配的文献通常假设经济产出满足柯布—道格拉斯生产函数，当经济体满足平衡增长路径后，劳动收入份额将保持不变，即呈现出"卡尔多事实"的特征（Kaldor，1961；Kravis，1959；Solow，1985）。但在此后的研究中，"卡尔多事实"的特征不断受到挑

战，例如 Blanchard（1997）指出，众多西方发达国家的劳动收入份额并非保持固定不变，而是呈下降趋势。同样的，作为世界上最大的发展中国家，中国总体水平与分行业水平的劳动收入份额均呈现显著下降趋势（白重恩等，2008；白重恩和钱震杰，2009；李稻葵等，2009；黄先海和徐圣，2009；陈宇峰等，2013）。具体来看，中国的劳动收入份额从 1995 年开始下降，1995 年的劳动收入份额为 51.4%，2007 年为 39.7%，下降了 11.7 个百分点，下降幅度高达 22.8%（陈宇峰等，2013）。具体到产业层面，第一产业的劳动收入份额在 1978—2006 年下降了 59.58%，工业部门的下降了 48.38%，第三产业的下降了 34.86%（黄先海和徐圣，2009）。徐雷等（2021）基于 1997—2017 年中国 31 个省（自治区、直辖市）的面板数据考察了劳动收入份额的时空分异特征及动态演变规律，指出尽管劳动收入份额的空间非均衡程度呈现出不断降低的态势，但劳动收入份额的地区间差异明显大于地区内差异，地区间差异是劳动收入份额空间非均衡的主要动因。劳动收入份额的演变不仅具有时间上的前后连贯性，还具有地区之间的空间关联性。中部、西部地区内部的劳动收入份额存在明显的"俱乐部"收敛现象。可以看出，中国劳动收入份额的下降幅度并不比发达国家低，下降趋势也未明显放缓，并且各省（自治区、直辖市）之间的差异比较显著。

劳动收入份额下降会降低国内的消费需求，进一步拉大贫富差距，并出现资本对劳动力的剥削，将对宏观经济运行产生众多不利的影响，因此，有关劳动收入份额下降的内在机理及其后果的研究开始不断展开。关于劳动收入份额下降的原因，技术进步偏向理论给出了相应的解释。在生产要素为资本与劳动力的情况下，分别有两种技术与这两种生产要素互补，在利润最大化的驱动下，技术进步偏向于资本，使得资本的边际产量增加高于劳动力的边际产量增加，进而导致劳动收入份额不断下降（Acemoglu，2002）。沿着"技术进步偏向于资本要素"这一思路，Ripatti（2001）认为芬兰的劳动收入份额自 1975 年开始不断下降的现象无法用传统的柯布—道格拉斯生产函数来解释，并采用 1975—2000 年的季度数据估计了技术替代弹性，结果为 0.6。基于此，Ripatti 指出芬兰劳动收入份额的下降主要源于近几十年来的技术进步总体上偏向资本。Acemoglu（2003b）通过设定最低工资水平来解释劳动收入份额的变化，指出劳动力市场的制度变革在短期内将导致工资与劳动收入份额的增加，但其诱致的资本偏向型技术进步将提高资本的收入份额，最终使要素收入份额回归到均衡水平。而 Young（2004）则将技术进步偏向引入 RBC 模型中，研究了技术进步偏向对劳动收入份额变化的作用，并采用1950—2000 年美国劳动收入份额的季度数据进行了模拟，发现美国劳动收入份额呈现出反周期性特征。Sato 和 Morita（2009）研究了 1960—2004 年美国与日本的劳动力数量增长与劳动节约型技术进步对经济增长的相对贡献，研究表明，两国的技术进步均偏向于资本。

对于中国劳动收入份额下降的问题，罗长远（2008）认为，技术进步偏向会影响劳动收入份额，且劳动收入份额的变化与技术进步偏向存在确定性的函数关系。而戴天仕和徐现祥（2010）则从 Acemoglu（2002）的定义出发，推导出度量中国技术进步偏向的方法，据此得出 1978—2005 年中国技术进步偏向资本的结论，且样本期内技术进步偏向资本的速度越来越快。王林辉和韩丽娜（2012）指出，中国技术进步偏向资本的特征不断凸显，而这正不断削弱中国劳动力的市场地位。董直庆等（2013）考察了中国适宜性生产函数，并测算了技术进步偏向及其收入分配效应。结果表明，1978—2010 年，用有偏性生产函数描述中国的经济产出更优，技术进步正朝着有利于资本的方向发展，其偏向水平不断强化并不断降低劳动收入占比。王林辉和袁礼（2018）构建两部门模型演绎有偏型技术进步对要素收入分配的双重效应，结合中国三次产业 1978—2012 年的数据，分析了有偏型技术进步对要素收入份额的影响，指出在劳动收入份额变化分解的产业效应和结构效应中，有偏型技术进步均发挥重要作用，多数时期约 1/3 至 1/2 的劳动收入份额变化可以归结为有偏型技术进步作用的结果。文雁兵和陆雪琴（2018）使用 1998—2013 年中国工业企业数据库的数据，从市场竞争和制度质量的双重视角重新考察了中国劳动收入份额变动的影响因素，指出目前中国劳动收入份额持续下降的主导机制是"市场竞争效应"，主要渠道是技术偏向和资本深化，进一步下降的动力仍然存在。杨扬等（2018）采用中国 1978—2015 年的省际面板数据，分析人口老龄化与技术进步偏向对劳动收入份额的影响，指出我国技术进步总体偏向资本，技术进步偏向显著降低了劳动收入份额；分区域的回归结果显示，技术进步偏向对劳动收入份额的影响仍然显著为负，东部技术进步偏向效应显著大于中部和东北部及西部地区。陈晓和董莉（2019）基于2000—2016年中国28个制造业行业的面板数据，运用CES函数测度中国制造业行业资本与劳动的要素替代弹性和技术进步偏向性，并分析了偏向性技术进步与劳动收入份额的关系，指出制造业的技术进步偏向性对劳动收入份额有显著的抑制作用，且技术原创对劳动收入份额具有正向效应，技术引进对劳动收入份额具有负向效应。陶敏阳（2019）从常数替代弹性生产函数出发，从人口结构、技术进步偏向角度探索我国劳动收入份额的演变机制，指出经济发展要素间是互补的，技术进步偏向资本及我国人口结构的变化——老年抚养比上升及少儿抚养比下降对我国劳动收入份额产生了负面影响。同时，技术进步的资本偏向性特征降低了我国的劳动收入份额。

匡国静和王少国（2020）结合CES生产函数构建相对劳动收入份额与技术进步偏向的理论模型，利用全国时间序列、省际面板数据测算技术进步偏向，指出我国技术进步整体呈资本偏向，自主创新和技术引进两种形式呈现资本偏向，模仿创新形式呈现劳动偏向；不同技术进步形式的收入分配效应具有阶段性差异，自主创新和技术引进有利于资本相对收入份额的提高，模仿创新有利于劳动相对收入份额的提高；自主创新的收入分配效应逐渐显著，技术引进和模仿创新的收入分配效应逐渐弱化。余东华和陈汝影（2020）采用1990—2016年的省际面板数据，从有偏技术进步的视角分析了资本深化对要素收入份额和全要素生产率的作用机制，指出在综合要素之间总体呈现互补关系的情况下，资本深化对资本—劳动收入份额比产生了负向作用，资本偏向型技术进步对资本—劳动收入份额比产生了正向作用，两者的共同作用决定了要素收入份额的变动方向。陈勇和柏喆（2020）基于技术进步偏向对劳动收入份额的影响路径，通过供给面标准化系统法测算省级技术进步偏向，并分析了技术进步偏向、资本与劳动的要素禀赋效应、产业结构变迁对劳动收入份额产生的逆转作用，指出技术进步偏向通过不同程度地作用于各省份资本与劳动的相对边际产出，影响劳动收入份额变动。整体上，1990—2016 年技术进步偏向不仅可以解释劳动收入份额的下降趋势，而且能够解释 2007 年以来劳动收入份额的上升趋势。廉晓梅和王科惠（2020）测算了 1990—2017 年我国八大区域偏向性技术进步水平，并分析了各区域偏向性技术进步的收入分配效应，指出我国各区域技术进步总体表现为资本偏向性，少数年份由于经济形势、产业结构调整、政策等因素影响，使技术进步的收入分配效应在部分区域偏向能源和劳动，劳动收入份额呈震荡下降趋势，即偏向性技术进步对劳动收入存在显著的抑制作用。丁建勋等（2020）理论分析了劳动收入份额与资本体现式技术进步之间的关系，指出在要素替代弹性大于 1 的前提下，资本体现式技术进步将导致劳动收入份额下降。在此基础上，采用 1998—2017 年我国省际面板数据进行实证分析，指出资本体现式技术进步对劳动收入份额产生了抑制作用。钞小静和周文慧（2021）基于 2008—2017 年中国省际面板数据，考察了人工智能对劳动收入份额的影响机制及其具体的作用效应，指出人工智能会通过就业技能结构高级化、技能收入差距扩大化两个渠道降低劳动收入份额。郑江淮和荆晶（2021）通过对中国工业行业 1998—2016 年技术进步的方向进行测度，发现 2011 年以前中国工业行业技术进步相对提高了资本的技术效率及边际产出，而在 2011 年以后，技术进步由资本偏向转变为劳动偏向，这也是导致中国劳动收入份额"U"型演变的关键因素之一。

技术进步偏向理论用技术进步偏向资本来解释劳动收入份额下降时，涉及一个非常关键的问题，即资本与劳动力之间的替代弹性，这直接影响着技术进步在资本与劳动力之间的偏向。早在 1965 年，David 和 Klundert（1965）就采用美国 1899—1960 年的数据估算了美国的资本与劳动力之间的替代弹性，结果显示替代弹性小于 1，这表明技术进步更有助于提高资本的边际产出。此后的众多研究也都有力地支持了这一结论（Wilkinson，1968；Sato，1970；Panik，1976；Kalt，1978），但这一结论在"卡尔多事实"的影响下并未受到太多关注。此后，劳动收入份额下降现象成为诸多国家的常态，且 Acemoglu（1998、2002）提出的技术进步偏向理论中强调生产要素间的替代弹性是决定技术进步偏向的关键，这重新引起了现有研究的关注。最具代表性的是，Klump et al.（2007、2008）利用标准化供给面系统法分别估计了美国 1953—1988 年和欧元区 1970—2005 年的总替代弹性和要素增强型技术进步，发现替代弹性均小于 1，且劳动增强型技术进步占主导地位。陆雪琴和章上峰（2013）的测算结果表明，1978—2011 年，中国资本与劳动力之间的替代弹性约为 0.78。此外，大部分省份的资本与劳动力之间的替代弹性小于 1（邓明，2015）。余东华和陈汝影（2020）在拓展标准化 CES 生产函数的基础上，测算出中国综合资本要素和综合劳动要素的替代弹性显著小于 1，技术进步方向总体偏向资本。此外，大部分制造业行业与工业行业的替代弹性也小于 1（黄先海和徐圣，2009；钟世川，2014；陈欢和王燕，2015）。

无论是发达国家，还是发展中国家，劳动收入份额均未呈现出如"卡尔多事实"所描述的稳定趋势，相反，在近 30 多年中均呈下降趋势。技术进步偏向理论分析框架给出的原因是技术进步偏向资本，相关的实证分析也很好地检验了这一研究结论。但是，对于政府的政策制定而言，该研究结论并不能提供有效的参考。例如对于发达国家而言，试图通过政府政策来干预技术进步偏向资本的进程显然是不太现实的。那么，政府是否需要征收资本税来缩小资本收入份额与劳动收入份额之间的差距，这一做法是否会影响经济增长水平？这些问题具有非常重要的现实意义，但相关的研究并未予以考虑，这也是未来研究需要着重关注的研究方向。中国拥有丰裕的劳动力资源，技术进步偏向资本是否会引起严重的失业问题，进而降低经济增长水平？是否会通过降低劳动收入份额而抑制居民的消费，进而削弱中国经济增长的动力？中国政府又该如何应对？这些问题对于中国而言是一个巨大的挑战，也是中国在未来经济发展过程中必须要解决的难题，未来的相关研究需要对此做出解释。

## 三、技术进步偏向理论与清洁技术发展

生产要素的种类较多，除了高技能劳动力与低技能劳动力、劳动力与

资本等传统的生产要素之外，清洁型生产要素与污染型生产要素也是非常重要的生产要素。传统的生产要素分析主要关注它们所能获得的报酬的相对大小，但对于清洁型生产要素与污染型生产要素的分析，关注点不应在于其报酬的大小，而应在于这些生产要素所对应的技术是否能被广泛使用，以及在污染型生产要素所对应的技术被广泛使用时，是否能够推广清洁型生产要素对于技术的使用，进而使得清洁技术与清洁型生产要素代替污染技术与污染型生产要素。对于这些问题，技术进步偏向给出了相应的理论解释。

全球经济快速增长引发了巨大的能源需求，在世界能源消费结构以石油与煤炭等污染型能源为主的情况下，气候变化等环境问题日益突出。欧洲热浪、飓风肆虐及海平面上升等问题的产生，无一不给世界各国人民的生活造成严重的影响（Stott et al.，2004；Emanuel，2005；Landsea，2005；Nicholls and Lowe，2006）。对此，Acemoglu et al.（2012）将技术进步偏向理论的分析重点由生产要素转向了技术，将技术进步偏向理论与环境治理相结合，给出了环境污染产生的原因。正如前文所指出的，在将技术进步偏向理论与环境污染治理相结合之后，作者将技术划分为污染技术与清洁技术，而价格效应、市场规模效应与生产率效应是影响技术进步由偏向污染技术转而偏向清洁技术的三个重要因素。

技术进步偏向理论对清洁技术发展的关注，关键在于所投入的生产要素及与之互补的技术的使用是否具有污染性。对此，Aghion et al.（2016）以汽车行业的技术为例，通过将汽车行业的技术划分为内燃机技术及电力与混合动力技术，前者对应于污染技术，后者对应于清洁技术，采用跨国专利数据对技术进步偏向中的价格效应与生产率效应进行了实证检验。研究结果表明，当含税的能源价格上涨时，企业倾向于进行更多的清洁技术研发，因此，政府可以采用碳税等税收工具促使技术进步偏向清洁技术。此外，生产率效应也得到了验证。具体而言，企业在过去进行的清洁技术研发越多，则在未来其更可能将研发的重点放在清洁技术上。同样，企业过去在污染技术上进行的研发也会促进其未来在污染技术上的研发。因此，通过对清洁技术研发进行补贴可以有效促进清洁技术研发，并激励企业在未来也从事清洁技术研发。但遗憾的是，由于污染技术水平高于清洁技术水平，且技术研发存在路径依赖效应，因此，即使采用税收与补贴等手段，汽车行业的技术进步也将在长期内偏向污染技术。

Noailly and Smeets（2016）则将研究聚焦到了电力企业的技术进步偏向上，将欧洲 5471 个企业在电力生产中的技术划分为化石能源技术与可再生能源技术。并将企业划分为小的专业型企业与大的混合型企业，前者仅研发一种技术，且这类企业不能在不同技术之间进行转换，后者可以同时研发两种技术，且可以在两种技术之间进行转换。结果表明：对于小的专业型企业而言，自身的知识存量与市场规模的增加，以及化石能源价格的上涨都会促进企业的技术研发。其中，化石能源价格与自身的知识存量对企业技术研发的作用较大，而市场规模对企业技术研发的作用很小，且化石能源价格上涨对可再生能源技术研发的作用要大于对化石能源技术研发的作用。对于大的混合型企业而言，化石能源技术知识存量与可再生能源技术知识存量对可再生能源技术研发的作用均为正，表明以往的化石能源技术研发与未来的可再生能源技术研发之间存在互补性，而对化石能源技术研发的作用则为一正一负，表明以往的可再生能源技术研发与未来的化石能源技术研发之间存在替代性。对于专业型企业而言，化石能源价格上涨与可再生能源技术市场规模增加都会缩小"化石能源技术—可再生能源技术"的技术差距，而化石能源技术市场规模的增加则会扩大该技术差距；相反，对于混合型企业而言，仅化石能源技术知识存量对"可再生能源技术 / 化石能源技术"存在负向作用。基于此，Noailly 和 Smeets（2016）认为任何旨在促使技术进步偏向可再生能源技术的政策都应该帮助小的专业型企业进行可再生能源技术研发并长期坚持。

上述文献研究均明确指出是基于技术进步偏向理论的分析框架，还有一些文献研究尽管没有明确指出这点，但其研究方法与技术进步偏向理论的分析框架非常相似。比较有代表性的是，Popp（2002）采用 1970—1994 年美国专利申请数据来表示环境友好型的技术创新（与技术进步偏向理论中的清洁技术研发类似），实证检验了国际能源价格上涨与环境友好型技术研发之间的关系，同时考虑了现有知识存量对技术研发的作用，即技术进步偏向理论中所指出的价格效应与生产率效应。结果表明，国际能源价格是决定此类专利申请的一个重要因素，即国际能源价格的上涨将诱致环境友好型技术的研发。更为关键的是，作者还指出，如果不考虑现有知识存量，将会低估国际能源价格对技术创新的影响作用。作者对诱致性技术创新效应的检验与以往研究并没有太大区别，但考虑现有知识存量的做法，与技术进步偏向理论分析框架中的生产率效应有异曲同工之处。

与国外文献研究将焦点聚集到技术进步偏向理论中的三个效应分析的做法不同，国内的文献研究倾向于对技术进步偏向理论进行更为宏观的分析，并且对此类问题的研究也相对偏少。由于发达国家的环境规制本身就十分严格，因此，Acemoglu et al.（2012）在构建技术进步偏向理论的分析框架时对环境规制的分析相对较少。但中国作为后发国家，前期经济发展的重点在GDP增长，而对环境治理的关注则相对较少。直至经济增长带来的环境污染问题不断加剧并最终影响经济的可持续增长，中国的环境规制强度才开始逐渐上升。对此，景维民和张璐（2014）将关注焦点放在了技术进步偏向理论中的环境规制作用分析上，认为通过对污染型中间产品的生产施加环境规制可以改变技术进步偏向。同时，作者将绿色技术进步定义为剔除环境污染之后的技术进步。研究结果表明，技术进步具有路径依赖性，合理的环境规制能转变技术进步方向，有助于中国工业走上绿色技术进步的轨道。同样的，董直庆等（2014）也将焦点放在了环境规制的作用上，研究结果表明，环境规制存在陷阱，环境规制强度与清洁技术研发并非同向变化，仅当清洁技术研发满足激励相容约束时，环境政策才能有效地激励清洁技术研发。董直庆和王辉（2018）在清洁和非清洁技术两部门模型的基础上，引入异质性研发补贴，考察清洁和非清洁技术耦合式发展对环境质量的影响。结合中国汽车行业数据模拟补贴激励、技术进步方向转变与环境质量的动态过程，指出清洁和非清洁技术对环境质量的提升作用并非完全对立，非清洁技术对环境质量的作用具有双重性，清洁技术在非清洁技术占优的环境中贡献并不占优。不同类型的研发补贴均可改变技术进步方向，进而影响环境质量，且双重补贴的效果优于单一类型的研发补贴。在非清洁技术占优的环境中，单一清洁技术的研发补贴会引发环境福利损失。王林辉等（2020）扩展了 Acemoglu et al. （2012）的环境技术进步方向模型，数理演绎不同性质政策的技术偏向，以及技术进步方向转变时经济增长和环境质量的动态演化过程，指出环境政策会通过影响不同类型技术创新激励的方式，改变环境技术进步方向。异质性政策转变技术进步方向，影响经济增长和环境质量，其作用存在不同的着力点和偏向性。其中，研发补贴政策的清洁技术偏向和产出激励效果明显，而规制类政策的环境质量效应优于研发补贴，但其对经济增长的作用表现出非线性"U"型特征。单一政策干预往往难以破除经济增长和环境质量的两难困境，而政策组合的效果明显优于单一政策。张宇和钱水土（2021）将绿色金融纳入技术进步偏向理论框架，分析绿色金融影响环境技术进步偏向及产业结构清洁化的内在机理，指出环境技术进步偏向具有明显的路径依赖特征。只有当清洁研发部门融资规模占比或享受利率补贴超过一定临界值时，绿色金融才能成功诱导清洁型技术进步，促进产业结构清洁化；而当清洁研发部门融资规模占比或享受利率补贴低于一定临界值时，绿色金融对清洁型产业产值的提升效应会被污染型技术进步效应所抵消，从而不利于产业结构清洁化。

发展清洁技术，加快清洁技术的使用，目前已经成为一种共识。但已有文献对该问题的研究相对较少，关于在市场力量不能发挥作用的情况下应该如何借助政府的政策干预来加快技术进步偏向清洁技术的研究更是少之又少。其中，国内文献侧重于分析强制型政府政策干预的作用，即环境规制的作用。环境规制政策可以在总体上产生类似于 Porter（1995）所强调的正向促进作用，但若将研究对象聚焦到企业上，环境规制是否还能发挥类似的作用，是否会产生环境规制水平提升之后直接导致企业退出生产经营活动的现象，这些问题都未得到过多的关注。此外，与强制型的政府政策干预手段不同，诸如对企业清洁技术研发进行补贴等支持型手段，可以为企业提供有效的资金支持，降低企业清洁技术研发的风险与不确定性，但已有文献对此研究较少。

更进一步的，对于清洁技术的发展而言，究竟是强制型的政府政策干预发挥的作用大，还是支持型的政府政策干预发挥的作用大？如果采取了强制型的手段，是否会抑制企业的生产，进而影响整个经济的增长水平？政府通过强制手段征收的税收应该如何配置？如果采取了支持型的手段，是否会加剧政府的财政赤字？这些都是在未来研究中应该着重解决的问题。

# 第四节 已有研究评述与未来可能的研究方向

## 一、已有研究的简要评述

技术进步偏向理论将技术进步的方向进行了内生化处理，给出了技术进步产生偏向的影响因素。在理论上，技术进步偏向理论是对内生增长理论的一个有效拓展，突破了内生增长理论仅考虑技术进步大小而不考虑技术进步方向的束缚，为内生增长理论的不断完善与发展提供了方向。在实践上，技术进步偏向理论为技能溢价现象与世界范围内劳动收入份额普遍下降的现象提供了理论分析框架，也为世界各国发展清洁技术提供了理论基础。

但是，技术进步偏向理论主要以发达国家为研究对象，缺乏对发展中国家相关问题的研究。从 Acemoglu（2002）最初提出技术进步偏向理论，到 Acemoglu et al.（2012）将技术进步偏向理论由关注生产要素的报酬转向关注清洁技术发展，再到 Hemous（2016）将技术进步偏向理论由封闭经济的分析框架拓展至开放经济的分析框架，大部分的技术进步偏向理论分析模型主要关注发达国家，假设技术进步来源于自身的研发活动，而不需要从其他国家获取技术溢出来促进自身的技术进步。发展中国家作为后发国家，远离世界前沿技术，除了自身的研发活动之外，从发达国家获取技术溢出是促进国内技术进步的另一种重要途径。如果一个国家既可以通过自身的研发活动来促进国内的技术进步，又可以通过获取发达国家的技术溢出来促进国内的技术进步，那么技术进步偏向理论应该如何对此做出调整，以构建一个符合发展中国家的技术进步偏向理论模型？

更进一步的，发展中国家可以通过出口、进口、FDI 与 OFDI 四个渠道从发达国家获取技术溢出（Coe and Helpman，1995；李梅与柳士昌，2011）。技术进步偏向理论在这四个技术溢出渠道中是否会存在差异，发展中国家试图通过进口发达国家先进的资本设备或者吸引发达国家的直接投资来获取技术溢出，但发达国家对发展中国家进行直接投资的主要动机是利用发展中国家的廉价生产要素及将污染产业进行转移。两者的动机有所不同，由此形成的技术溢出究竟如何，是否对技术进步偏向理论产生影响？这些问题都是已有技术进步偏向理论研究较少涉及的。

在现实运用中，技术进步偏向理论主要关注劳动力与资本这两种生产要素，着重关注技术进步偏向对这两种生产要素的报酬的影响，但对于能源这一生产要素的关注则相对比较匮乏。在工业化、城市化进程中，除了劳动力与资本的投入之外，能源的投入变得越来越重要，对 GDP 的贡献也不断上升。更为关键的是，劳动力与资本的使用不会产生环境污染等负外部性问题，而能源的使用则会产生环境污染，进而影响经济的增长。因此，将技术进步偏向理论运用到能源问题的研究具有重要的现实意义。尤其是在目前世界环境污染问题不断加剧及全球变暖给世界经济发展带来严重不利影响的情况下，通过技术进步偏向理论来解释以下几个问题显得格外重要：为什么产生严重环境污染的化石能源一直在能源消费结构中占据主导地位，而取之不尽、用之不竭且不会产生污染的可再生能源却无法有效地替代化石能源？应该如何加快可再生能源对化石能源的替代进程？在这个替代过程中，政府应该发挥什么作用？这些问题也是已有技术进步偏向理论研究较少涉及的。

更为重要的是，技术进步偏向理论侧重于技术层面的分析，对于福利层面的分析则比较匮乏。在将技术进步偏向理论拓展至开放经济分析框架时，侧重于分析开放经济下，技术进步偏向对发达国家与发展中国家的技能溢价及劳动收入份额的作用。至于这种作用对发达国家与发展中国家的福利会产生什么影响，已有研究则较少涉及。目前，世界各国展现出不同程度的逆全球化现象，很重要的原因在于：发达国家的技术进步偏向技能劳动力，并将非技能密集产品的生产转移至发展中国家，造成了发达国家非技能劳动力的失业率不断上升，降低了发达国家低技能劳动力的福利。另一方面，由于发达国家的技术进步偏向技能劳动力，使得发展中国家从发达国家获取的技术溢出与国内的非技能劳动力存在不匹配现象，其对发展中国家的促进作用大幅度降低，甚至可能会降低发展中国家的福利。因此，技术进步偏向理论研究需要给出技术进步偏向对发达国家与发展中国家的福利的影响程度。

总体来看，已有关于技术进步偏向理论的研究尚处于初始阶段，亟须在理论分析框架与实际运用这两个方面进行进一步的拓展。

## 二、未来可能的研究方向

自 Acemoglu（2002）正式构建技术进步偏向理论的分析框架以来，有关技术进步偏向理论的文献研究已经硕果累累，尤其是将技术进步偏向用于分析技能溢价与劳动收入份额下降的原因，这类研究已经逐步得到完善。但该分析框架还存在四个在未来有待突破与完善的方向。

第一，需要构建并完善符合发展中国家的技术进步偏向理论分析框架。已有研究都以发达国家的视角构建技术进步偏向理论分析框架，并简单假设发展中国家的技术全部来自对发达国家的模仿。沿着这一假设，就存在发达国家所研发的技术与发展中国家的技术需求不符的问题，进而会导致发展中国家的人均产出水平落后于发达国家。既然如此，一味地模仿显然不是发展中国家的最优选择，这就使得发展中国家产生了技术研发的需求。此外，模仿所获得的知识积累也为发展中国家的技术研发提供了基础。因此，更为现实的情况是，发展中国家的技术进步来源于两个方面：一是对国外先进技术的模仿；二是自主研发。中国走的就是这条技术创新道路，这一情况对技术进步偏向理论分析框架的不断完善与发展提出了新要求。

第二，需要完善开放经济中的技术进步偏向理论分析。已有研究主要关注国际贸易对技术进步偏向的影响作用，还有 Acemoglu et al.（2015）所分析的外包对技术进步偏向的作用，而忽略了外商直接投资及对外直接投资等渠道所发挥的作用。可能的原因在于，对于发达国家而言，在全球分工中，其与发展中国家的国际贸易对其经济的影响作用较大，而对外投资所占的比例较低。但对发展中国家而言，外商直接投资通过技术溢出效应对其经济的影响作用并不亚于国际贸易。在南北贸易中，发展中国家充当的角色更多的是产业链低端的简单生产者。而通过外商直接投资，发展中国家获得的技术溢出效应更为显著。因此，在开放经济中的技术进步偏向理论分析框架下，有关对外开放通过哪些具体的渠道影响技术进步偏向的研究需要进一步完善。

第三，需要完善对技术进步偏向理论中替代弹性的估算。目前对技术进步偏向的运用主要涉及技能溢价、劳动收入份额变化、清洁技术研发与环境治理问题。其中，劳动收入份额变化分析中的替代弹性估算得到统计数据与估算方法的支持，对此的研究成果也非常丰富，只是在跨国面板的估算上遇到估算不一致的问题（张俊与钟春平，2014）。但技能溢价的替代弹性估算则遇到了诸多的挑战：首先，技能劳动力与非技能劳动力的界定是否随着经济发展水平的变化而变化。在改革开放初期，中国的高中生也可称为技能劳动力，而在目前，高中生被划入非技能劳动力中。在将来，随着中国经济的发展，大学生是不是也会被划入非技能劳动力中，这一问题值得思考。其次，技能劳动力的报酬份额、非技能劳动力的报酬份额等相关的数据比较匮乏，难以为相应的估算提供支持。这些问题的完善对数据支持提出了更高的要求。

第四，完善对技术进步偏向理论与清洁技术发展分析中的三个效应的检验。理论分析框架指出，价格效应、市场规模效应与生产率效应是影响技术进步在污染技术与清洁技术之间形成偏向的主要因素，但已有的文献研究对此的实证检验相对比较匮乏。其中比较有代表性的是，Noailly 和 Smeets（2015）采用电力企业数据对这三个效应进行了检验，而其他研究则通常检验其中的两个效应，且仅关注某些产业。此外，Hanlon（2015）对英国纺纱技术的研究却表明，生产率效应并不存在。因此，这三种效应是否在所有行业及所有区域都存在？如果存在，则这三个效应是否随着所研究行业的不同而存在差异？如果有些行业只存在两个效应，其中的原因是什么？这些都是未来研究中需要进行实证检验的问题。

# 第三章
# 中国能源技术进步偏向的理论模型构建

在构建中国能源技术进步偏向理论模型时，本章参照 Acemoglu et al.（2012）、Acemoglu et al.（2014）与 Hemous（2016）的做法，建立一个包含清洁能源技术与污染能源技术的两部门模型。具体而言，假设存在两个中间产品生产部门，分别为采用清洁能源技术进行生产的部门与采用污染能源技术进行生产的部门，技术研发者基于利润最大化的原则将研发资源投入到某种能源技术的研发中，使得能源技术进步产生偏向。但与 Acemoglu et al.（2012）、Acemoglu et al.（2014）及 Hemous（2016）的做法不同的是，由于本章研究的是中国能源技术进步偏向问题，因此在分析能源技术进步的来源时，本章假设其来源于两个方面：一方面是从能源技术水平较高的发达国家获取能源技术溢出；另一方面是通过自身研发投入推动能源技术进步。

## 第一节 基准模型

### 一、模型的基本设定

模型主要包括四个部分：最终产品生产、中间产品生产、机器设备研发及环境污染。最终产品生产部门使用两种不同类型的能源密集型中间产品来生产最终产品，且最终产品的生产不会产生环境污染。中间产品生产部门生产污染能源密集型中间产品与清洁能源密集型中间产品两类产品，其中，污染能源密集型中间产品的生产是环境污染的主要来源，而清洁能源密集型中间产品的生产则不会产生环境污染。机器设备研发部门通过研发活动为两类中间产品的生产提供机器设备，提升污染能源技术水平与清洁能源技术水平。环境污染则主要来自污染能源密集型中间产品的生产，与其他产品的生产无关。

（一）最终产品生产

假设最终产品由两种能源密集型中间产品生产，具体的生产函数如下：

$$Y_t = \left[ (Y_{dt})^{\frac{\varepsilon-1}{\varepsilon}} + (Y_{ct})^{\frac{\varepsilon-1}{\varepsilon}} \right]^{\frac{\varepsilon}{\varepsilon-1}} \tag{3-1}$$

其中，$Y_{dt}$ 与 $Y_{ct}$ 分别表示污染能源密集型中间产品与清洁能源密集型中间产品的投入水平。$\varepsilon$ 表示这两种中间产品之间的替代弹性，假设 $0 \leq \varepsilon < \infty$。当 $\varepsilon>1$ 时，表明这两种中间产品是可替代的，当 $0 \leq \varepsilon <1$ 时，表明这两种中间产品是互补的。$\varepsilon$ 越大，两者之间的替代性越强，表明清洁能源密集型中间产品越容易替代污染能源密集型中间产品，意味着污染能源密集型中间产品投入水平越容易下降，环境污染问题也越容易得到解决。反之，则环境污染问题越不容易得到解决。

（二）中间产品生产

两种能源密集型中间产品的生产均需要投入能源与相应类型的机器设备，其中，技术进步形式体现为机器设备种类的增加，假设中间产品的生产函数形式如下：

$$Y_{dt} = \frac{1}{1-\beta} \left[ \int_0^{n_{dt}} (x_{dit})^{1-\beta} di \right] (E_{dt})^\beta \tag{3-2}$$

$$Y_{ct} = \frac{1}{1-\beta} \left[ \int_0^{n_{ct}} (x_{cit})^{1-\beta} di \right] (E_{ct})^\beta \tag{3-3}$$

其中，$0<\beta<1$。$x_{dit}$ 与 $x_{cit}$ 分别表示污染型机器设备与清洁型机器设备中第 $i$ 种机器设备的数量，假设两种类型的机器设备均由垄断厂商提供。$E_{dt}$ 与 $E_{ct}$ 分别表示污染能源与清洁能源的投入数量，假设能源投入数量保持不变。$n_{dt}$ 与 $n_{ct}$ 分别表示与污染能源及清洁能源互补的一系列机器设备，即污染能源技

术与清洁能源技术的技术水平，其增加分别表示污染能源与清洁能源的技术进步。

能源要素市场出清的条件为：

$$E_{dt}+E_{ct} \leqslant 1 \qquad （3-4）$$

（三）机器设备研发

污染能源技术水平与清洁能源技术水平的提升主要来源于机器设备厂商的研发活动，研发者可以在污染型机器设备与清洁型机器设备的研发之间做出选择。在做出研发选择之后，研发者被随机地分配到其所选择类型的机器设备研发上。假设研发不存在拥挤效应，即每一个研发者最多只能被分配至一种机器设备研发上，但研发者的研发活动是否成功存在一定的概率。据此，两类能源技术进步的形式可表示为：

$$n_{dt} = （1+\theta\gamma_d s_{dt}）n_{dt-1} \qquad （3-5）$$

$$n_{ct} = （1+\theta\gamma_c s_{ct}）n_{ct-1} \qquad （3-6）$$

其中，$\theta$ 表示通过研发者的研发活动，两种机器设备种类的增加比例，即两类能源技术水平的提升幅度。$\gamma_d$ 与 $\gamma_c$ 分别表示污染型机器设备与清洁型机器设备的研发活动取得成功的概率。$n_{dt-1}$ 与 $n_{ct-1}$ 分别表示在 $t-1$ 期的污染型机器设备与清洁型机器设备的技术水平。$s_{dt}$ 与 $s_{ct}$ 分别表示在污染型机器设备与清洁型机器设备的研发活动中所投入的研发者数量，假设研发者的投入数量保持固定不变。当研发者对某一种机器设备的研发取得成功之后，就可以在该期获得对该种机器设备的垄断权利，并利用这一垄断权利生产该种机器设备而获取收益。一旦研发者对某种机器设备的研发活动失败了，则该种机器设备的垄断权利将被随机地分配给一位潜在的研发者。其中，研发者出清的条件为：

$$s_{dt}+s_{ct} \leqslant 1 \qquad （3-7）$$

（四）环境污染问题

在中间产品的生产中，污染能源密集型中间产品的生产需要投入污染能源，因而会产生环境污染问题，而清洁能源密集型中间产品的生产则不会。

环境污染将导致环境质量下降，假设环境质量的变化方程为：

$$EQ_t = f(Y_{dt-1}) \tag{3-8}$$

$$EQ_0 = eq \tag{3-9}$$

其中，$EQ_t$表示$t$期的环境质量，$EQ_t$下降表示环境恶化，而$EQ_t=0$则意味着产生了环境灾难。$Y_{dt-1}$表示在$t-1$期投入的污染能源密集型中间产品的数量，且有$f_{Y_{dt-1}}<0$，即随着污染能源密集型中间产品投入数量的增加，环境质量将不断下降。$eq$表示初始的环境质量。

## 二、模型的均衡解

假设最终产品的生产处于完全竞争市场中，则求解利润最大化可得：

$$\frac{P_{ct}}{P_{dt}} = \left(\frac{Y_{ct}}{Y_{dt}}\right)^{-\frac{1}{\varepsilon}} \tag{3-10}$$

同样的，对于污染能源密集型中间产品与清洁能源密集型中间产品而言，利润最大化的最优条件分别为：

$$\max_{(x_{dit}, E_{dt})} \left[ P_{dt}Y_{dt} - \int_0^{n_{dt}} (q_{dit} \times x_{dit})\,di - p_{E_{dt}} \times E_{dt} \right] \tag{3-11}$$

$$\max_{(x_{cit}, E_{ct})} \left[ P_{ct}Y_{ct} - \int_0^{n_{ct}} (q_{cit} \times x_{cit})\,di - p_{E_{ct}} \times E_{ct} \right] \tag{3-12}$$

其中，$q_{dit}$与$q_{cit}$分别表示第$i$类污染型机器设备与第$i$类清洁型机器设备的价格，$p_{E_{dt}}$与$p_{E_{ct}}$分别表示污染能源与清洁能源的价格水平。求解两者的最优化问题可以分别得到污染型部门与清洁型部门对机器设备的需求：

$$x_{dit} = \left(\frac{P_{dt}}{q_{dit}}\right)^{\frac{1}{\beta}} (E_{dt}) \tag{3-13}$$

$$x_{cit} = \left(\frac{P_{ct}}{q_{cit}}\right)^{\frac{1}{\beta}} (E_{ct}) \tag{3-14}$$

假设生产任何类型及任何质量的机器设备的单位成本为$\psi$单位的最终产品，且每一种机器设备在被使用后都完全折旧，则两种类型机器设备的生产厂商的利润最大化条件分别为：

$$\max_{x_{dit}} \left[ (q_{dit} - \psi) x_{dit} \right] \tag{3-15}$$

$$\max_{x_{cit}} \left[ \left( q_{cit} - \psi \right) x_{cit} \right] \tag{3-16}$$

求解上述两个方程的最优化可得到：

$$q_{dit} = \frac{\psi}{1-\beta} \tag{3-17}$$

$$q_{cit} = \frac{\psi}{1-\beta} \tag{3-18}$$

为简化运算，假设 $\psi = 1-\beta$，则分别代入式（3-17）与式（3-18）可以得到 $q_{dit} = q_{cit} = 1$。将 $q_{dit}$ 与 $q_{cit}$ 的值分别代入式（3-13）与式（3-14）可以得到两类机器设备的需求量：

$$x_{dit} = \left( P_{dt} \right)^{\frac{1}{\beta}} \left( E_{dt} \right) \tag{3-19}$$

$$x_{cit} = \left( P_{ct} \right)^{\frac{1}{\beta}} \left( E_{ct} \right) \tag{3-20}$$

再将式（3-19）与式（3-20）分别代入式（3-2）与式（3-3）可以分别得到污染能源密集型中间产品与清洁能源密集型中间产品的表达式：

$$Y_{dt} = \frac{1}{1-\beta} n_{dt} \left( P_{dt} \right)^{\frac{1-\beta}{\beta}} E_{dt} \tag{3-21}$$

$$Y_{ct} = \frac{1}{1-\beta} n_{ct} \left( P_{ct} \right)^{\frac{1-\beta}{\beta}} E_{ct} \tag{3-22}$$

将式（3-19）、式（3-20）与 $q_{dit} = q_{cit} = 1$ 分别代入式（3-15）和式（3-16）可以得到生产第 $i$ 类污染型机器设备与第 $i$ 类清洁型机器设备的利润分别为：

$$\pi_{dit} = \beta \left[ P_{dt} \left( E_{dt} \right)^{\beta} \right]^{\frac{1}{\beta}} \tag{3-23}$$

$$\pi_{cit} = \beta \left[ P_{ct} \left( E_{ct} \right)^{\beta} \right]^{\frac{1}{\beta}} \tag{3-24}$$

则研发者对污染型机器设备与清洁型机器设备进行研发所能获取的利润分别为：

$$\Pi_{dt} = \beta \gamma_d \left( 1+\theta \right) \left( P_{dt} \right)^{\frac{1}{\beta}} E_{dt} n_{dt-1} \tag{3-25}$$

$$\Pi_{ct} = \beta \gamma_c \left( 1+\theta \right) \left( P_{ct} \right)^{\frac{1}{\beta}} E_{ct} n_{ct-1} \tag{3-26}$$

最后，可以得出研发者进行污染型机器设备研发与清洁型机器设备研发所获取的相对利润为：

$$\Pi = \frac{\Pi_{dt}}{\Pi_{ct}} = \left(\frac{\gamma_d}{\gamma_c}\right)\left(\frac{P_{dt}}{P_{ct}}\right)^{\frac{1}{\beta}}\frac{E_{dt}n_{dt-1}}{E_{ct}n_{ct-1}} \qquad (3-27)$$

研发者在对污染型机器设备与清洁型机器设备进行研发时所能获得的利润决定了研发者将会进入哪种机器设备的研发，进而会决定提升哪种类型能源的技术水平，最终决定了能源技术进步的偏向。具体而言，当 $\Pi>1$ 时，表明研发者进行污染能源技术研发所能获得的利润相对更大，这将吸引研发者全部进入污染能源技术研发活动，导致能源技术进步偏向污染能源技术。当 $\Pi<1$ 时，表明研发者进行清洁能源技术研发所能获得的利润相对更大，这将吸引研发者全部进入清洁能源技术研发活动，导致能源技术进步偏向清洁能源技术。当 $\Pi=1$ 时，研发者进行污染能源技术研发与清洁能源技术研发所能获取的利润相同，此时，能源技术进步不存在偏向。

具体来看，能源技术进步偏向主要受三个因素的影响：

一是价格效应（$P_{dt}/P_{ct}$）。根据式（3-27）可知 $\frac{\partial(\Pi)}{\partial(P_{dt}/P_{ct})}>0$，表明污染能源密集型中间产品的价格上涨，将导致能源技术进步偏向污染能源技术；反之，清洁能源密集型中间产品的价格上涨，将导致能源技术进步偏向清洁能源技术[①]。原因在于，污染能源密集型中间产品的价格上涨意味着污染能源变得更加稀缺，为了节约能源，研发者会进入污染能源技术研发活动，最终导致能源技术进步偏向污染能源技术。同样的，当清洁能源密集型中间产品的价格上涨之后，研发者会进入清洁能源技术研发活动，导致能源技术进步偏向清洁能源技术。

二是市场规模效应（$E_{dt}/E_{ct}$）。根据式（3-27）可知 $\frac{\partial(\Pi)}{\partial(E_{dt}/E_{ct})}>0$，表明

---

① 式（3-27）并未出现污染能源与清洁能源这两种生产要素的价格，对此，分别求解式（3-11）与式（3-12）关于污染能源投入（$E_{dt}$）与清洁能源投入（$E_{ct}$）的最优解，并结合式（3-21）与式（3-22），分别得到污染能源价格与清洁能源价格：$p_{E_{dt}}=\frac{1}{1-\beta}n_{dt}(P_{dt})^{\frac{1}{\beta}}$，$p_{E_{ct}}=\frac{1}{1-\beta}n_{ct}(P_{ct})^{\frac{1}{\beta}}$。可以看出，污染能源的价格与污染能源密集型中间产品的价格呈同向变化，清洁能源的价格与清洁能源密集型中间产品的价格也呈同向变化。即价格效应也可以从能源要素价格的角度进行描述，污染能源价格上涨将导致能源技术进步偏向污染能源技术，清洁能源价格上涨将导致能源技术进步偏向清洁能源技术，这与 Hicks（1932）的诱致性技术创新理论提出的论点一致。

当污染能源的投入量增加时，将导致能源技术进步偏向污染能源技术；反之，当清洁能源的投入量增加时，将导致能源技术进步偏向清洁能源技术。原因在于，污染能源与污染能源技术相结合生产污染能源密集型中间产品，污染能源投入量的增加意味着污染能源技术面临的市场规模增加，即对污染能源技术进行研发所能获取的利润也增加了，进而吸引研发者进入污染能源技术研发活动，最终导致能源技术进步偏向污染能源技术。同样的，清洁能源投入量的增加使得对清洁能源技术进行研发所能获取的利润增加了，将吸引研发者进入清洁能源技术研发活动，最终导致能源技术进步偏向清洁能源技术。

三是生产率效应（$n_{dt-1}/n_{ct-1}$ 与 $\gamma_d/\gamma_c$）。根据式（3-27）可知 $\dfrac{\partial(\Pi)}{\partial(\gamma_d/\gamma_c)}>0$，$\dfrac{\partial(\Pi)}{\partial(n_{dt-1}/n_{ct-1})}>0$，表明研发者在前期研发活动中所积累的污染能源技术水平相对较高，将导致能源技术进步偏向污染能源技术；反之，当研发者在前期研发活动中所积累的清洁能源技术水平相对较高，将导致能源技术进步偏向清洁能源技术。原因在于，研发者在前期研发活动中所积累的污染能源技术水平越高，意味着研发者在现期对污染能源技术进行研发将变得更加容易，这将吸引研发者进入污染能源技术研发活动，最终导致能源技术进步偏向污染能源技术。同样的，研发者在前期研发活动中所积累的清洁能源技术水平越高，将越容易吸引研发者进入清洁能源技术研发活动，最终导致能源技术进步偏向清洁能源技术。

进一步分析上述三个效应可以看出，价格效应与市场规模效应对能源技术进步偏向的作用恰好相反，前者表明，当某类能源要素变得相对稀缺，将导致能源技术进步偏向该类能源技术，而后者表明，当某类能源要素变得相对丰裕，将导致能源技术进步偏向该类能源技术。对此，将式（3-27）进一步化简，考虑到 $P_{dt}/P_{ct}$ 为中间变量，将式（3-10）、式（3-21）、式（3-22）三者相结合，可以将 $P_{dt}/P_{ct}$ 化简为：

$$\frac{P_{dt}}{P_{ct}}=\left(\frac{n_{dt}E_{dt}}{n_{ct}E_{ct}}\right)^{\frac{\beta}{\beta-1-\beta\varepsilon}} \tag{3-28}$$

将此式代入式（3-27）中可以得到：

$$\Pi = \left(\frac{\gamma_d}{\gamma_c}\right)\left(\frac{1+\theta\gamma_d s_{dt}}{1+\theta\gamma_c s_{ct}}\right)^{-\frac{1}{\sigma}}\left(\frac{E_{dt}}{E_{ct}}\right)^{\frac{\sigma-1}{\sigma}}\left(\frac{n_{dt-1}}{n_{ct-1}}\right)^{\frac{\sigma-1}{\sigma}} \tag{3-29}$$

式（3-29）中，假设 $1+\beta(\varepsilon-1)=\sigma$，有 $\sigma>0$。其中，$\varepsilon$ 表示污染能源密集型中间产品与清洁能源密集型中间产品之间的替代弹性，而 $\sigma$ 表示污染能源与清洁能源这两种生产要素之间的替代弹性。据此，由式（3-29）可以看出：当 $\sigma>1$ 时，即污染能源与清洁能源可相互替代时，则污染能源与清洁能源的相对供给（$E_{dt}/E_{ct}$）增加，将导致能源技术进步偏向污染能源技术。换而言之，上述分析的市场规模效应超过了价格效应，污染能源变得相对丰裕，使得能源技术进步偏向污染能源技术。反之，当 $\sigma<1$ 时，即污染能源与清洁能源互补时，则污染能源与清洁能源的相对供给（$E_{dt}/E_{ct}$）增加，反而会导致能源技术进步偏向清洁能源技术。此时，价格效应超过了市场规模效应，清洁能源变得相对稀缺，使得能源技术进步偏向清洁能源技术。对于生产率效应而言，由于 $\frac{\partial(\Pi)}{\partial(\gamma_d/\gamma_c)}>0$，而 $\frac{\partial(\Pi)}{\partial(n_{dt-1}/n_{ct-1})}$ 的大小则视 $\sigma$ 的大小而定，因此，当 $\sigma>1$ 且前期的污染能源技术水平相对较高时，将导致能源技术进步偏向污染能源技术。反之，当 $\sigma<1$ 且前期的污染能源技术水平相对较高时，能源技术进步在污染能源技术与清洁能源技术之间的偏向不确定：一方面，污染能源技术研发获得成功的概率较高，使得能源技术进步偏向污染能源技术；另一方面，前期的污染能源技术水平较高使得能源技术进步偏向清洁能源技术，最终偏向哪种能源技术视这两者的大小而定。

总的来看，在封闭经济中，能源技术进步偏向受到价格效应、市场规模效应与生产率效应的共同作用，其中，价格效应与市场规模效应对能源技术进步偏向的作用恰好相反。当污染能源与清洁能源可相互替代时（$\sigma>1$），市场规模效应的作用超过价格效应的作用，则污染能源与清洁能源的相对供给水平（$E_{dt}/E_{ct}$）增加，以及前期的污染能源技术水平相对于前期的清洁能源技术水平（$n_{dt}/n_{ct}$）较高时，将导致能源技术进步偏向污染能源技术。反之，当污染能源与清洁能源互补时（$\sigma<1$），价格效应的作用超过了市场规模效应的

作用，则污染能源与清洁能源的相对供给水平（$E_{dt}/E_{ct}$）增加，以及前期的污染能源技术水平相对于前期的清洁能源技术水平（$n_{dt}/n_{ct}$）较高时，将导致能源技术进步偏向清洁能源技术。

### 三、基准模型中的环境污染问题

在基准模型中，污染能源密集型中间产品的生产是环境污染的主要来源。为此，结合式（3–7）、式（3–10）、式（3–21）与式（3–22），分别求解污染能源密集型中间产品与清洁能源密集型中间产品，可以得到：

$$Y_{dt}=(n_{dt})^{\frac{\beta\varepsilon}{1+\beta(\varepsilon-1)}}(E_{dt})^{\frac{\beta\varepsilon}{1+\beta(\varepsilon-1)}}[(n_{dt}E_{dt})^{\frac{\beta(1-\varepsilon)}{\beta(1-\varepsilon)-1}}+(n_{ct}E_{ct})^{\frac{\beta(1-\varepsilon)}{\beta(1-\varepsilon)-1}}]^{\frac{\beta-1}{\beta(1-\varepsilon)}} \quad (3\text{–}30)$$

$$Y_{ct}=(n_{ct})^{\frac{\beta\varepsilon}{1+\beta(\varepsilon-1)}}(E_{ct})^{\frac{\beta\varepsilon}{1+\beta(\varepsilon-1)}}[(n_{dt}E_{dt})^{\frac{\beta(1-\varepsilon)}{\beta(1-\varepsilon)-1}}+(n_{ct}E_{ct})^{\frac{\beta(1-\varepsilon)}{\beta(1-\varepsilon)-1}}]^{\frac{\beta-1}{\beta(1-\varepsilon)}} \quad (3\text{–}31)$$

分析式（3–30）可以看出，假设污染能源技术水平不断提升，即 $n_{dt}$ 不断增加之后，污染能源密集型中间产品的产量将不断增加[①]。又由于 $f_{Y_{dt}}<0$，因此当 $Y_{dt}$ 逐期增加，环境质量将不断下降，直至下降到 0 为止，最终导致发生环境灾难。也就是说，一旦中国的能源技术进步偏向污染能源技术，使得污染能源技术水平不断提升，最终会产生环境灾难。

# 第二节　开放经济中的模型

在基准模型中，本书仅考虑了封闭经济中的中国能源技术进步偏向相关问题。但随着全球化进程的不断加快，中国与发达国家之间的经济合作交流越来越频繁与深入，中国可以模仿发达国家的先进能源技术。中国的能源技术研发者既可以选择对发达国家的先进能源技术进行模仿，获取技术溢出，也可以通过自身的研发投入推动能源技术进步。这一点在以往有关技术进步偏向理论的分析中较少涉及，因此，本小节在上述基准模型的基础上，进一步考虑开放经济中的中国能源技术进步偏向问题。需要强调的一点是，本模型中的发达国家主要是指污染能源技术水平与清洁能源技术水平高于中国的

---

① 具体证明过程参见附录1。

发达国家，而非仅指经济发展水平高于中国的发达国家。

## 一、模型的基本设定

（一）最终产品生产

在开放经济中，中国（用 S 来表示）与能源技术水平高于中国的发达国家（用 N 来表示）的最终产品生产函数与基准模型中的相似[①]，具体的生产函数为：

$$Y_t^k = \left[ \left( Y_{dt}^k \right)^{\frac{\varepsilon-1}{\varepsilon}} + \left( Y_{ct}^k \right)^{\frac{\varepsilon-1}{\varepsilon}} \right]^{\frac{\varepsilon}{\varepsilon-1}} \qquad （3-32）$$

其中，$k \in (N, S)$，$Y_{dt}^k$ 与 $Y_{ct}^k$ 分别表示 $k$ 国的污染能源密集型中间产品与清洁能源密集型中间产品的投入，$\varepsilon$ 为这两种中间产品的替代弹性。其余变量的定义与基准模型中的类似。

（二）中间产品生产

与基准模型中的一致，$k$ 国的污染能源密集型中间产品与清洁能源密集型中间产品的生产函数为：

$$Y_{jt}^k = \frac{1}{1-\beta} \left[ \int_0^{n_{jt}^k} \left( x_{jit}^k \right)^{1-\beta} di \right] \left( E_{jt}^k \right)^{\beta} \qquad （3-33）$$

其中，$j \in (d, c)$，$x_{jit}^k$ 表示 $k$ 国 $j$ 类机器设备中第 $i$ 种机器设备的数量，$E_{jt}^k$ 表示 $k$ 国 $j$ 类能源的投入量，$n_{jt}^k$ 表示 $k$ 国 $j$ 类机器设备的技术水平。假设中国与发达国家在污染能源密集型中间产品与清洁能源密集型中间产品领域均可以进行国际贸易。

（三）机器设备研发

假设能源技术研发活动具有本地性特点，其中，发达国家对能源技术进行自主研发，扩展世界能源技术水平的前沿，中国的研发者既可以模仿发达国家的先进能源技术，也可以进行自主研发。

与基准模型中的设定相似，假设对于发达国家的研发者而言，其可以在污染型机器设备与清洁型机器设备的研发之间做出选择。在做出研发选择之后，研发者被随机地分配到其所选择类型的机器设备研发上。假设研发不存

---

[①] 为了方便描述，本研究在后续提及能源技术水平高于中国的发达国家时，直接采用"发达国家"一词来表示。

在拥挤效应，则发达国家的两类能源技术进步的形式可分别表示为：

$$n_{dt}^N = (1 + \mathcal{L}\ell_d s_{dt}^N) n_{dt-1}^N \tag{3-34}$$

$$n_{ct}^N = (1 + \mathcal{L}\ell_c s_{ct}^N) n_{ct-1}^N \tag{3-35}$$

其中，$\mathcal{L}$ 表示通过发达国家研发者的研发活动之后，发达国家这两种机器设备种类的增加比例。$\ell_d$ 与 $\ell_c$ 分别表示污染型机器设备与清洁型机器设备的研发活动取得成功的概率。$n_{dt-1}^N$ 与 $n_{ct-1}^N$ 分别表示发达国家在 $t-1$ 期的污染型机器设备与清洁型机器设备的技术水平。$s_{dt}^N$ 与 $s_{ct}^N$ 分别表示发达国家在污染型机器设备与清洁型机器设备的研发中所投入的研发者数量，假设发达国家的研发者数量保持固定不变，则发达国家研发者出清的条件为：

$$s_{dt}^N + s_{ct}^N \leqslant 1 \tag{3-36}$$

中国的研发者首先在模仿发达国家污染能源技术与模仿发达国家清洁能源技术之间进行选择。在做出选择之后，研发者将被随机地分配至其所选择模仿的机器设备模仿上。假设模仿不存在拥挤效应，即每一位研发者最多能被分配到模仿一种机器设备模仿上。模仿成功后，研发者就可以在该期获得对所模仿机器设备的垄断权利，并据此生产相应的机器设备而获取利润，但这些机器设备只能在中国使用，而不能被重新销售至发达国家。一旦研发者对某种机器设备的模仿失败了，则该种机器设备的垄断权将被随机地分配给一位潜在的研发者。考虑到模仿也需要投入研发资源，则中国的两类能源技术进步的形式分别为：

$$n_{dt}^S = \sigma_d s_{dt}^S (n_{dt-1}^N - n_{dt-1}^S) + (1 - \sigma_d s_{dt}^S) n_{dt-1}^S \tag{3-37}$$

$$n_{ct}^S = \sigma_c s_{ct}^S (n_{ct-1}^N - n_{ct-1}^S) + (1 - \sigma_c s_{ct}^S) n_{ct-1}^S \tag{3-38}$$

其中，$\sigma_d$ 与 $\sigma_c$ 分别表示中国的研发者进行两类机器设备模仿时取得成功的概率，$s_{dt}^S$ 与 $s_{ct}^S$ 分别表示投入到两类机器设备模仿中的中国研发者数量。$n_{dt-1}^S$ 与 $n_{ct-1}^S$ 分别表示中国在第 $t-1$ 期的污染型机器设备的技术水平与清洁型机器设备的技术水平，$(n_{dt-1}^N - n_{dt-1}^S)$ 与 $(n_{ct-1}^N - n_{ct-1}^S)$ 分别表示中国的研发者所能模仿的机器设备种类[①]。中国研发者出清的条件为：

---

① 假设 $(n_{dt-1}^N - n_{dt-1}^S) > 0$ 且 $(n_{ct-1}^N - n_{ct-1}^S) > 0$。

$$s_{dt}^S + s_{ct}^S \leq 1 \qquad (3-39)$$

（四）环境污染问题

在开放经济中，环境污染问题变成了全球问题。中国与发达国家在生产污染能源密集型中间产品时均将产生环境污染问题，导致全球环境质量下降。假设全球环境质量的变化方程为：

$$Eq_t = f(Y_{dt-1}^N, Y_{dt-1}^S) \qquad (3-40)$$

$$Eq_0 = eq \qquad (3-41)$$

其中，$Eq_t$ 表示 $t$ 期的全球环境质量，$Eq_t$ 下降表示全球环境恶化，而 $Eq_t=0$ 则意味着发生了全球环境灾难。$Y_{dt-1}^N$ 与 $Y_{dt-1}^S$ 分别表示发达国家与中国在第 $t-1$ 期投入的污染能源密集型中间产品的数量，且有 $f_{Y_{dt-1}^N} < 0$ 与 $f_{Y_{dt-1}^S} < 0$，即随着发达国家与中国所投入的污染能源密集型中间产品数量的增加，全球的环境质量将不断下降。$eq$ 表示初始的全球环境质量，即中国与发达国家不存在生产活动时的全球环境质量水平。

## 二、模型的均衡解

通过与上述基准模型相似的求解过程，可以得到中国研发者在污染型机器设备研发与清洁型机器设备研发中所获取的相对利润为：

$$\Pi^S = \frac{\Pi_{dt}^S}{\Pi_{ct}^S} = \left(\frac{\sigma_d}{\sigma_c}\right)\left(\frac{P_{dt}^S}{P_{ct}^S}\right)^{\frac{1}{\beta}}\left(\frac{E_{dt}^S}{E_{ct}^S}\right)\frac{n_{dt-1}^N - n_{dt-1}^S}{n_{ct-1}^N - n_{ct-1}^S} \qquad (3-42)$$

同样的，当 $\Pi^S > 1$ 时，中国的能源技术进步偏向污染能源技术。当 $\Pi^S < 1$ 时，中国的能源技术进步偏向清洁能源技术。而当 $\Pi^S = 1$ 时，中国的能源技术进步不存在偏向。具体而言，在开放经济中，中国的能源技术进步偏向受到四个因素的作用：一是价格效应（$P_{dt}^S/P_{ct}^S$）；二是市场规模效应（$E_{dt}^S/E_{ct}^S$）；三是生产率效应（$n_{dt-1}^S/n_{ct-1}^S$）；四是技术溢出效应（$n_{dt-1}^N/n_{ct-1}^N$）。

前三个效应与基准模型中的类似，对于技术溢出效应，根据式（3-42）可知，$\frac{\partial(\Pi^S)}{\partial(n_{dt-1}^N/n_{ct-1}^N)} > 0$，表明中国从发达国家获取的污染能源技术溢出相对较高，将导致中国能源技术进步偏向污染能源技术；反之，中国从发达国家获取的清洁能源技术溢出相对较高，将导致中国能源技术进步偏向清洁能源技术。原因在于，在发达国家的能源技术水平相对较高的情况下，中国从发达国家获取的污染能源技术溢出水平较高时，中国的研发者所能模仿的污染能源技术也相对更多。这使得研发者所能获取的收益也相对更高，进而吸引研发者进入污染能源技术研发活动，最终导致中国能源技术进步偏向污染能源技术。同样的，如果中国的研发者从发达国家模仿的清洁能源技术相对更多，将吸引研发者进入清洁能源技术研发活动，导致中国能源技术进步偏向清洁能源技术。

技术溢出效应的存在意味着中国的能源技术进步偏向受到发达国家能源技术进步偏向的影响，因此，本研究先分析发达国家的能源技术进步偏向问题。采用与基准模型类似的求解方法，得到发达国家的研发者在污染型机器设备与清洁型机器设备研发中所获取的相对利润为：

$$\varPi^N = \frac{\varPi_{dt}^N}{\varPi_{ct}^N} = \left(\frac{\ell_d}{\ell_c}\right)\left(\frac{P_{dt}^N}{P_{ct}^N}\right)^{\frac{1}{\beta}}\left(\frac{E_{dt}^N}{E_{ct}^N}\right)\frac{n_{dt-1}^N}{n_{ct-1}^N} \qquad (3\text{-}43)$$

与基准模型的分析结果类似，当 $\varPi^N > 1$ 时，发达国家的能源技术进步偏向污染能源技术。当 $\varPi^N < 1$ 时，发达国家的能源技术进步偏向清洁能源技术。而当 $\varPi^N = 1$ 时，发达国家的能源技术进步不存在偏向。同样的，发达国家的能源技术进步偏向受到三个因素的作用：价格效应、市场规模效应与生产率效应。这三个效应的作用与基准模型中的作用类似，在此不再赘述。

假设发达国家的能源技术进步偏向污染能源技术，即发达国家的两类能源技术进步的公式分别为：

$$n_{dt}^N = (1 + \mathcal{L}\ell_d) n_{dt-1}^N \qquad (3\text{-}44)$$

$$n_{ct}^N = \overline{n_c^N} \qquad (3\text{-}45)$$

其中，$\overline{n_c^N}$ 表示发达国家的清洁能源技术为一个固定不变的水平，式（3-44）则表明，发达国家的污染能源技术水平以每期 $\mathcal{L}\ell_d$ 的速度增加。在此情况下，中国两类能源技术进步的公式分别为：

$$n_{dt}^S = \sigma_d s_{dt}^S ( n_{dt-1}^N - n_{dt-1}^S ) + ( 1 - \sigma_d s_{dt}^S ) n_{dt-1}^S \qquad (3-46)$$

$$n_{ct}^S = \sigma_c s_{ct}^S ( \overline{n_c^N} - n_{ct-1}^S ) + ( 1 - \sigma_c s_{ct}^S ) n_{ct-1}^S \qquad (3-47)$$

由于 $n_{dt-1}^N$ 以每期 $\mathcal{L}\ell_d$ 的速度增加，而 $\overline{n_c^N}$ 保持不变，则 $n_{dt}^S$ 的增加速度比 $n_{ct}^S$ 的增加速度快。在其他条件保持不变的情况下，有 $n_{dt}^S > n_{ct}^S$。根据式（3-42）可知，这将导致 $\Pi^s > 1$，表明中国的研发者进入污染能源技术研发获取的利润相对较大，最终将导致中国能源技术进步偏向污染能源技术。

同样的，假如发达国家的能源技术进步偏向清洁能源技术，在其他条件不变的情况下，中国的研发者进入清洁能源技术研发获取的利润相对较大，最终将导致中国能源技术进步偏向清洁能源技术。

总的来看，在开放经济中，中国的能源技术进步偏向除了受到价格效应、市场规模效应与生产率效应的影响之外，还受到技术溢出效应的影响。其中，发达国家的能源技术进步偏向污染能源技术，使得中国可以获取的污染能源技术溢出较高，将导致中国能源技术进步偏向污染能源技术；反之，发达国家的能源技术进步偏向清洁能源技术，使得中国可以获取的清洁能源技术溢出较高，将导致中国能源技术进步偏向清洁能源技术。

### 三、开放经济中的环境污染问题

在开放经济中，环境污染来源于中国与发达国家的污染能源密集型中间产品的生产，中国与发达国家的污染能源密集型中间产品的生产函数为：

$$Y_{dt}^j = ( n_{dt}^j )^{\frac{\beta\varepsilon}{1+\beta(\varepsilon-1)}} ( E_{dt}^j )^{\frac{\beta\varepsilon}{1+\beta(\varepsilon-1)}} [ ( n_{dt}^j E_{dt}^j )^{\frac{\beta(1-\varepsilon)}{\beta(1-\varepsilon)-1}} + ( n_{ct}^j E_{ct}^j )^{\frac{\beta(1-\varepsilon)}{\beta(1-\varepsilon)-1}} ]^{\frac{\beta-1}{\beta(1-\varepsilon)}} \qquad (3-48)$$

当发达国家的污染能源技术水平提升之后，即 $n_{dt}^N$ 增加，将导致发达国家的污染能源密集型中间产品产量增加。在其他条件不变的情况下，$n_{dt}^S$ 的增加将通过技术溢出效应使得 $n_{dt}^S$ 也增加，导致中国的污染能源密集型中间产品的产量也增加。

由于 $f_{Y_{dt-1}^N} < 0$，$f_{Y_{dt}^S} < 0$，因此，$Y_{dt}^N$ 和 $Y_{dt}^j$ 逐期增加，将导致全球环境质量不断下降，直至下降到 0 为止。

因此，在开放经济中，一旦中国与发达国家的能源技术进步偏向污染能源技术，两者将共同导致全球环境灾难。

## 第三节　进一步考虑政府政策干预的作用

前文的分析结果表明，如果中国与发达国家的能源技术进步偏向污染能源技术，则将使得污染能源密集型中间产品的产量不断增加，进而导致全球环境质量不断下降，最终产生环境灾难。因此，需要政府进行政策干预，以便避免这一问题。

发达国家通常执行严格的环境标准，因而本研究假设发达国家对每单位污染能源投入征收 $\eta_t$ 单位的税收。在开放经济中，由于中国与发达国家之间存在国际贸易，可以得到：

$$P_{ct}^N = P_{ct}^S \qquad (3-49)$$

$$(1+\eta_t)P_{dt}^N = P_{dt}^S \qquad (3-50)$$

分别求出中国与发达国家在两个中间产品生产部门的生产率，可得：

$$\frac{MPE_d^S}{MPE_c^S} = \left(\frac{n_{dt}^S}{n_{ct}^S}\right)\left(\frac{P_{dt}^S}{P_{ct}^S}\right)^{\frac{1}{\beta}} \qquad (3-51)$$

$$\frac{MPE_d^N}{MPE_c^N} = \left(\frac{n_{dt}^N}{n_{ct}^N}\right)\left(\frac{P_{dt}^N}{P_{ct}^N}\right)^{\frac{1}{\beta}} \qquad (3-52)$$

将式（3-49）与式（3-50）分别代入式（3-51）与式（3-52），如果下式成立：

$$\left(\frac{n_{dt}^S}{n_{ct}^S}\right)(1+\eta_t)^{\frac{1}{\beta}} > \frac{n_{dt}^N}{n_{ct}^N} \qquad (3-53)$$

则有：

$$\frac{MPE_d^S}{MPE_c^S} > \frac{MPE_d^N}{MPE_c^N} \qquad (3-54)$$

式（3-54）表明，一旦发达国家执行严格的环境标准，将导致中国在污染能源密集型中间产品的生产中产生比较优势。此时，中国出口污染能源密集型中间产品。

另一方面，由于发达国家对每单位污染能源投入征收 $\eta_t$ 单位的税收，可以重新得到发达国家生产污染能源密集型中间产品与清洁能源密集型中间产品的最优化方程：

$$\max_{(x_{dit}^N, E_{dt}^N)} \left[ P_{dt}^N \times Y_{dt}^N - \int_0^{n_{dt}^N} \left[ (1+\eta_t)(q_{dit}^N \times x_{dit}^N) \right] di - p_{E_{dt}^N} \times E_{dt}^N \right] \quad (3\text{-}55)$$

$$\max_{(x_{cit}^N, E_{ct}^N)} \left[ P_{ct}^N \times Y_{ct}^N - \int_0^{n_{ct}^N} \left[ (q_{cit}^N \times x_{cit}^N) \right] di - p_{E_{ct}^N} \times E_{ct}^N \right] \quad (3\text{-}56)$$

在其他条件不变的情况下，发达国家的研发者从污染型机器设备研发与清洁型机器设备研发中所获取的相对利润为：

$$(\Pi^N)' = \left(\frac{\ell_d}{\ell_c}\right)\left(\frac{1}{1+\eta_t}\right)^{\frac{1}{\beta}}\left(\frac{P_{dt}^N}{P_{ct}^N}\right)^{\frac{1}{\beta}}\left(\frac{E_{dt}^N}{E_{ct}^N}\right)\frac{n_{dt-1}^N}{n_{ct-1}^N} \quad (3\text{-}57)$$

由于 $\partial(\Pi^N)'/\partial\eta_t<0$，表明当发达国家对单位污染能源投入所征收的税收越高，则发达国家的研发者研发清洁能源技术所能获取的利润越大，最终将导致发达国家的能源技术进步偏向清洁能源技术。假设发达国家执行严格的环境标准之后，其能源技术进步偏向清洁能源技术，则发达国家的两类能源技术进步公式分别为：

$$n_{dt}^N = \overline{n_d^N} \quad (3\text{-}58)$$

$$n_{ct}^N = (1+\varphi\gamma_c) n_{ct-1}^N \quad (3\text{-}59)$$

由于发达国家的污染能源技术水平要高于中国的污染能源技术水平，因而当发达国家的能源技术进步偏向清洁能源技术，并且其污染能源技术水平停止提升之后，中国还会对发达国家的污染能源技术进行模仿。假设在经过 $(T-t)$ 期的模仿之后，中国的污染能源技术水平在 $T$ 期超过了发达国家的污染能源技术水平，此时，中国两类能源技术进步的公式为：

$$n_{dT+1}^S = (1+\vartheta\Psi_d) n_{dT}^S \quad (3\text{-}60)$$

$$n_{cT+1}^S = \overline{n_c^S} \quad (3\text{-}61)$$

其中，$\vartheta$ 表示中国污染能源技术水平提升的比例，$\Psi_d$ 表示研发者对污染能源技术进行研发获得成功的概率，其余的参数与上文一致。该式表明，在发达国家的污染能源技术进步停止之后的某个时期，中国的污染能源技术进步将主要依靠自主研发。此时，中国与发达国家分别在污染能源技术与清洁能源技术上进行研发，两者分别以每期 $\vartheta\Psi_d$ 与 $\varphi\gamma_c$ 的速度增加。根据式（3-48）可以得出，中国的污染能源密集型中间产品的产量将不断增加，而发达国家的清洁能源密集型中间产品的产量将不断增加。

对此，假设中国政府为了解决自身的环境污染问题，实施了两个方面的政府政策干预：一方面是对每单位污染能源投入征收 $\tau_T$ 单位的税收；另一方面是对清洁型机器设备的研发者提供比例为 $\xi_T$ 的利润补贴。此时，可以重新得到中国生产污染能源密集型中间产品与清洁能源密集型中间产品的最优化方程：

$$\max_{(x_{dit}^S, E_{dt}^S)} \left[ P_{dt}^S \times Y_{dt}^S - \int_0^{n_{dt}^S} \left[ (1+\tau_T)(q_{dit}^S \times x_{dit}^S) \right] di - p_{E_{dt}^S} \times E_{dt}^S \right] \quad （3-62）$$

$$\max_{(x_{cit}^S, E_{ct}^S)} \left[ P_{ct}^S \times Y_{ct}^S - \int_0^{n_{ct}^S} \left[ (1-\xi_T)(q_{cit}^S \times x_{cit}^S) \right] di - p_{E_{ct}^S} \times E_{ct}^S \right] \quad （3-63）$$

其他条件不变的情况下，中国的研发者从污染型机器设备与清洁型机器设备研发中所获取的相对利润变为：

$$(\Pi^S)' = \left( \frac{\sigma_d}{\sigma_c} \right) \left( \frac{1-\xi_T}{1+\tau_T} \right)^{\frac{1}{\beta}} \left( \frac{P_{dt}^S}{P_{ct}^S} \right)^{\frac{1}{\beta}} \left( \frac{E_{dt}^S}{E_{ct}^S} \right) \frac{n_{dt-1}^N - n_{dt-1}^S}{n_{ct-1}^N - n_{ct-1}^S} \quad （3-64）$$

由于 $\partial(\Pi^S)'/\partial\tau_T < 0$，$\partial(\Pi^S)'/\partial\xi_T < 0$，前者表明中国政府对单位污染能源投入所征收的税收越高，则中国的研发者对污染能源技术进行研发所能获取的利润将越低。后者表明中国政府对清洁型机器设备的研发者所提供的利润补贴越高，则中国的研发者对清洁能源技术进行研发所能获取的利润将越高。这两者都将导致中国的研发者对清洁能源技术进行研发所能获取的利润增加，进而会吸引越来越多的研发者参与清洁能源技术研发活动，最终会导致中国能源技术进步偏向清洁能源技术。

总的来看，一旦中国的能源技术进步偏向污染能源技术，使得中国的环境污染问题不断加剧，政府可以通过两个方面的政策干预来改变中国的能源技术进步偏向：一是对污染能源密集型中间产品的生产进行征税；二是对清洁型机器设备的研发进行补贴。前者将降低研发者对污染能源技术进行研发所能获取的利润，后者将提升研发者对清洁能源技术进行研发所能获取的利润。

## 第四节　本章小结

本章将 Acemoglu et al.（2012）、Acemoglu et al.（2014）与 Hemous（2016）的技术进步偏向理论分析框架进行了适当的拓展，由假设技术进步仅来源于自主研发拓展为假设技术进步来源于技术溢出与自主研发两个方面。在此基础上，将能源要素与技术进步偏向理论相结合，同时将能源按其使用是否会产生环境污染而划分为污染能源与清洁能源，由此构建了中国能源技术进步偏向的理论分析框架。该理论分析框架的核心在于，基于污染能源技术研发与清洁能源技术研发所能获取的利润的相对大小，研发者决定进入哪种能源技术研发活动中。如果污染能源技术研发所能获取的利润要高于清洁能源技术研发所能获取的利润，则研发者将进入污染能源技术研发活动中，最终导致能源技术进步偏向污染能源技术。反之，则研发者进入清洁能源技术研发活动中，导致能源技术进步偏向清洁能源技术。

理论分析结果表明，如图 3-1 所示，在封闭经济中，不考虑政府政策干预的作用，则中国的能源技术进步偏向主要受三个因素的影响：一是价格效应，二是市场规模效应，三是生产率效应。其中，价格效应与市场规模效应对中国能源技术进步偏向的作用相反，前者是指某类能源要素变得相对稀缺，将促使能源技术进步偏向该类能源技术；后者是指某类能源要素变得相对丰裕，将促使能源技术进步偏向该类能源技术。污染能源与清洁能源之间的替代弹性大小决定了这两个效应的相对大小，当替代弹性大于 1 时，市场规模效应的作用将超过价格效应的作用；当替代弹性小于 1 时，价格效应的作用将超过市场规模效应的作用。

在开放经济中，同样不考虑政府政策干预的作用，则除了价格效应、市场规模效应与生产率效应之外，中国的能源技术进步偏向还受到技术溢出效应的影响。在其他条件不变的情况下，中国的研发者从能源技术水平相对较

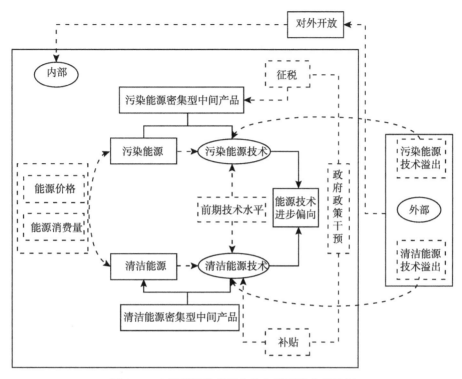

图 3-1 中国能源技术进步偏向的理论分析框架

高的发达国家获取的污染能源技术溢出增加，将导致中国能源技术进步偏向污染能源技术。反之，中国的研发者获取的清洁能源技术溢出增加，将导致中国能源技术进步偏向清洁能源技术。

一旦中国的能源技术进步偏向污染能源技术，则政府可以通过政策干预来改变中国能源技术进步偏向，促使中国能源技术进步偏向清洁能源技术，主要政策包括两个方面：一是对污染能源密集型中间产品的生产进行征税；二是对清洁型机器设备的研发进行补贴。

# 第四章

## 能源技术进步的特征分析

## 第一节 引 言

　　能源是经济发展的命脉所在，在中国经济快速增长的过程中，能源消费量也呈现出明显的上升趋势。如图 4-1 所示，中国的能源消费量由 1978 年的 57144 万吨标准煤逐年增加到 2019 年的 487488 万吨标准煤，增幅超过 7.5 倍，年均增速达到了 5.37%。尤其是进入 21 世纪之后，能源消费量的增加幅度更为显著，远远超过 1978—2000 年的增长幅度，能源在中国经济增长中的地位不断提高。在中国能源消费结构中，煤炭一直占据非常高的比重，石油居于次席，天然气与一次电力的占比较低，但增幅显著。具体来看，煤炭占能源消费总量的比例在 2017 年之前均处于 60% 以上的水平，虽然在 2019 年降到了 57.7%，但其主导地位依旧难以撼动。石油占能源消费总量的比例存在小幅度波动，处于 16%~23% 之间，在 2004 年后降至 20% 以下。天然气的占比在 2000 后开始逐渐上升，由 2.2% 增加到 2019 年的 8.0%，一次电力及其他能源的占比则由 1978 年的 3.4% 逐年上升至 2019 年的 15.3%。可以看出，中国能源消费的基石是煤炭与石油，而包括核电、水电等在内的一次电力发展非常迅速。

　　煤炭与石油在中国能源消费中占据主导地位，主要原因包括两个方面：

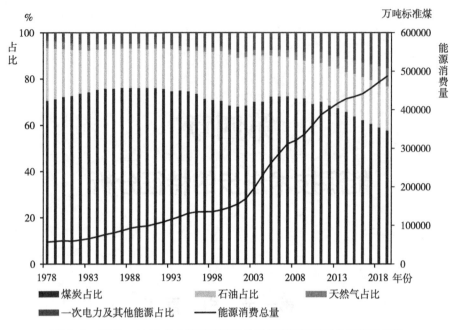

图 4-1　1978—2019 年中国能源消费总量与能源消费结构的变化趋势

一方面，中国能源禀赋呈现"富煤贫油少气"的特征；另一方面，煤炭与石油的物理性能较为稳定，成本相对较低。因此，在煤炭与石油的价格比较低的情况下，对两者的研发投入较少，在出现能源危机导致两者价格大幅度增长的时候，会诱致针对煤炭与石油的技术创新，以提高两者的使用效率。在过去数十年间，煤炭与石油的价格在大部分年份都未出现持续大幅度上升的情况，因而对两者的研发投入相对较少。但是，在中国大力推进生态文明建设，推动经济高质量发展的背景下，作为雾霾与二氧化碳排放的主要来源，煤炭与石油的使用开始受到一定程度的限制，政府对两者的清洁使用与低碳使用提出了更高的要求，针对煤炭与石油消费的清洁化与低碳化研发活动不断展开，技术创新水平有了明显提升。

与之对应的是，为推动中国经济的高质量发展，中国能源消费结构的清洁化与低碳化转型不断提速，水电、风电、光伏发电等清洁能源的使用越来越受重视。但风电与光伏发电等清洁能源的稳定性远低于煤炭与石油等传统能源，成本也要高于传统能源，需要投入大量的研发资源来降低其成本。纵观中国能源消费结构的变化，从图4-1中可以看出，一次电力与其他能源的占比快速上升，这主要得益于水电、风电与光伏发电等清洁能源的大量使用，尤其是风电与光伏发电的大规模使用。在技术进步的推动下，近十年来，陆上风电和光伏发电成本分别下降30%和75%左右，前者在2020年已经低于传统化石能源的成本，后者与传统化石能源的成本不断接近①。因此，在过去数十年间，传统化石能源的技术创新水平与可再生能源的技术创新水平存在较大的差异。

此外，中国能源禀赋与能源消费存在明显的地区差异。中国的煤炭、石油与天然气等传统能源主要分布在山西、陕西、内蒙古、新疆、四川、重庆、辽宁、吉林、黑龙江、青海与河北11个省（自治区、直辖市），主要是西北地区、西南地区与东北地区。其中，山西、内蒙古、陕西3个省（自治区）的煤炭储量占全国能源总储量的比例超过了60%，内蒙古、重庆、四川、陕西、青海、新疆6个省（自治区、直辖市）的天然气储量占全国总储量的比例超过了90%，河北、辽宁、吉林、黑龙江、陕西与新疆6个省（自治区）的石油储量占全国总储量的比例接近70%。而北京、上海、广东、江苏、浙江、福建等经济发达省（自治区、直辖市）的传统能源禀赋水平则非常低，其中上海的煤炭、石油与天然气的储量均为零。受制于地理条件等因素，中国水电、风能与光伏等清洁能源主要分布在西北、东北、华北、西南4个地区，经济发达省（直辖市）的禀赋水平同样非常低。与储量分布不同的是，北京、上海、广东、浙江、江苏、福建与山东等省（直辖市）的经济发展水平较高，能源消费量也较高，这7个省（直辖市）的能源消费量占全国能源消费总量的比例达到了33%。

综上可以看出，中国煤炭、石油与天然气等传统化石能源的技术创新水平与风能、太阳能、水电等可再生能源的技术创新可能存在一定程度的差异。并且，这两类能源的技术创新水平在不同省（自治区、直辖市）之间也可能

---

① 2021年9月1日，国务院新闻办公室举行政策例行吹风会，财政部经济建设司司长符金陵介绍了财政部在支持长江经济带绿色发展和产业转型升级方面的支持和引导措施，他指出近十年来陆上风电和光伏发电成本分别下降30%和75%左右。

存在差异。因此，本章选取 1995—2017 年全国层面的时间序列数据与 31 个
省（自治区、直辖市）的面板数据，采用均值与变异系数等方法分析两类能
源技术创新水平的特征，采用泰尔指数、基尼系数与空间重心模型分析两
类能源技术创新水平的地区差异，为后续几章研究提供重要的数据支持。

# 第二节　研究方法与数据来源

## 一、研究方法

### （一）泰尔指数

泰尔指数最早被用来计算收入的不平等水平，在此可以被用来测度不
同地区能源技术进步的差异及其来源。泰尔指数将地区之间的总体差异划分
为组内差异与组间差异，可以更为直观地揭示地区差异的变化趋势。计算公
式为：

$$T = T_b + T_w = \sum_{R=1}^{q} \left( \frac{m_R}{m} \times \frac{\overline{D_R}}{\overline{D}} \times T_R \right) + \sum_{R=1}^{q} \left( \frac{m_R}{m} \times \frac{\overline{D_R}}{\overline{D}} \times \ln \frac{\overline{D_R}}{\overline{D}} \right) \quad (4-1)$$

$$T_R = \frac{1}{m_R} \sum_{i=1}^{m_R} \left( \frac{D_{Ri}}{\overline{D_R}} \times \ln \frac{D_{Ri}}{\overline{D_R}} \right) \quad (4-2)$$

其中，$T$ 为能源技术进步（$D$）的泰尔指数，其取值在 0~1 之间，其值
越大，表明地区差异越大；反之，则表明地区差异越小。$T_b$ 为地区内差异，
$T_w$ 为地区间差异。$q$ 为划分的地区数量，$m_R$ 为地区 $R$ 所包括的省份数量，$m$
为总的省份数量，$\overline{D}$ 为全国 $D$ 值的平均值，$\overline{D_R}$ 为地区 $R$ 的 $D$ 值的平均值，
$D_{Ri}$ 为地区 $R$ 中的省份 $i$ 的 $D$ 值。

### （二）基尼系数

基尼系数也是用来衡量地区差异的重要方法，本书采用基尼系数来衡量
能源技术进步的区域差异性（用 $G$ 表示）。$G \in [0, 1]$，基尼系数越大，说
明能源技术进步的区域不平衡程度越大；反之，则说明区域不平衡性越小。
其计算公式为：

$$G = \frac{1}{2m^2 n} \sum\nolimits_{j=1}^{m} \sum\nolimits_{i=1}^{m} |x_j - x_i| \tag{4-3}$$

其中，$m$ 为 31，$n$ 为各省（自治区、直辖市）能源技术进步的均值，$|x_j - x_i|$ 为任意两个省（自治区、直辖市）的能源技术进步差的绝对值。

（三）空间重心模型

利用空间重心模型可以计算出能源技术进步的重心，分析能源技术进步在空间上的变化情况。其计算公式为：

$$\overline{X} = \sum\nolimits_{i=1}^{n} M_i X_i \Big/ \sum\nolimits_{i=1}^{n} M_i; \quad \overline{Y} = \sum\nolimits_{i=1}^{n} M_i Y_i \Big/ \sum\nolimits_{i=1}^{n} M_i \tag{4-4}$$

其中，$n$ 为 31，$M_i$ 为 $i$ 地区的能源技术进步水平，$X_i$ 和 $Y_i$ 分别表示 $i$ 地区的经度值和维度值；$X$ 和 $Y$ 表示我国能源技术进步的经度值和维度值。

## 二、数据来源

参考已有研究，本章选取可再生能源技术来表示清洁能源技术，主要包括生物质能、太阳能、风能、水能、地热能等能源技术。选取化石能源技术来表示污染能源技术，主要包括石油、煤炭与天然气等能源技术。在此基础上，参考 Popp（2002）、Noailly 和 Smeets（2015）、董直庆等（2014）与 Aghion et al.，（2016）等众多研究的做法，选取专利申请数来衡量可再生能源技术与化石能源技术，专利申请数的增加表示这两类能源存在技术进步的情况。选取专利申请数而不是专利授权数或者其他指标，主要是基于以下三个方面的考虑：首先，从数据可获得性的角度来看，专利申请数可以为细分的能源技术领域提供充分的数据支持，这是其他指标所无法比拟的（Popp，2002）。专利申请数据提供了包括分类号、申请人、发明人、代理人、地址等一系列详细的信息，为相关的实证分析提供了支持。其次，专利申请数据建立在国际专利分类的基础上，有助于跨国、跨区域或者跨部门之间的比较分析（Johnstone et al.，2010）[①]。并且，世界知识产权组织为各种技术提供了

---

① 第三章构建的中国能源技术进步偏向理论分析框架中指出，中国的能源技术进步偏向还受到能源技术溢出的影响。因此，在选取专利数据来衡量能源技术溢出之后，可以避免在测算能源技术溢出水平时面临跨国间差异的问题。

非常翔实的专利分类编码，使得专利数据可以按照不同技术领域进行划分，并形成了特定的等级体系（Lanzi and Sue Wing，2011）。最后，与专利授权数据相比，专利申请数据与研发活动进行的时间最为接近，因而更能反映出研发的产出水平。而且，国际专利编码主要是基于专利申请情况而非专利授权情况（Aghion et al.，2016）。

在选取能源技术的专利申请数时，仅考虑发明申请与实用新型在内的国内能源技术专利申请数。原因在于：第一，外观设计的专利申请仅保护产品的外观，因而专利的质量相对较低（Dechezlepretre et al.，2011）；第二，由于经济发展水平与制度建设等方面存在显著差异，导致各个国家的专利制度与专利保护水平也明显不同，使得研发者在不同国家进行专利申请的倾向也存在差异（Levin et al.，1987；Jaffe and Lerner，2004；Hascic et al.，2008）；第三，发达国家的专利申请要求与申请费用相对较高（Aghion et al.，2016）。这使得中国的企业与个人一般会先选择在国内进行专利申请，此后为了进一步扩大国际市场才会选择在国外专利局进行专利申请。因此，本章的能源技术专利申请数并不包括在国外专利局申请的能源技术专利。

有关可再生能源技术与化石能源技术的专利申请数的选取，主要按照以下三个步骤进行：首先，参考 Popp（2006）、Johnstone et al.（2010）、Dechezlepretre et al.（2010）与 Popp et al.（2011）等研究的做法，确定能源技术的国际专利分类号（International Patent Classification，IPC）。其中，可再生能源技术的 IPC 主要通过筛选世界知识产权组织提供的 IPC Green Inventory 来获取，筛选方法与 Rexhuser 和 Lschel（2015）的做法一致，化石能源技术的 IPC 则主要参考 Wang et al.（2012）的方法进行确定。接着，根据能源技术确定专利搜索的关键词。最后，根据关键词、申请日与 IPC 在中国知识产权网中进行搜索，据此获得各种能源技术的专利申请数。

在专利申请数据的搜索过程中容易遇到两个问题：一是包含了不相关的专利申请数据；二是遗漏了相关的专利申请数据（Johnstone et al.，2010；Wang et al.，2012）。针对这两个问题，本章采用与 Wang et al.（2012）相同的做法：首先，在搜索过程中，仔细分析每个专利申请数据的信息，以剔除不相关的专利申请数据；其次，仅采用"关键词"与"申请日"进行专利搜索，与已经剔除了不相关专利的专利申请数据集进行对比，查找遗漏的专利申请数；再次，仅采用"IPC"与"申请日"进行专利搜索，进一步查找遗漏的专利申请数；最后，经过上述三个步骤的梳理形成 1995—2017 年中国可再生能源技术专利申请数与化石能源技术专利申请数。

# 第三节　能源技术进步的特征分析

## 一、能源技术进步的时序特征

将 1995—2017 年中国可再生能源专利数与化石能源专利数及可再生能源专利数占两者总和之比的时间序列绘制成图，结果如图 4-2 和 4-3 所示[①]。

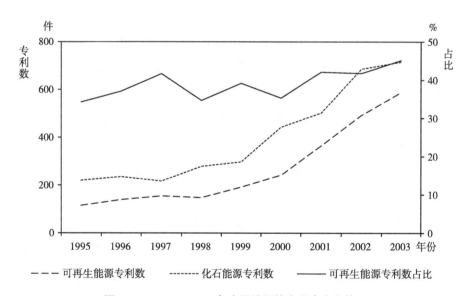

图 4-2　1995—2003 年中国能源技术进步变化情况

---

① 由于可再生能源专利数和化石能源专利数在样本前期的数量较少，在样本后期的数量急剧上升，相差非常悬殊。为了更好地呈现两者的时间变化趋势，本章将可再生能源专利数和化石能源专利数的时间变化情况划分为两个阶段：第一阶段是 1995—2003 年，此阶段的可再生能源专利数与化石能源专利数比较接近，且后者相对较大；第二阶段是 2004—2017 年，此阶段的可再生能源专利数超过了化石能源专利数，且存在明显上升。

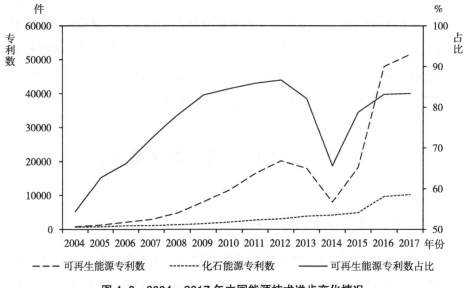

图 4-3　2004—2017 年中国能源技术进步变化情况

（1）化石能源专利数与可再生能源专利数在总体上均呈大幅增加趋势，但存在明显的波动，相比而言，后者的波动更为显著。具体来看，1995—2017 年，化石能源专利数在波动中上升，平均增长率约为 20.75%。其中，化石能源专利数在 1997 年与 2004 年的增长率为负，在其余年份的增长率为正。期间，最大的增长率水平为 2016 年的 97.34%，最小的增长率水平为 1997 年的 −8.05%，两者之间的差幅超过了 100%。在增长率水平为正的年份中，最低的为 2003 年的 4.37%。可再生能源专利数也在波动中上升，平均的增长率约为 39%。其中，可再生能源专利数在 1998 年、2013 年与 2014 年的增长率为负，在其余年份的增长率为正。期间，增长率水平最大的是 2016 年的 162%，最小的是 2014 年的 −55.09%，差幅超过了 200%。在增长率水平为正的年份中，最低的为 2017 年的 7.65%，其余年份的正增长率水平均超过了 10%。这表明，中国化石能源技术水平与可再生能源技术水平存在明显的提升，但提升过程存在一定的波折。

（2）可再生能源专利数的总体增幅显著高于化石能源专利数的增幅，两者之间的差距随着时间的推移不断拉大。具体来看，1995—2017 年，可再生能源专利数的增幅接近 448 倍，化石能源专利数的增幅接近 46 倍，前者远远高于后者。但是，可再生能源专利数与化石能源专利数的增幅变化具有明显的阶段性特征。第一阶段为 1995—2003 年，化石能源专利数要高于可再生能源专利数，但是可再生能源专利数的平均增速高于化石能源专利数的平均增速，因而两者之间的差幅相对较小且未呈明显扩大的趋势。期间，化石能源专利数的平均增长率为 17.14%，低于可再生能源专利数的平均增长率水平（23.62%）。第二阶段为 2004—2017 年，可再生能源专利数开始快速上升，而化石能源专利数的上升速度要低于可再生能源专利数的上升速度，其平均增长率为 22.81%，远低于可再生能源专利数的 47.79%，导致可再生能源专利数与化石能源专利数的差距不断扩大。2004 年，可再生能源专利数是化石能源专利数的 1.19 倍，至 2012 年，已经达到了 6.49 倍之多，虽然此后因可再生能源专利数大幅度下降而使得差距快速缩小至 2014 年的 1.9 倍，但在 2017 年又攀升到了 5 倍之多。这表明，在化石能源技术水平与可再生能源技术水平快速提升的过程中，可再生能源技术水平后来居上并迅速拉大了与化石能源技术水平的差距，即中国的能源技术进步由早期的偏向于化石能源技术转而演变成偏向于可再生能源技术。

（3）可再生能源专利数占两者之和的比例在 2004 年开始超过 50%，并在经历短暂的波动之后迅速上升到了接近 85%，成为能源技术进步中的绝对主力。1995—2003 年，化石能源专利数要高于可再生能源专利数，使得可再生能源专利数占两者之和的比例低于 50%，但该比例维持在 30% 以上，且存在小幅度上升。自 2004 年开始，随着可再生能源专利数的大幅度增加，可再生能源专利数占两者之和的比例超过了 50%，逐年攀升至 2012 年的 86.65%。在 2013 年与 2014 年出现了短暂的下降，大幅度降至 2014 年的 65.62%。而后又出现了快速上升，至 2017 年已经达到了 83.36%，表明可再生能源技术进步成为能源技术进步中的绝对主力。

## 二、能源技术进步的地区差异

在能源技术进步中，化石能源技术进步与可再生能源技术进步之间存在明显的差异，并且这两类能源技术进步在不同省份之间也存在差异，本章进一步分析两类能源技术进步的地区差异。

（一）7个地区的能源技术进步情况

将全国31个省（自治区、直辖市）划分为华北地区、华东地区、东北地区、华中地区、华南地区、西南地区、西北地区7个地区①，各地区的可再生能源专利数占全国可再生能源专利数的比例如图4-4所示。

（1）华东地区、华北地区与华南地区的可再生能源专利数占比水平相对较高，华中地区、东北地区、西南地区与西北地区的可再生能源专利数占比水平则相对较低，两者之间存在十分明显的差距。具体来看，1995年，华东地区、华北地区与华南地区的可再生能源专利数占比分别为24.35%、23.48%与12.17%，三者之和达到了惊人的60%，而华中地区、东北地区、西南地区与西北地区的可再生能源专利数占比分别为10.43%、12.17%、6.96%与10.44%，四者之和约为40%，两者相差近20%。此后，虽然各地区的可再

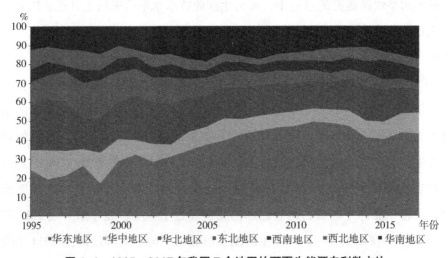

图4-4 1995—2017年我国7个地区的可再生能源专利数占比

① 参考国家统计局的做法，华北地区包括北京、天津、河北、山西与内蒙古5个（自治区、直辖市）；华东地区包括上海、江苏、浙江、安徽与山东5个省（直辖市）；东北地区包括辽宁、吉林与黑龙江3个省；华中地区包括江西、河南、湖北与湖南4个省；华南地区包括福建、广东、广西与海南4个省（自治区）；西南地区包括重庆、四川、贵州、云南与西藏5个省（自治区、直辖市）；西北地区包括陕西、甘肃、青海、宁夏与新疆5个省（自治区）。

生能源专利数开始不断上升，但华东地区、华北地区与华南地区的可再生能源专利数增长速度较快，使得这3个地区的可再生能源专利数占比一直处于较高水平。到2008年，3个地区的占比分别达到了44.80%、16.54%与17.39%，三者之和达到了最高水平78.73%，华中地区、东北地区、西南地区与西北地区4个地区的占比总和降到了21.27%，两者之间的差距进一步拉大至57.46%。截至2017年，华东地区、华北地区与华南地区的可再生能源专利数占比分别为43.40%、12.35%与17.49%，三者之和依旧高达73.24%，与另外4个地区的差距依旧非常显著。

（2）华东地区与华南地区的可再生能源专利数占比总体上处于较为明显的上升趋势，东北地区、华北地区与西北地区的占比总体上呈明显的下降趋势，华中地区与西南地区的占比变化相对比较平稳。具体来看，华东地区与华南地区的可再生能源专利数占比分别由1995年的24.35%与12.17%逐渐上升至2017年的43.40%与17.49%，期间有数年存在下降的情况，但总体上处于上升态势。东北地区、华北地区与西北地区的占比下降十分明显，分别由1995年的12.17%、23.48%、10.43%下降至2017年的2.94%、12.35%、4.73%，尤其是东北地区，下降幅度非常大，由1995年在7个地区中排位第三迅速下降至排位倒数第一，西北地区次之，由1995年在7个地区中排位第五下降至排位倒数第二，仅高于东北地区。华中地区与西南地区的占比在波动中保持小幅度的变化，1995年，两者的占比分别为10.43%、6.96%，期间存在短暂下降至6.28%、3.23%的情况，但在2017年，两者的占比为10.95%与8.13%，与大部分年份中的水平都接近。

同样将全国31个省（自治区、直辖市）划分为华北地区、华东地区、东北地区、华中地区、华南地区、西南地区、西北地区7个地区，各地区的化石能源专利数占全国化石能源专利总数的比例如图4-5所示。

（1）华北地区与华东地区的化石能源专利数占比远远高于另外5个地区的化石能源专利数占比。具体来看，1995年，华北地区与华东地区的化石能源专利数占比分别为32.58%与21.27%，两者之和达到了53.85%，超过了另外5个地区的占比总和。此后，各地区的化石能源专利数开始不断增加，但

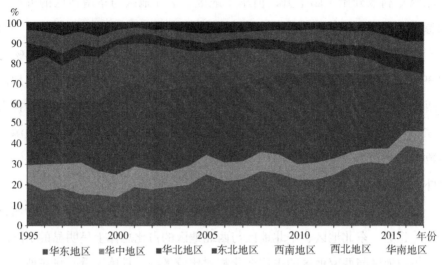

图 4-5　1995—2017 年我国 7 个地区的化石能源专利数占比

华北地区与华东地区的化石能源专利数占比之和在波动中出现了小幅度的上涨，在 2013 年达到了最大的 68.78%，比另外 5 个地区占比总和的两倍还多。此后，两个地区的化石能源专利数占比之和有所下降，到 2017 年，两个地区的占比分别为 22.16% 与 37.79%，两者之和依旧达到了 59.95%，是另外 5 个地区占比总和的近 1.5 倍。

（2）华东地区与华南地区的化石能源专利数占比呈较为明显的上升趋势，华北地区与东北地区的占比呈现出明显的下降趋势，华中地区、西南地区与西北地区的占比变化幅度相对较小。具体来看，华东地区与华南地区的占比分别由 1995 年的 21.27% 与 3.62% 经历小幅度波动后最终上升至 2017 年的 37.79% 与 9.19%，但两者的上升趋势稍有不同，华东地区的占比上升是建立在基数较大的基础上，而华南地区的基数相对较小。华北地区与东北地区的占比分别由 1995 年的 32.58% 与 17.19% 下降至 2017 年的 22.16% 与 6.05%，降幅非常显著，特别是东北地区的占比。但华北地区的占比下降主要发生在 2016 年与 2017 年，除了这两年之外，华北地区的占比在有些年份反而是大幅度上升的，比如在 2009—2012 年期间，其占比反而超过了 40%，而东北地区的占比下降则体现得较为明显，特别是在 2010 年之后，其占比直接跌破 10%，并在此之后迅速下降至 6% 左右。华中地区、西南地区与西北地区的占比变化较小，1995 年，三者分别为 8.60%、10.41% 与 6.33%，此后几年有降有升但幅度较小，到 2017 年，三者分别为 8.53%、7.84% 与 8.45%，与 1995 年相差无几。

对比 7 个地区的可再生能源专利数占比与化石能源专利数占比可以看出：

（1）华北地区与华东地区的可再生能源专利数占比与化石能源专利数占比均处于较高水平，这两个地区的省份经济发展水平较高，能源消费量处于全国前列水平，为能源技术的研发活动提供了重要的资金支持。华南地区的可再生能源专利数占比较高，但其化石能源专利数占比较低，华南地区的经济发展水平与华东地区的经济发展水平较为接近，能源禀赋低但能源消费量高，其将能源技术研发活动的重心放在了可再生能源技术上。华中地区、东北地区、西南地区与西北地区的可再生能源专利数占比与化石能源专利数占比均较低，与华东地区、华北地区与华南地区相比，这 4 个地区的经济发展水平较低，能源消费量较低但能源禀赋相对较高，特别是西南地区与西北地区，能源禀赋排在全国前列，这些地区对能源技术研发活动的投入相对较少。

（2）东北地区与华北地区的可再生能源专利数占比与化石能源专利数占比均呈明显的下降趋势，尤其是东北地区下降幅度十分显著。华北地区的可再生能源专利数占比与化石能源专利数占比的基数较大，虽然期间有所下降，但截至 2017 年，其占比在 7 个地区中依旧处于较高水平。与之对应的是，东北地区的可再生能源专利数占比与化石能源专利数占比的基数相对较小，期间的下降幅度却很大。这两个地区均处于风能与太阳能丰裕的"三北地区"，其利用成本较低，在一定程度上会抑制这两个地区的可再生能源技术研发活动。

（3）西南地区与西北地区的化石能源禀赋与可再生能源禀赋均处于全国前列水平，西南地区的可再生能源专利数占比与化石能源专利数占比的发展均比较平稳，西北地区的可再生能源专利数占比却呈下降趋势。西北地区的风能与太阳能非常丰裕，成本较低，甚至低于煤电的成本，且其经济发展水平相对较低，因而对可再生能源技术研发活动的投入不及其他地区。西南地区中有经济发展水平较高、高校数量较多、科研实力较强的四川与重庆两个省（直辖市），使得西南地区的化石能源技术研发活动与可再生能源技术研发活动均受到了比较明显的资金支持，确保化石能源专利数占比与可再生能源专利数占比处在一个平稳发展的水平。

（二）能源技术进步的变异系数分析

在分析 7 个地区的化石能源专利数占比与可再生能源专利数占比变化特征的基础上，采用变异系数、基尼系数与泰尔指数等统计指标进一步分析中国化石能源技术进步与可再生能源技术进步的地区差异。两类能源专利数的均值与变异系数如图 4-6 所示。

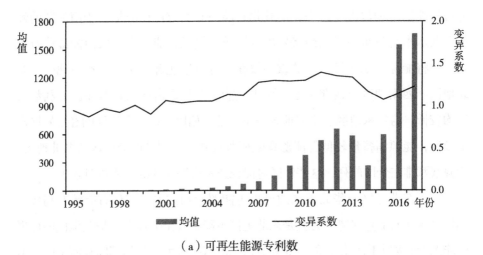

（a）可再生能源专利数

（b）化石生能源专利数

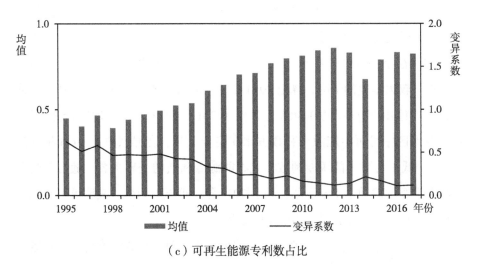

（c）可再生能源专利数占比

图 4-6 1995—2017 年 31 个省（自治区、直辖市）的能源专利数的均值与变异系数

（1）31 个省（自治区、直辖市）可再生能源专利数的均值在剧烈的波动中呈明显的上升趋势，变异系数在小幅度波动中呈先升后将再升的变化特征。具体来看，变异系数在 1995 年为 0.9517，而后在小幅度波动中上升至 2011 年的 1.3942，表明可再生能源技术进步的地区差异在此期间存在扩大趋势。而后变异系数开始下降，到 2015 年降至 1.0700，而后存在一定幅度的上升，到 2017 年达到了 1.2263，但低于 2011 年水平，表明可再生能源技术进步的地区差异在 2011 年后存在小幅度的缩小，但在 2015 年之后又出现了上升。

（2）31 个省（自治区、直辖市）的化石能源专利数的均值在小幅度波动中呈明显的上升趋势，变异系数在剧烈波动后呈显著的下降趋势。具体来看，变异系数在 1995 年为 1.2795，而后出现了剧烈波动，分别在 2000 年、2010 年与 2011 年达到了较高的水平，其中最高为 2011 年的 1.8611，表明在 2011 年之前化石能源技术进步的地区差异总体上呈现出扩大趋势。但在 2011 年后，变异系数开始大幅度下降，由 1.8611 的高点逐年降至 2017 年的 1.1036，表明化石能源技术进步的地区差异呈快速缩小的趋势。

（3）31个省（自治区、直辖市）的可再生能源专利数占比的均值总体上呈稳步上升趋势，变异系数在较低的水平上稳步下降。具体来看，2012年之前，均值在小幅度波动中呈上升趋势，并在2012年达到了0.8587，随后两年出现了较大幅度的下降，降至2014年的0.6761，随后又升至0.8238。总体而言，均值由1995年的0.4485上升到了2017年的0.8283，增幅接近1倍，表明各地区中可再生能源专利数占比在稳步上升。变异系数在1995年仅为0.6273，低于可再生能源专利数与化石能源专利数的变异系数。随后，变异系数在小幅度波动中不断下降，到了2017年，低至0.1163，表明可再生能源专利数占比的地区差异呈逐步缩小的态势。

（4）31个省（自治区、直辖市）的可再生能源专利数均值高于化石能源专利数均值，可再生能源专利数的变异系数整体上低于化石能源专利数的变异系数，但在样本末期，可再生能源专利数的变异系数反而高于化石能源专利数的变异系数。具体来看，可再生能源专利数的变异系数在早期要低于化石能源专利数的变异系数，但随着后者不断下降，可再生能源专利数的变异系数超过了化石能源专利数的变异系数，这表明随着时间的推移，化石能源技术进步的地区差异不断缩小，而可再生能源技术进步的地区差异并未明显缩小。

（三）能源技术进步的基尼系数分析

两类能源专利数的基尼系数如图4-7所示。

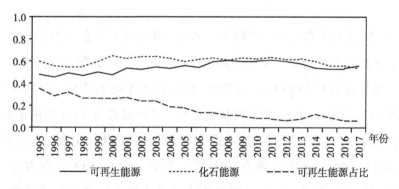

图4-7　1995—2017年31个省（自治区、直辖市）能源专利数的基尼系数

（1）可再生能源专利数的基尼系数在总体上呈现出先升后降再升的变化趋势，但波动幅度相对较小。具体来看，可再生能源专利数的基尼系数由1995年的0.4785逐渐上升至2011年的0.6104，随后下降至2015年的0.5282，并最终上升至2017年的0.5569。这表明，可再生能源技术进步的地区差异在总体上呈先扩大后缩小再扩大的态势，但缩小与扩大的幅度均较小。

（2）化石能源专利数的基尼系数在小幅度波动中呈下降趋势，由高于可再生能源专利数的基尼系数逐渐下降至低于可再生能源专利数的基尼系数。具体来看，化石能源专利数的基尼系数由1995年的0.5961逐渐下降至2017年的0.5341，表明化石能源技术进步的地区差异在总体上呈缩小趋势。1995年，化石能源专利数的基尼系数要高于可再生能源专利数的基尼系数，即化石能源技术进步的地区差异要高于可再生能源技术进步的地区差异。到2017年，化石能源专利数的基尼系数低于可再生能源专利数的基尼系数，即化石能源技术进步的地区差异开始低于可再生能源技术进步的地区差异。

（3）可再生能源专利数占比的基尼系数呈现不断下降的趋势。具体来看，可再生能源专利数占比的基尼系数由1995年的0.3512开始逐年下降，到2017年，基尼系数降至0.0649。这表明，可再生能源专利数占比的地区差异呈现逐年缩小的态势。

（4）化石能源专利数的基尼系数与可再生能源专利数的基尼系数较为接近，且两者均远高于可再生能源专利数占比的基尼系数。具体来看，虽然化石能源专利数的基尼系数在2017年降至小于可再生能源专利数的基尼系数，但在样本期间，化石能源专利数的基尼系数与可再生能源专利数的基尼系数非常接近，这表明我国化石能源技术进步与可再生能源技术进步均存在较为明显的地区差异，但两者比较接近。此外，可再生能源专利数占比的基尼系数要远低于化石能源专利数与可再生能源专利数的基尼系数，这表明可再生能源专利数占比的地区差异较小，且呈缩小趋势。即对于各省份而言，能源技术进步偏向于可再生能源技术的特征越发明显。

（四）能源技术进步的泰尔指数分析

两类能源专利数的泰尔指数如图 4-8 所示。可再生能源专利数的泰尔指数与基尼系数的演变趋势相似，在总体上呈现出先升后降再升的变化趋势，但相比于 1995 年，2017 年的可再生能源专利数的泰尔指数更高，表明可再生能源技术进步的地区差异先扩大后缩小再扩大。化石能源专利数的泰尔指数在小幅度波动中呈下降趋势，且在 2017 年要略低于可再生能源专利数的泰尔指数。可再生能源专利数占比的泰尔指数要远远低于化石能源专利数与可再生能源专利数的泰尔指数，且呈现出明显的下降趋势。

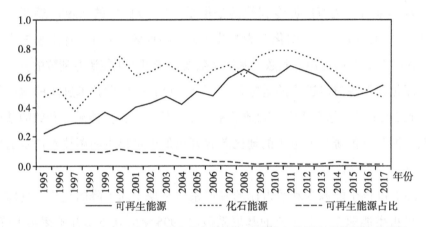

图 4-8　1995—2017 年 31 个省（自治区、直辖市）能源专利数的泰尔指数

为进一步分析地区差异的来源，我们将泰尔指数进行分解，将全国 31 个省（自治区、直辖市）划分为华北地区、华东地区、东北地区、华中地区、华南地区、西南地区、西北地区 7 个地区，计算出化石能源专利数、可再生能源专利数与可再生能源专利数占比的泰尔指数的地区内差异与地区间差异，相关的贡献度如表 4-1 所示。

（1）化石能源专利数与可再生能源专利数占比的泰尔指数中，地区内差异的贡献度在绝大部分年份都要高于 50%，这表明化石能源技术进步与可再生能源技术进步的地区差异主要是由地区内各省（自治区、直辖市）之间的差异导致的。具体来看，在化石能源专利数的泰尔指数分解中，所有年份的地区内差异贡献度均高于 50%，最高的是 1997 年的 72.04%，最低的为 2001

表4-1 1995—2017年我国能源专利数的泰尔指数分解

| 年份 | 可再生能源专利数的泰尔指数 | | 化石能源专利数的泰尔指数 | | 可再生能源专利数占比的泰尔指数 | |
|---|---|---|---|---|---|---|
| | 地区内差异贡献度 | 地区间差异贡献度 | 地区内差异贡献度 | 地区间差异贡献度 | 地区内差异贡献度 | 地区间差异贡献度 |
| 1995 | 0.8074 | 0.1926 | 0.6885 | 0.3115 | 0.8565 | 0.1435 |
| 1996 | 0.7332 | 0.2668 | 0.5735 | 0.4265 | 0.9728 | 0.0272 |
| 1997 | 0.6525 | 0.3475 | 0.7204 | 0.2796 | 0.9693 | 0.0307 |
| 1998 | 0.7015 | 0.2985 | 0.5769 | 0.4231 | 0.7441 | 0.2559 |
| 1999 | 0.7211 | 0.2789 | 0.6137 | 0.3863 | 0.8668 | 0.1332 |
| 2000 | 0.6543 | 0.3457 | 0.5427 | 0.4573 | 0.7391 | 0.2609 |
| 2001 | 0.5792 | 0.4208 | 0.5014 | 0.4986 | 0.7634 | 0.2366 |
| 2002 | 0.6936 | 0.3064 | 0.5071 | 0.4929 | 0.4493 | 0.5507 |
| 2003 | 0.6533 | 0.3467 | 0.5488 | 0.4512 | 0.7580 | 0.2420 |
| 2004 | 0.6118 | 0.3882 | 0.6035 | 0.3965 | 0.4817 | 0.5183 |
| 2005 | 0.5397 | 0.4603 | 0.5921 | 0.4079 | 0.7365 | 0.2635 |
| 2006 | 0.5337 | 0.4663 | 0.5768 | 0.4232 | 0.4073 | 0.5927 |

续表

| 年份 | 可再生能源专利数的泰尔指数 | | 化石能源专利数的泰尔指数 | | 可再生能源专利数占比的泰尔指数 | |
|---|---|---|---|---|---|---|
| | 地区内差异贡献度 | 地区间差异贡献度 | 地区内差异贡献度 | 地区间差异贡献度 | 地区内差异贡献度 | 地区间差异贡献度 |
| 2007 | 0.5170 | 0.4830 | 0.5640 | 0.4360 | 0.6082 | 0.3918 |
| 2008 | 0.4843 | 0.5157 | 0.5811 | 0.4189 | 0.6887 | 0.3113 |
| 2009 | 0.4726 | 0.5274 | 0.6017 | 0.3983 | 0.8030 | 0.1970 |
| 2010 | 0.4917 | 0.5083 | 0.6170 | 0.3830 | 0.5922 | 0.4078 |
| 2011 | 0.4743 | 0.5257 | 0.6093 | 0.3907 | 0.6613 | 0.3387 |
| 2012 | 0.4978 | 0.5022 | 0.6260 | 0.3740 | 0.6328 | 0.3672 |
| 2013 | 0.4747 | 0.5253 | 0.6022 | 0.3978 | 0.7537 | 0.2463 |
| 2014 | 0.5699 | 0.4301 | 0.6073 | 0.3927 | 0.6294 | 0.3706 |
| 2015 | 0.5293 | 0.4707 | 0.6475 | 0.3525 | 0.7189 | 0.2811 |
| 2016 | 0.4469 | 0.5531 | 0.5785 | 0.4215 | 0.8508 | 0.1492 |
| 2017 | 0.4814 | 0.5186 | 0.6246 | 0.3754 | 0.7226 | 0.2774 |

年的50.14%，即样本期内化石能源技术进步的地区差异主要来自地区内差异。在可再生能源专利数占比的泰尔指数分解中，2002年、2004年与2006年的地区内差异贡献度低于50%，分别为44.93%、48.17%与40.73%，其余年份的地区内差异贡献度均超过了50%，最高的是1996年的97.28%，最低的是2010年的59.22%。

（2）可再生能源专利数的泰尔指数中，地区内差异的贡献度在2007年之前均超过了50%，而在此之后，除了2014年与2015年之外，地区内差异的贡献度均低于50%，这表明可再生能源技术进步的地区差异由主要来源于地区内差异逐渐演变成主要来源于地区间差异。具体来看，在2007年之前，地区内差异的贡献度超过了50%，但在总体上呈现出下降的趋势，2007年降至51.70%，这表明可再生能源技术进步的地区差异由地区内差异主导的特征逐渐消失。但是，在2007年之后，地区内差异的贡献度在大部分年份低于50%，最低达到了44.69%，这表明可再生能源技术进步的地区差异开始由地区间差异主导。可能的原因在于，《中华人民共和国可再生能源法》在2006年1月1日正式实施，表明中国政府对可再生能源发展的支持上升到了更高层次，极大地促进了可再生能源技术创新活动。但是，可再生能源的发展受到地理条件的限制，如西南地区的水电禀赋非常高，西北地区的太阳能禀赋非常高，地区之间的可再生能源发展出现了较大的差异，导致可再生能源专利数的地区差异主要来自地区间差异。

综上可以看出，1995—2017年，中国可再生能源专利数、化石能源专利数与可再生能源专利数占比均存在较为明显的地区差异，其中可再生能源专利数的地区差异呈现出"上升—下降—上升"的特征，化石能源专利数的地区差异在"上升—下降"波动中最终呈下降趋势，可再生能源专利数占比的地区差异呈现出明显的下降趋势。在此基础上，化石能源专利数与可再生能源专利数占比的地区差异主要来自地区内的差异，可再生能源专利数的地区差异由主要来源于地区内差异逐渐演变成主要来源于地区间差异。

## 三、能源技术进步的空间重心迁移

采用式（4-4）计算出可再生能源专利数与化石能源专利数的重心的经度与纬度，绘制成图4-9和图4-10。

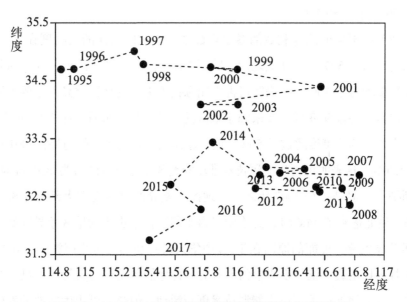

**图4-9　1995—2017年可再生能源专利数的重心迁移轨迹**

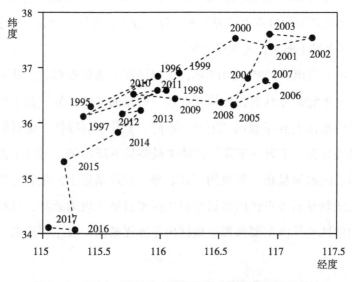

**图4-10　1995—2017年化石能源专利数的重心迁移轨迹**

由图 4-9 可以看出：可再生能源专利数的重心在总体上向东南方向迁移，但呈现出明显的阶段性特征。具体来看，1995 年，可再生能源专利数重心的经度与纬度分别为 114.84 度和 34.69 度，位于河南省开封市。2017 年，可再生能源专利数重心的经度与纬度分别为 115.43 度和 31.75 度，位于河南省信阳市。相比而言，重心向南迁移的幅度要大于重心向东迁移的幅度。

重心迁移的过程可以划分为三个阶段：第一阶段是 1995—2001 年，可再生能源专利数重心在总体上向东南方向迁移。2001 年，重心的经度与纬度分别为 116.57 度和 34.40 度，位于安徽省宿州市。重心的总迁移距离达到了 195.60km，重心向东迁移的趋势非常明显，而向南迁移的趋势相对较弱。移动距离最大的是 2001 年的 89.65km，最小的是 1996 年的 9.57km，相差较为明显。第二阶段是 2001—2007 年，可再生能源专利数重心总体上向东南迁移。2007 年，重心的经度与纬度分别为 116.83 度和 32.88 度，位于安徽省淮南市。重心的总迁移距离为 171.41km。重心在东西方向上来回迁移，向东迁移的趋势不显著，但在南北方向上呈现出明显的向南迁移趋势。移动距离最大的是 2004 年的 121.59km，最小的是 2006 年的 19.70km。第三阶段是 2007—2017 年，可再生能源专利数重心总体上向西南方向迁移。重心的总迁移距离达到了 199.84km，重心向西回迁的趋势非常明显，与此同时，重心在南北方向上进一步向南迁移。移动距离最大的是 2015 年的 86.98km，最小的是 2011 年的 9.62km。

化石能源专利数的重心迁移轨迹如图 4-10 所示，从图中可以看出：化石能源专利数的重心在总体上向西南方向迁移，也呈现出明显的阶段性特征。具体来看，1995 年，化石能源专利数重心的经度与纬度分别为 115.40 度和 36.30 度，位于河北省邯郸市。2017 年，化石能源专利数重心的经度与纬度分别为 115.05 度和 34.11 度，位于河南省周口市。相比而言，重心向南迁移的幅度要大于向西迁移的幅度。

重心迁移的过程可以划分为三个阶段：第一阶段为 1995—2002 年，化石能源专利数重心总体上向东北方向迁移。2002 年，化石能源专利数重心的经度与纬度分别为 117.29 度和 37.54 度，位于山东省济南市。期间，重心的总迁移距离为 250.97km。重心在东西方向来回迁移,并最终向东;在南北方向来回迁移,并最终向北。迁移距离最大的是 1997 年的 107.08km,最小的是 1999 年的 36.89km,差别较为明显。第二阶段为 2002—2011 年,化石能源专利数重心总体上向西南方向迁移。2011 年,重心的经度与纬度分别为 115.97 度和 36.59 度,位于山东省聊城市。期间,重心的总迁移距离为 180.54km,重心在东西方向来回迁移,并最终向西;在南北方向来回迁移,并最终向南。迁移距离最大的是 2004 年的 91.27km,最小的是 2007 年的 13.94km,差别同样十分明显。第三阶段为 2011—2017 年,化石能源专利重心总体上继续向西南方向迁移,重心的总迁移距离为 294.20km,重心向西与向南迁移的趋势非常明显。迁移距离最大的是 2016 年的 137.05km,最小的是 2013 年的 18.99km(见表 4-2)。

表 4-2  化石能源专利数重心与可再生能源专利数重心的迁移距离

单位:km

| 年份 | 可再生能源专利数重心 | 年份 | 可再生能源专利数重心 | 年份 | 化石能源专利数重心 | 年份 | 化石能源专利数重心 |
|---|---|---|---|---|---|---|---|
| 1996 | 9.57 | 2007 | 58.76 | 1996 | 87.89 | 2007 | 13.94 |
| 1997 | 56.29 | 2008 | 58.14 | 1997 | 107.08 | 2008 | 60.42 |
| 1998 | 26.12 | 2009 | 32.36 | 1998 | 94.56 | 2009 | 44.23 |
| 1999 | 70.89 | 2010 | 19.55 | 1999 | 36.89 | 2010 | 40.82 |
| 2000 | 20.35 | 2011 | 9.62 | 2000 | 87.85 | 2011 | 24.11 |
| 2001 | 89.65 | 2012 | 47.80 | 2001 | 36.96 | 2012 | 57.81 |
| 2002 | 95.44 | 2013 | 26.04 | 2002 | 42.67 | 2013 | 18.99 |
| 2003 | 27.84 | 2014 | 71.59 | 2003 | 40.68 | 2014 | 49.34 |
| 2004 | 121.59 | 2015 | 86.98 | 2004 | 91.27 | 2015 | 77.79 |
| 2005 | 28.55 | 2016 | 52.51 | 2005 | 55.00 | 2016 | 137.05 |
| 2006 | 19.70 | 2017 | 70.28 | 2006 | 55.15 | 2017 | 25.18 |

比较可再生能源专利数与化石能源专利数的重心迁移情况可以看出:

(1)在南北方向上,可再生能源专利数重心向南迁移的趋势更为显著,化石能源专利数重心虽然总体上向南迁移,但期间存在比较明显的向北回迁。可能的原因在于，虽然北方的可再生能源禀赋比较丰富，但以华东地区与华南地区为代表的南方各省份的能源消费量较高，在中国加强生态文明建设、推动经济高质量发展的背景下，加快能源消费结构调整成为各省份能源工作的重中之重，以上海、江苏、浙江、广东为代表的省（直辖市）依靠较高的经济发展水平，加大了对可再生能源技术的研发投入，提升了其可再生能源技术水平。

（2）在东西方向上，可再生能源专利数重心总体上向东迁移，而化石能源专利数重心总体上向西迁移。但是，化石能源专利数重心在大部分年份都是向东迁移，仅在样本期最后几年出现了大幅度向西迁移的趋势。可能的原因在于，东部地区的经济发展水平高，能为化石能源技术研发与可再生能源技术研发提供重要的资金支持。并且，可再生能源无法在短期内成为主导能源，东部地区的各个省份也会对化石能源技术进行研发，以提高化石能源的使用效率。

（3）与化石能源专利数的重心迁移轨迹相比，可再生能源专利数的重心迁移相对比较有规律。从化石能源专利数的重心迁移轨迹可以看出，其在1995—2011年期间处于比较混乱的状态，在东西方向与南北方向均来回迁移，并且重心的迁移路径存在明显的重叠。仅在2012—2017年期间表现出一定的规律性，重心的迁移路径不存在重叠现象。结合表4-2可发现，化石能源重心的迁移距离时而大时而小，但总体偏大，平均的迁移距离达到了54.47km，高于可再生能源专利数重心的平均迁移距离（46.53km）。从可再生能源专利数的重心迁移轨迹可以看出，其重心的迁移路径虽然在东西方向与南北方向均存在来回迁移现象，但并不存在明显的重叠，迁移的趋势明显。这表明，各省份的可再生能源专利数变化比较有规律，而化石能源专利数的变化相对无序。

（4）与化石能源专利数的重心相比，可再生能源专利数的重心更靠南。1995年，化石能源专利数的重心纬度为36.30度，可再生能源专利数的重心纬度为34.69度，相较而言，可再生能源专利数的重心更靠南。到2017年，化石能源专利数的重心与可再生能源专利数的重心均向南迁移，但可再生能源专利数的重心纬度依旧小于化石能源专利数的重心纬度，两者分别为31.75度与34.11度。相较而言，可再生能源专利数的重心同样更靠南。

# 第四节　本章小结

本章选取 1995—2017 年全国 31 个省（自治区、直辖市）的可再生能源专利数与化石能源专利数，采用变异系数、基尼系数、泰尔指数与空间重心模型分析了中国可再生能源技术进步与化石能源技术进步的总体特征与地区差异，得到以下 5 个结论。

（1）中国化石能源专利数与可再生能源专利数呈大幅度增加趋势，且后者的增幅显著高于前者。具体而言，样本期内，化石能源专利数的平均增长率达到了 20.75%，可再生能源专利数的平均增长率达到了 39%，使得化石能源专利数的总体增幅达到了 46 倍，可再生能源专利数的增幅达到了 448倍。

（2）中国化石能源专利数与可再生能源专利数的变化存在明显的阶段性。具体而言，在 1995—2003 年期间，化石能源专利数要高于可再生能源专利数，但是可再生能源专利数的平均增速高于化石能源专利数的平均增速。在 2004—2017 年期间，可再生能源专利数开始快速上升，而化石能源专利数的上升速度要低于可再生能源专利数的上升速度，最终导致可再生能源专利数与化石能源专利数的差距不断扩大。

（3）中国可再生能源专利数占两种能源专利总数的比例在 2004 年后超过了 50%，表明可再生能源技术进步已经成为中国能源技术进步的主力军。具体而言，在 2003 年以前，可再生能源专利数占两种能源专利总数的比例介于 30%~50% 之间，但在 2003 年之后快速上升并超过了 50%，在 2017 年已经达到了 83.36%。

（4）中国可再生能源专利数与化石能源专利数均存在明显的地区差异。具体而言，将中国 31 个省（自治区、直辖市）划分为 7 个地区之后，华北地区与华东地区的可再生能源专利数占比与化石能源专利数占比均处于较高水平；东北地区与华北地区的可再生能源专利数占比与化石能源专利数占比均呈明显的下降趋势；西南地区的可再生能源专利数占比与化石能源专利数占比的发展均比较平稳；西北地区的可再生能源专利数占比呈下降趋势，化石能源专利数占比的发展比较平稳。从基尼系数与泰尔指数来看，可再生能源专利数的地区差异呈现出"上升—下降—上升"的特征，化石能源专利数的地区差异在"上升—下降"波动中最终呈下降趋势。化石能源专利数的地区差异主要来自地区内的差异，可再生能源专利数的地区差异由主要来源于地区内差异逐渐演变为主要来源于地区间差异。

（5）中国可再生能源专利数的重心总体上向东南方向迁移，化石能源专利数的重心总体上向西南方向迁移，相比而言，可再生能源专利数的重心更靠南。具体而言，可再生能源专利数的重心在东西方向存在来回迁移的情况，但总体上向东迁移，在南北方向则存在显著的向南迁移的情况。化石能源专利数的重心在东西方向与南北方向均存在来回迁移的情况，且有较多年份重心向西迁移。此外，无论是期初还是期末，化石能源专利数的重心纬度均要大于可再生能源专利数的重心纬度。

# 第五章

# 能源技术进步偏向：中国实证

## 第一节　引　言

　　改革开放以来，中国的经济增长水平长期居于世界前列，经济总量也逐渐上升至世界第二的水平，仅次于美国。但是，中国的人均GDP水平却处于较低水平。如图5-1所示，在刚刚开始改革开放的1978年，中国的GDP仅为3644亿美元，人均GDP仅为381美元，远远低于美国、日本、英国、德国与法国等传统发达资本主义国家的水平。GDP仅为美国的5.30%，人均GDP仅为美国的1.23%。到了2000年，中国的GDP已经达到了27701亿美元，超过了英国的22644亿美元，不断接近德国的GDP水平。同样的，中国的人均GDP依旧远远低于这些发达国家。而到了2020年，中国的GDP总量已经全面超越了日本、德国、法国与英国，仅次于美国，成为世界上最大的发展中国家。但是，中国的人均GDP水平还是远远低于这些发达国家。

　　即使是与其他新兴经济体相比，中国的人均GDP也处于较低水平。如表5-1所示，2000年，尽管中国的GDP数倍于南非、印度、俄罗斯与巴西这4个金砖国家，但是人均GDP水平仅高于印度，远远低于南非、俄罗斯与巴西。到了2009年，中国的GDP总量已经超过了这4个金砖国家的GDP总和，而在人均 GDP 方面，除了与南非国家的差距不断缩小之外，与俄罗斯和巴西的人均 GDP 水平依旧存在明显的差距。而到了 2020 年，中国的 GDP 总量已经比这 4 个国家的 GDP 总和还要高出 8.68 万亿美元，这一差额甚至比这4 个国家中任何一个国家的 GDP 水平还要高。从 GDP 水平来看，中国在"金砖五国"中居于绝对领先的位置。从人均 GDP 水平来看，近几年的快速发展已经使得中国的人均 GDP 水平超过了南非与巴西，但依旧低于俄罗斯。

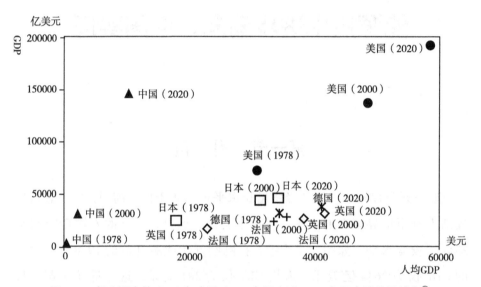

图 5-1　部分国家的 GDP 与人均 GDP 水平（以 2010 年不变价美元计）①

表 5-1　2000—2020 年"金砖五国"的 GDP 与人均 GDP（以 2010 年不变价美元计）

| 年份 | GDP/亿美元 | | | | | 人均 GDP/美元 | | | | |
|---|---|---|---|---|---|---|---|---|---|---|
| | 南非 | 巴西 | 俄罗斯 | 印度 | 中国 | 南非 | 巴西 | 俄罗斯 | 印度 | 中国 |
| 2000 | 2026 | 11864 | 7804 | 8005 | 27701 | 4506 | 6788 | 6491 | 758 | 2194 |
| 2001 | 2081 | 12029 | 8202 | 8392 | 30010 | 4566 | 6789 | 6851 | 781 | 2360 |
| 2002 | 2158 | 12396 | 8588 | 8711 | 32751 | 4676 | 6905 | 7206 | 797 | 2558 |
| 2003 | 2222 | 12538 | 9215 | 9395 | 36039 | 4755 | 6896 | 7767 | 845 | 2797 |

　　① 数据来源于 World Bank Data。如果以购买力平价来衡量（均以 2011 年国际元来表示）各个国家的 GDP 与人均 GDP，总体情况也与图 5-1 所显示的一致。

续表

| 年份 | GDP/亿美元 | | | | | 人均 GDP/美元 | | | | |
|---|---|---|---|---|---|---|---|---|---|---|
| | 南非 | 巴西 | 俄罗斯 | 印度 | 中国 | 南非 | 巴西 | 俄罗斯 | 印度 | 中国 |
| 2004 | 2323 | 13260 | 9878 | 10140 | 39684 | 4911 | 7206 | 8360 | 898 | 3062 |
| 2005 | 2445 | 13685 | 10510 | 10943 | 44205 | 5107 | 7352 | 8929 | 954 | 3391 |
| 2006 | 2582 | 14227 | 11372 | 11825 | 49829 | 5326 | 7561 | 9693 | 1015 | 3801 |
| 2007 | 2721 | 15090 | 12339 | 12731 | 56920 | 5539 | 7937 | 10535 | 1076 | 4319 |
| 2008 | 2808 | 15859 | 12981 | 13124 | 62413 | 5640 | 8259 | 11088 | 1093 | 4712 |
| 2009 | 2764 | 15839 | 11968 | 14156 | 68279 | 5477 | 8169 | 10220 | 1162 | 5129 |
| 2010 | 2848 | 17032 | 12507 | 15359 | 75541 | 5561 | 8702 | 10675 | 1244 | 5647 |
| 2011 | 2942 | 17708 | 13044 | 16164 | 82756 | 5657 | 8966 | 11125 | 1293 | 6157 |
| 2012 | 3007 | 18049 | 13569 | 17046 | 89264 | 5692 | 9057 | 11554 | 1347 | 6609 |
| 2013 | 3082 | 18591 | 13808 | 18135 | 96196 | 5740 | 9248 | 11731 | 1416 | 7087 |
| 2014 | 3139 | 18685 | 13909 | 19478 | 103339 | 5754 | 9215 | 11609 | 1503 | 7575 |
| 2015 | 3176 | 18022 | 13635 | 21036 | 110616 | 5735 | 8814 | 11355 | 1606 | 8067 |
| 2016 | 3189 | 17432 | 13661 | 22773 | 118191 | 5673 | 8455 | 11356 | 1719 | 8573 |
| 2017 | 3234 | 17662 | 13911 | 24320 | 126402 | 5673 | 8498 | 11551 | 1817 | 9117 |
| 2018 | 3259 | 17977 | 14301 | 25909 | 134934 | 5640 | 8582 | 11876 | 1915 | 9688 |
| 2019 | 3264 | 18231 | 14592 | 26956 | 142962 | 5575 | 8638 | 12123 | 1973 | 10228 |
| 2020 | 3037 | 17491 | 14161 | 24809 | 146251 | 5121 | 8229 | 11787 | 1798 | 10431 |

数据来源：World Bank Data。

除此之外，图 5-1 还显示了一个重要的特征，即将各个国家在 1978 年、2000 年及 2020 年的 GDP 与人均 GDP 的坐标点连接起来，可以看出：1978—2020 年，美国的人均 GDP 增长幅度与 GDP 增长幅度相对比较接近，日本、德国、英国与法国的人均 GDP 增长幅度则明显高于 GDP 增长幅度，不同的是，中国的人均 GDP 增长幅度远远赶不上 GDP 的增长幅度。这表明，改革开放以来 40 多年的快速增长已经让中国的 GDP 总量有了大幅度提升，但是中国人均 GDP 的提升依旧过于缓慢。因此，尽管中国的 GDP 总量已经跃居世界第二，但保持经济的中高速增长依旧是中国的首要任务，也是完成"两个一百年"奋斗目标的根本所在。

然而，正如前文描述的那样，在 GDP 总量跃居世界第二的过程中，中国的环境污染问题与能源安全问题已经不断凸显。在国内，越来越严重的空气污染已经影响到了居民的生活质量，环境污染治理投资额逐年增加也在不断加重政府的财政负担。在国际上，二氧化碳排放量居于世界第一的严峻现实需要中国在全球环境治理中承担更为重要的责任。换而言之，延续先污染后治理的经济发展方式已经不能适应中国目前发展的现实需求了，中国经济需要在环境与能源的双重约束下，继续保持中高速增长。

因此，在中国未来的经济发展中，需要深入贯彻绿色发展理念。其中一个关键点在于，加快中国能源的生产与消费革命，构建清洁、低碳、安全、高效的能源体系。即大力发展清洁能源技术，提高清洁能源在中国能源消费结构中的比例，使清洁能源成为中国能源消费的主要来源。针对这个问题，第三章所构建的中国能源技术进步偏向理论分析框架指出，影响能源技术进步在污染能源技术与清洁能源技术之间产生偏向的因素包括四个：价格效应、市场规模效应、生产率效应与技术溢出效应。如果上述四个因素最终导致能源技术进步偏向污染能源技术，则政府可以通过政策来干预能源技术进步偏向。这一研究结论为本章的实证分析提供了理论基础。

为此，本章选取 1995—2017 年全国层面的能源技术进步相关数据。根据第三章将能源技术划分为污染能源技术与清洁能源技术的做法，选取化石能源技术表示污染能源技术，具体包括石油、煤炭与天然气等技术，选取可再生能源技术表示清洁能源技术，具体包括太阳能、风能、水能、生物质能、地热能等技术。其中，可再生能源技术的使用不会产生环境污染。并且，幅员辽阔的中国拥有丰裕的可再生能源，可以有效保障中国的能源安全。化石能源的使用则是中国环境污染问题的主要来源，而中国的化石能源主要依赖进口，尤其是石油，这也是中国能源安全受到挑战的主要原因。本章据此对"中国能源技术进步在清洁能源技术与污染能源技术之间形成偏向的影响因素"及"哪些因素会促使中国能源技术进步偏向清洁能源技术"这两个中国经济发展过程中的重要关切进行实证分析，也是对第三章的理论分析结论进行初步实证检验,为中国能源技术进步偏向的影响因素分析提供初步判断。

## 第二节 计量模型构建、变量的选取及其测算

### 一、计量模型构建

计量模型如下:

$$\ln BE_t = \alpha_0 + \alpha_1 \ln LE_{t-j}^C + \alpha_2 \ln LE_{t-j}^D + \alpha_3 \ln PE_{t-j}^D + \alpha_4 \ln CF_{t-j}^D + \alpha_5 \ln FE_{t-j}^C + \alpha_6 \ln FE_{t-j}^D +$$
$$\alpha_7 \ln ER_{t-j} + \alpha_8 \ln GS_{t-j} + \varepsilon_t \qquad (5\text{--}1)$$

其中,$BE$ 表示能源技术进步偏向。$LE^C$ 与 $LE^D$ 分别表示已有的清洁能源技术水平与已有的污染能源技术水平,用来表征生产率效应。$PE^D$ 表示污染能源的价格,用来表征价格效应。$CF^D$ 表示污染能源技术面临的市场规模大小,用来表征市场规模效应。$FE^C$ 与 $FE^D$ 分别表示从发达国家获取的清洁能源技术溢出与污染能源技术溢出,用来表征技术溢出效应。$ER$ 表示政府对污染能源密集型中间产品生产的干预,$GS$ 表示政府对清洁能源技术发展的支持,用来表征政府的政策干预。$j$ 表示滞后期,参考 Noailly 和 Smeets(2015)与 Aghion et al.(2016)的研究,将 $j$ 设定为 1。$\varepsilon_t$ 为随机扰动项。

### 二、变量的选取

（一）被解释变量

本研究选取可再生能源技术来表示清洁能源技术,主要包括生物质能、太阳能、风能、水能、地热能等能源技术,并采用 $P_{CE}$ 来表示。选取化石能源技术来表示污染能源技术,主要包括石油、煤炭与天然气等能源技术,并采用 $P_{DF}$ 来表示。在此基础上,选取 $P_{CF}/P_{DF}$ 表示能源技术进步偏向,该值增加,表示能源技术进步偏向可再生能源技术,促进了可再生能源技术水平的提升;反之,则表示能源技术进步偏向化石能源技术,促进了化石能源技术水平的提升。

同样参考 Popp（2002）、Noailly 和 Smeets（2015）、董直庆等（2015）与

Aghion et al.（2016）等研究的做法，选取专利申请数来衡量可再生能源技术与化石能源技术，专利申请数的增加表示这两种能源技术水平的提升。在选取能源技术的专利申请数时，仅考虑发明申请与实用新型在内的国内能源技术专利申请数。最后，采用和第四章一样的方法获取1995—2017年中国的可再生能源技术专利申请数与化石能源技术专利申请数。

（二）解释变量

1. 已有的清洁能源技术水平与污染能源技术水平

研发活动具有较高的风险与不确定性，若以往的研发活动积累了丰富的知识存量，则未来的研发活动可以从中获取经验教训，避免试错成本，有助于未来的研发活动。换而言之，研发活动具有外部性，使得以往研发活动积累的知识存量对未来的研发活动产生促进作用（Arrow，1962；Romer，1990）。另外，若沿着以往研发活动的路径可以提高研发的成功概率，则研发活动将容易形成路径依赖（Aghion et al.，2016）。因此，以往研发活动所积累的知识存量可以发挥"站在巨人肩膀上"的效应，即已有的清洁能源技术水平（已有的污染能源技术水平）越高，越能促进未来的清洁能源技术研发（污染能源技术研发），进而导致能源技术进步偏向清洁能源技术（污染能源技术）。还有一种情况是，如果以往研发活动所积累的知识存量水平过高，也可能会使得未来的研发活动变得更加困难，导致以往积累的知识存量产生"踩踏效应"，反而不利于未来的研发活动（Rivera-Batiz and Romer，1991）。也就是说，已有的清洁能源技术水平（污染能源技术水平）过高，也可能会抑制未来的清洁能源技术研发（污染能源技术研发），反而使能源技术进步偏向污染能源技术（清洁能源技术）。考虑到已有的清洁能源技术水平与已有的污染能源技术水平是以往研发所积累的能源技术存量，本章分别选取可再生能源技术存量与化石能源技术存量来表示这两个指标。

2. 污染能源价格

某一生产要素的价格上涨将诱致与该生产要素相关的技术创新，以节约该生产要素的使用（Hicks，1932）。倘若将该假说运用到能源这一生产要素问题的分析中，则意味着能源价格的上涨将会促进能源的技术进步。因此，自 1973 年爆发的全球第一次石油危机终结廉价能源时代之后，有关化石能源价格上涨是否会促进能源技术进步的研究开始不断展开。其中，Newell et al.（1999）与 Popp（2002）从微观的产品层面、Kumar 和 Managi（2009）与 Hassler et al.（2011）从宏观的国家层面对此进行了实证检验，结果均表明，化石能源价格的上涨将产生诱致性技术创新效应，促进化石能源的技术进步。此外，Zon 和 Yetkiner（2003）在分析全球第一次石油危机对发达国家的影响时也指出，全球石油危机促使发达国家加大了对能源技术研发的投入力度，促进了能源的技术进步。对于中国而言，快速的工业化进程，尤其是重化工业化趋势的不断显现，使得中国的化石能源需求不断增加。但国内的化石能源供给远远不能满足国内的需求，大部分需要依靠国外进口，导致化石能源价格的上涨对中国宏观经济运行的影响变得越来越显著（林伯强和牟敦国，2008；陈宇峰和陈启清，2011）。在创新发展理念的推动下，化石能源价格的波动势必会产生诱致性技术创新效应，促进化石能源的技术进步。对此，本章选取化石能源价格来衡量污染能源价格。

3. 污染能源技术面临的市场规模

技术研发活动面临较高的风险与不确定性，研发者需要获取足够的利润来支撑其从事技术研发活动。其中，技术所面临的市场规模大小决定了其利润的大小，因而也决定了研发者是否会对该技术进行研发（Schmookler，1966）。对此，Lin（1991、1992）对中国杂交水稻技术发展的研究，以及 Hanlon（2015）对英国早期纺纱技术发展的研究均证实了市场规模对研发活动具有明显的促进作用，即市场规模的扩大将有效促进技术进步。在中国经济的快速增长过程中，能源投入发挥着越来越重要的作用，对中国经济增长的贡献率在 1952—2012 年达到了 41.8%，而在 2003—2012 年更是高达 53.1%（蒲志仲等，2015）。1995—2014 年，中国化石能源消费量由 123174 万吨标准煤逐年增加到 378116 万吨标准煤，增加幅度高达 206.98%。化石能源的大量消耗为化石能源技术研发提供了巨大的市场规模，研发者基于利润最大化的原则，势必会增加对化石能源技术的研发。对此，本章选取化石能源消费量来衡量污染能源技术面临的市场规模大小。

4. 清洁能源技术溢出与污染能源技术溢出

作为一项系统性、长周期性的工程，从研发活动开始到形成专利并进行商业化应用的过程中，每个阶段都需要获取足够的资金支持。发达国家的经济发展水平较高，可以为研发活动提供充足的资金。此外，发达国家为了保持技术上的优势，也会加大研发投入。因此，全世界绝大部分的研发都集中在发达国家（Grueber et al.，2011）。发展中国家的经济发展水平相对较低，对研发活动的资金支持力度也较低。但是，发展中国家可以通过技术溢出方式从发达国家获取先进技术。其中，直接投资与国际贸易是最主要的渠道（Hoppe，2005）。自改革开放以来，中国不断加大与发达国家的进出口贸易，并积极吸收发达国家的直接投资，极大地促进了中国国内的技术进步（李梅与柳士昌，2011）。目前，中国政府正在积极地设立各种自由贸易区，加快吸引高水平的外商直接投资，这势必会加快中国从发达国家获取技术溢出的步伐。除此之外，随着中国经济发展水平的不断提升，中国企业不断地走出去，加快了对外投资的步伐，积极吸收发达国家的先进技术，也产生了显著的技术溢出效应（赵伟等，2006；李梅与柳士昌，2012；付海燕，2014）。基于此，本章参考李梅与柳士昌（2011）的做法，选取中国通过进口、出口、外商直接投资与对外直接投资4个渠道从发达国家获取的可再生能源技术存量与化石能源技术存量来衡量这两个变量。

5. 政府对污染能源密集型中间产品生产的干预与对清洁能源技术发展的支持

污染能源技术的大量使用是目前全球气候变暖的最主要原因，各国政府需要积极地实施公共政策进行干预，以实现环境治理目标（Hemous，2016）。在经济增长与环境治理的双重约束下，政府可以采取两个方面的措施：一方面，可以对污染产品的生产实施环境规制；另一方面，可以对清洁技术的研发进行补贴（Acemoglu et al.，2012）。前者可以减少污染产品的生产，使研发资源从污染技术研发中转移出来，转而进入清洁技术研发，间接地作用于清洁技术研发活动。后者可以直接促进清洁技术研发，提升清洁技术水平。对此，景维民和张璐（2014）实证分析了环境规制对技术进步的作用，结果表明，技术进步存在路径依赖，合理的环境规制水平将促使中国工业走上绿色技术进步的道路。董直庆等（2015）则实证分析了环境规制强度与清洁技术研发之间的关系，结果表明，仅当清洁技术创新满足激励相容约束的时候，环境规制才能有效促进清洁技术研发，进而达到提高环境质量的目标。

对清洁技术研发进行补贴可以为研发者提供一定的资金支持，激励研发者的研发活动。戴小勇和成力为（2014）实证分析了研发补贴对中国工业企业研发行为的影响，结果表明，研发补贴与企业研发投入存在非线性关系，对国有企业研发投入的促进作用存在一个最优区间，但对私营企业的研发投入只存在挤入效应。陈玲和杨文辉（2016）对上市公司的研发行为进行了分析，结果表明，政府补贴主要流向存在研发行为的本土企业，其对企业的自主研发行为存在显著的激励作用。然而，吴俊和黄东梅（2016）分析了研发补贴对江苏省4833家战略性新兴企业研发活动的作用，结果表明，研发补贴并不能帮助企业跨过最低的"研发投资门槛"。

考虑到中国政府并未对不同类型的污染密集型产品生产实施不同的环境规制，因而也未形成与此相关的统计数据。因此，本章选取总体的环境规制水平衡量政府对污染能源密集型中间产品生产的干预。同样的，中国的统计资料也未提供政府对可再生能源技术研发进行补贴的相关数据。但是，中国政府为了促进可再生能源的发展，在2006年正式实施了《中华人民共和国可再生能源法》。因此，本章选取政府对可再生能源发展的政策支持来衡量其对清洁能源技术发展的支持。

## 三、变量的测算

### （一）可再生能源技术存量与化石能源技术存量

关于这两种技术存量，本章选取永续盘存法（PIM）进行估算。为此，本章参考 Johnstone et al.（2010）、Noailly 和 Smeets（2015）与 Aghion et al.（2016）的做法，采取如下估算公式：

$$CP_t^i = (1-\delta^i) CP_{t-1}^i + P_t^i \qquad (5\text{--}2)$$

其中，$i$ 包括可再生能源技术与化石能源技术，$CP_t^i$ 与 $CP_{t-1}^i$ 分别表示 $i$ 类能源技术在 $t$ 期与 $t-1$ 期的存量水平，$\delta^i$ 表示 $i$ 类能源技术的折旧率，$P_t^i$ 表

示在 $t$ 期的 $i$ 类能源技术水平。与前文做法一致，分别选取可再生能源技术的专利申请数与化石能源技术的专利申请数来表示可再生能源技术与化石能源技术。

由于研发投资的折旧率水平一般要高于固定资产投资的折旧率水平，而后者一般在 9% 左右（张军等，2004；单豪杰，2008）。因而，本章参考 Dechezlepretre et al.（2011）与 Johnstone et al.（2010）的做法，将折旧率设为 10%[①]。此外，基期的能源技术存量估算公式为：

$$CP_0^i = \frac{P_0^i}{\delta^i + g^i} \qquad (5\text{--}3)$$

其中，$CP_0^i$ 表示 $i$ 类能源技术在基期年份的存量水平，即基期的能源技术存量，$P_0^i$ 表示基期的 $i$ 类能源技术水平，$g^i$ 表示 $i$ 类能源技术水平在样本期内的增长率。

（二）化石能源价格与化石能源消费量

本章的化石能源消费量选取煤炭、石油与天然气这三者的消费量之和，且这三者的消费量都按标准煤表示。然而，中国目前的统计资料尚未提供有关化石能源价格的统计数据。对此，已有研究主要采用三种指标进行替代：一是直接采用国际原油价格，这也是目前大多数研究所采取的方法；二是采用燃料动力价格指数（杭雷鸣和屠梅曾，2006）；三是将各种化石能源价格按照化石能源消费结构进行加权平均而得到综合的化石能源价格水平（Lin and Li，2014；林伯强和刘泓汛，2015）。在中国的化石能源消费中，煤炭消费量的占比最高，居于第二位的是石油。但在样本期内，煤炭消费量的占比水平存在不断下降的趋势，而天然气消费量的占比水平则逐年上升。假如直接采用国际原油价格或国际煤炭价格来衡量中国的化石能源价格，则容易忽略其他化石能源价格的波动所带来的影响，也未能考虑中国化石能源消费结构不断发生变化的特征。基于此，本章参考 Lin 和 Li（2014）及林伯强和刘泓汛（2015）的做法，分别选取国际原油价格、国际煤炭价格与国际天然气

---

① 也有研究采用 15% 与 20% 的折旧率水平，本章将对此进行稳健性检验。

价格表示中国的石油、煤炭与天然气的价格，接着以折算成标准煤之后的中国石油、煤炭与天然气的消费量占化石能源消费总量的比例为权重，对这三种化石能源价格进行加权平均处理，最终得到中国的化石能源价格。

（三）溢出的可再生能源技术存量与溢出的化石能源技术存量

根据发达国家的能源技术水平、发达国家与中国之间的进出口贸易水平、发达国家对中国的直接投资水平及中国对发达国家的直接投资水平 4 个方面的情况，并参考李梅与柳士昌（2011）的做法，本章选取意大利、英国、德国、法国、美国、加拿大、日本、韩国 8 个国家作为中国获取能源技术溢出的主要来源[①]。这 8 个国家的能源技术水平也采用专利申请数来衡量，但各个国家的专利制度存在明显差异。选取每个国家在本国专利局申请的专利数，容易遇到专利数据质量参差不齐的问题。为了解决这个问题，本章主要采用专利族的相关数据。参考 Sauchanka（2015）与 Aghion et al.（2016）的做法，选取这 8 个国家在专利合作条约（PCT）中所申请的可再生能源技术专利与化石能源技术专利来衡量这 8 个国家的可再生能源技术水平与化石能源技术水平。

中国主要通过进口、出口、FDI 与 OFDI 这 4 个渠道获取能源技术溢出，参考 Pottelsberghe 和 Lichtenberg（1998）的做法，这 4 个渠道的能源技术溢出估算公式如下：

$$IM_P^i = \sum_{j=1}^{8} \frac{IM_{jt}}{Y_{jt}} CP_{jt}^i \tag{5-4}$$

$$EX_P^i = \sum_{j=1}^{8} \frac{EX_{jt}}{Y_{jt}} CP_{jt}^i \tag{5-5}$$

$$FDI_P^i = \sum_{j=1}^{8} \frac{FDI_{jt}}{Y_{jt}} CP_{jt}^i \tag{5-6}$$

$$OFDI_P^i = \sum_{j=1}^{8} \frac{OFDI_{jt}}{Y_{jt}} CP_{jt}^i \tag{5-7}$$

---

[①] 在第三章的理论模型中，选取的发达国家主要是指污染能源技术水平与清洁能源技术水平高于中国的发达国家，而非仅指经济发展水平高于中国的发达国家。本章的实证分析同样采取这一思路。

其中，$j$ 包括上述 8 个国家，$IM_P^i$、$EX_P^i$、$FDI_P^i$ 与 $OFDI_P^i$ 分别表示中国的 $i$ 类能源技术通过进口、出口、FDI 与 OFDI 4 种渠道从 8 个国家获取的能源技术溢出。$IM_{jt}$、$EX_{jt}$、$FDI_{jt}$ 与 $OFDI_{jt}$ 分别表示在 $t$ 年中国从 $j$ 国的进口总额、中国对 $j$ 国的出口总额、$j$ 国对中国的直接投资、中国对 $j$ 国的直接投资。$Y_{jt}$ 表示 $j$ 国在 $t$ 年的 GDP 水平，而 $CP_{jt}^i$ 则表示 $j$ 国在 $t$ 年的 $i$ 类能源技术存量。其中，$CP_{jt}^i$ 也采用 PIM 进行估算，估算公式与式（4–2）及式（4–3）一致。

（四）环境规制与政府对可再生能源发展的政策支持

有关环境规制，由于中国的统计资料并未给出相关的数据，因而已有研究通常采用其他指标进行替代。主要包括污染治理投资额占 GDP 的比值、不同污染物的排放密度、人均收入水平、环境政策制定数及环境规制机构的执法情况（Low and Yeats，1992；Cole and Elliott，2003；Brunnermeier and Cohen，2003；张成等，2011；张平等，2016）。基于数据的可得性，并参考张平等（2016）的做法，本章选取环境污染治理投资额占 GDP 的比值来衡量环境规制。有关政府对可再生能源发展的政策支持，本章采用虚拟变量进行衡量，以正式实施《中华人民共和国可再生能源法》的 2006 年为分界线，在此之前，该政策虚拟变量为 0，此后为 1。

## 四、变量的描述性统计

本章选取的样本期为 1995—2017 年，原因包括两个方面：一方面是在梳理中国的能源发展历史之后我们发现，中国的能源技术研发活动，尤其是可再生能源技术研发活动，开展得相对比较晚，主要从 1995 年开始；另一方面是在中国专利制度的安排下，专利数据从申请到批准并公开往往需要耗时 1~3 年（王班班与齐绍洲，2016）。本章选取 2017 年，满足最长 3 年的要求。

在上述变量中，意大利、英国、德国、法国、美国、加拿大、日本、韩国 8 个国家在专利合作条约（PCT）中所申请的化石能源技术与可再生能源技术的专利数来自世界知识产权组织的 PATENTSCOPE 数据库[①]。在该数据库中，采用"字段组合"的检索方式，通过输入国家代码、关键词、申请日与 IPC（《国际专利分类表》）获取各类能源技术的专利申请数。IPC 是根据 1971 年签订的《国际专利分类斯特拉斯堡协定》编制而成的，是目前国际上唯一通用的专利文献分类与检索工具。因此，在搜索这 8 个国家的专利申请数时，所选取的 IPC 与中国的一致。同样的，也对可能存在的"包含不相关专利"与"遗漏相关专利"这两个问题进行处理，处理方法与前文一致。

在其他变量中，中国的进口、出口、FDI、OFDI 与化石能源消费量的数据均来自历年的《中国统计年鉴》，8 个国家的 GDP 数据均来自 World Bank 的 World Bank Open Data。国际原油价格、国际煤炭价格与国际天然气价格的数据来自 2019 年的《BP 世界能源统计年鉴》，环境污染治理投资额的数据则来源于历年的《中国环境统计年鉴》。

各个变量的描述性统计分析如表 5-2 所示。

表 5-2 变量的描述性统计

| 变量 | 样本数 | 均值 | 标准差 | 最小值 | 最大值 |
|---|---|---|---|---|---|
| 可再生能源技术存量 | 23 | 8.7933 | 2.0476 | 5.7925 | 11.9925 |
| 化石能源技术存量 | 23 | 8.4660 | 1.1295 | 6.7146 | 10.4925 |
| 化石能源价格 | 23 | 4.7230 | 0.5151 | 4.0086 | 5.4982 |
| 化石能源消费量 | 23 | 12.3495 | 0.4522 | 11.7214 | 12.8837 |
| 溢出的可再生能源技术存量 | 23 | 3.3586 | 2.1133 | −0.2139 | 5.7250 |
| 溢出的化石能源技术存量 | 23 | 3.9006 | 1.3015 | 1.6632 | 5.5168 |
| 环境规制 | 23 | 7.7704 | 1.3317 | 4.1526 | 9.1670 |
| 可再生能源政策 | 23 | 0.5217 | 0.5108 | 0 | 1.0000 |

---

① 全球各个国家的经济发展水平、制度设计等各方面存在差异，有关专利的申请、授予等也存在明显差异，特别是在专利授予方面。因此，各个国家的专利数据质量会存在参差不齐的现象。对于同一类技术，仅靠专利数量来比较各个国家在该类技术中的水平，会造成极大的误差。而专利合作条约是在专利合作领域中的国际性条约，其所涵盖的专利数据质量能尽可能保持一致。

（1）可再生能源技术存量的均值与标准差均高于化石能源技术存量，溢出的化石能源技术存量的均值高于溢出的可再生能源技术存量，但标准差要低于溢出的可再生能源技术存量。这反映了中国与上述 8 个发达国家的可再生能源技术研发活动存在较大的波动，中国积累的可再生能源技术存量较高。

（2）化石能源技术存量与溢出的化石能源技术存量的最小值分别高于可再生能源技术存量与溢出的可再生能源技术存量的最小值，但化石能源技术存量与溢出的化石能源技术存量的最大值却分别低于可再生能源技术存量与溢出的可再生能源技术存量的最大值。这与能源发展历史的特点相符，即化石能源较早地被人类社会利用，使得化石能源技术研发活动也开展得较早，导致早期的化石能源技术存量较高。但是，随着世界各国加大对可再生能源技术研发活动的政策支持力度，可再生能源技术存量不断增加，并最终超过化石能源技术存量。

（3）化石能源价格的标准差要大于化石能源消费量的标准差。这反映了化石能源价格快速上涨的特点，尤其是进入 21 世纪之后，原油价格与煤炭价格开启了快速上涨的通道，使得中国的化石能源价格也呈大幅度上涨的趋势。但与化石能源价格的上涨幅度相比，中国化石能源消费量的上涨幅度相对较低，因而化石能源消费量的标准差相对较低。

# 第三节　实证分析

## 一、基准回归分析

本章使用最小二乘法（OLS）对计量模型（5-1）进行估计。但在进行估计之前，考虑到模型中变量的时间序列可能呈现出非平稳的特点，进而产生"伪回归"问题，本章先检验模型是否平稳。检验主要包括两个步骤：第一步，对模型中各个变量的时间序列进行平稳性检验，判断各个变量的平稳性与趋势性；第二步，对各个变量之间的协整关系进行检验，分析各个变量的时间序列是否存在长期均衡关系。在第一步的检验中，本章主要采用 ADF 检验法，具体的检验结果如表 5-3 所示。

表 5-3　变量时间序列的平稳性检验

| 变量 | 变量的平稳性 | |
|------|------|------|
| | 变量原序列 | 变量的一阶差分 |
| 能源技术进步偏向 | 非平稳 | 平稳（5% 的显著性水平） |
| 可再生能源技术存量 | 非平稳 | 平稳（5% 的显著性水平） |
| 化石能源技术存量 | 非平稳 | 平稳（5% 的显著性水平） |
| 化石能源价格 | 非平稳 | 平稳（1% 的显著性水平） |
| 化石能源消费量 | 非平稳 | 平稳（5% 的显著性水平） |
| 溢出的可再生能源技术存量 | 非平稳 | 平稳（5% 的显著性水平） |
| 溢出的化石能源技术存量 | 非平稳 | 平稳（5% 的显著性水平） |
| 环境规制 | 非平稳 | 平稳（1% 的显著性水平） |
| 可再生能源政策 | 非平稳 | 平稳（1% 的显著性水平） |

平稳性检验的结果表明，计量模型（5-1）中各个解释变量的时间序列并不平稳。但是，在对各个解释变量的原序列进行一阶差分处理之后，各个变量变得平稳，即各个变量的时间序列为一阶平稳。接下来，对各个变量之间进行协整性检验。采用 OLS 对计量模型（5-1）进行估计，在估计结果中提取残差序列。针对这一残差序列，采用 ADF 检验其平稳性，结果显示：该残差序列在 5% 的水平上是平稳的。上述两个检验结果表明：计量模型（5-1）在长期存在稳定的均衡关系。

在进行平稳性检验之后，本章使用OLS对计量模型（5-1）进行估计，具体结果如表5-4所示。在模型（5-1）中，仅考虑生产率效应、价格效应与市场规模效应时，即仅纳入可再生能源技术存量、化石能源技术存量、化石能源价格与化石能源消费量4个变量，结果显示：这4个解释变量中，仅化石能源消费量通过了显著性检验，回归决定系数 $R^2$ 及调整后的决定系数 $\overline{R}^2$ 分别达到了 0.9110 与 0.8900，F 统计量也十分显著。此后，继续加入溢出的可再生能源技术存量与溢出的化石能源技术存量两个变量，计量结果在模型（5-2）中，结果显示：调整后的决定系数 $\overline{R}^2$ 值存在一定幅度提升，F 统计量依旧保持较高的显著性，仅化石能源消费量、溢出的可再生能源技术存量与溢出的化石能源技术存量的系数通过了显著性检验，而可再生能源技术存量、化石能源技术存量与化石能源价格等解释变量的系数均未通过显著性检验。进一步加入环境规制与可再生能源政策两个解释变量之后，计量结果在模型（5-3）中，结果显示：调整后的决定系数 $\overline{R}^2$ 值小幅度下降，F 统计量则依旧显著。

表5-4　OLS 估计结果

| 变量 | 模型（5-1） | 模型（5-2） | 模型（5-3） |
|---|---|---|---|
| 可再生能源技术存量 | 0.2095<br>（−0.4752） | −0.6634<br>（−1.0818） | −0.8929<br>（−1.3463） |
| 化石能源技术存量 | −0.8865<br>（−1.0019） | 0.6486<br>（−0.4882） | 1.2509<br>（−0.8476） |
| 化石能源价格 | −0.2805<br>（−0.4744） | −0.0991<br>（−0.1570） | 0.0043<br>（−0.0065） |
| 化石能源消费量 | 3.3856**<br>（−2.8110） | 3.3464*<br>（−2.9520） | 2.5917<br>（−1.5974） |
| 溢出的可再生能源技术存量 | | 1.7550**<br>（−2.2613） | 2.0622**<br>（−2.4259） |
| 溢出的化石能源技术存量 | | −2.8458*<br>（−1.9256） | −3.4798*<br>（−2.0661） |

续表

| 变量 | 模型（5-1） | 模型（5-2） | 模型（5-3） |
|------|-----------|-----------|-----------|
| 环境规制 | | | 0.0530<br>（−0.2232） |
| 可再生能源政策 | | | 0.4478<br>（−1.0309） |
| 常数项 | −34.1663***<br>（−3.5770） | −34.6597***<br>（−3.0670） | −28.1286<br>（−1.5623） |
| $R^2$ | 0.9110 | 0.9353 | 0.9409 |
| $\overline{R^2}$ | 0.8900 | 0.9094 | 0.9045 |
| F 统计量 | 43.49 | 36.15 | 25.87 |
| 样本数 | 22 | 22 | 22 |

注：***、**、* 分别表示 1%、5% 与 10% 的显著性水平，括号内的数值为回归系数的标准误。除了可再生能源政策变量，其余解释变量均取对数并做一阶滞后处理，下同。

在模型（5-3）中，调整后的决定系数 $\overline{R^2}$ 为 0.9045，F 统计量通过了 1% 水平的显著性检验。具体来看：溢出的可再生能源技术存量的系数通过了 5% 水平的显著性检验，大小为 2.0622。该结论表明，溢出的可再生能源技术存量的增加将促使中国能源技术进步偏向可再生能源技术。溢出的化石能源技术存量的系数通过了 10% 水平的显著性检验，大小为 −3.4798，表明溢出的化石能源技术存量的增加将促使中国能源技术进步偏向化石能源技术。而诸如可再生能源技术存量、化石能源技术存量、化石能源价格、化石能源消费量、环境规制与可再生能源政策等变量的系数则未通过显著性检验，表明这些变量对中国能源技术进步偏向的作用不显著。

尽管模型（5-3）中的回归决定系数 $R^2$、调整后的决定系数 $\overline{R^2}$ 值均较大，都达到了 0.90 以上，并且 F 统计量也通过了显著性检验。但从模型（5-1）到模型（5-3），各个解释变量的显著性水平开始不断降低。这一反常现象表明，各个解释变量之间可能存在一定的多重共线性问题。因此，本章需要对模型的多重共线性问题进行检验。

对各个解释变量的方差膨胀因子（VIF）进行估计，可以检验各个变量之间是否存在多重共线性。对此，本章对上述模型（5-1）、模型（5-2）与模型（5-3）的解释变量的方差膨胀因子进行估计，估计结果如表5-5所示，结果显示：上述模型（5-1）、模型（5-2）与模型（5-3）中的各个解释变量的VIF值均较大。具体来看，3个模型中的解释变量的VIF值都大于10。这一估计结果表明，模型（5-1）、模型（5-2）与模型（5-3）中的各个解释变量之间存在严重的多重共线性。尤其是在模型（5-3）中，化石能源技术存量、溢出的可再生能源技术存量及溢出的化石能源技术存量3个解释变量的VIF值都超过了500，模型的多重共线性十分明显。

表5-5　模型解释变量的方差膨胀因子估计结果

| 变量 | 模型（5-1）的方差膨胀因子 | 模型（5-2）的方差膨胀因子 | 模型（5-3）的方差膨胀因子 |
| --- | --- | --- | --- |
| 可再生能源技术存量 | 168.943 | 396.492 | 440.376 |
| 化石能源技术存量 | 198.445 | 543.425 | 635.937 |
| 化石能源价格 | 21.440 | 29.695 | 31.678 |
| 化石能源消费量 | 64.979 | 69.894 | 135.795 |
| 溢出的可再生能源技术存量 |  | 721.371 | 820.814 |
| 溢出的化石能源技术存量 |  | 976.657 | 1203.088 |
| 环境规制 |  |  | 25.588 |
| 可再生能源政策 |  |  | 12.641 |

各个解释变量之间存在的多重共线性问题使得计量模型无法直接使用OLS进行回归分析，即上述估计结果不能用来分析中国能源技术进步偏向的影响因素。为此，本章选取专门用来分析共线性数据的岭回归方法对计量模型（5-1）进行估计。岭回归是一种改良的OLS，通过放弃OLS的无偏性，以损失部分信息、降低精度为代价，来寻求效果稍差但回归系数更符合实际的方程，进而获取参数估计的最小方差性（Horel，1962；张文彤和董伟，2013）。因此，本章的后续计量分析主要采用岭回归方法。

## 二、岭回归分析

在岭回归分析中，确定岭参数 K 是关键，而 SPSS 软件可以较好地确定 K 值。对此，本章采用 SPSS 19 软件对上述模型进行分别估计，具体步骤如下：第一步，获取上述模型（5-1）、模型（5-2）与模型（5-3）的岭回归 K 值、决定系数 $R^2$、系数的估计值、岭迹图及决定系数 $R^2$ 与 K 的关系图；第二步，结合岭迹图及岭回 K 值、决定系数 $R^2$、系数的估计值，确定上述模型（5-1）、模型（5-2）与模型（5-3）中的 K 值，分别将 K 值选定为 0.12、0.11、0.10；第三步，根据各个 K 值分别给出模型（5-1）、模型（5-2）与模型（5-3）的估计结果。具体的估计结果如表 5-6 所示。

表 5-6　岭回归估计结果

| 变量 | 模型（5-4） | 模型（5-5） | 模型（5-6） |
|---|---|---|---|
| 可再生能源技术存量 | 0.0635**<br>（0.0282） | 0.1003**<br>（0.0420） | 0.0736*<br>（0.0381） |
| 化石能源技术存量 | 0.1110*<br>（0.0559） | 0.0201<br>（0.0578） | 0.0056<br>（0.0674） |
| 化石能源价格 | 0.5257***<br>（0.1737） | 0.4332**<br>（0.1927） | 0.2973<br>（0.2113） |
| 化石能源消费量 | 0.7694***<br>（0.1419） | 0.6067***<br>（0.1580） | 0.4646**<br>（0.1576） |
| 溢出的可再生能源技术存量 | | 0.0850***<br>（0.0258） | 0.0744***<br>（0.0239） |
| 溢出的化石能源技术存量 | | 0.0213<br>（0.0345） | 0.0108<br>（0.0405） |
| 环境规制 | | | 0.0310<br>（0.0858） |
| 可再生能源政策 | | | 0.4014*<br>（0.2260） |
| 常数项 | −12.8086***<br>（1.6061） | −9.9012***<br>（1.8241） | −7.6187***<br>（1.7462） |

续表

| 变量 | 模型（5-4） | 模型（5-5） | 模型（5-6） |
|---|---|---|---|
| $R^2$ | 0.8832 | 0.8881 | 0.8973 |
| $\overline{R^2}$ | 0.8558 | 0.8433 | 0.8341 |
| F 统计量 | 32.1470 | 19.8414 | 14.2016 |
| 样本数 | 23 | 23 | 23 |

注：同表 5-4。

将表 5-4 中的 OLS 估计结果与表 5-6 中的岭回归估计结果进行对比，分别比较模型（5-1）与模型（5-4）、模型（5-2）与模型（5-5）、模型（5-3）与模型（5-6）的估计结果可以看出，在采用岭回归进行估计之后，尽管岭回归中的 $\overline{R^2}$ 低于 OLS 中的 $\overline{R^2}$，但这些模型的 F 统计量均通过了 1% 水平的显著性检验。并且，模型（5-4）、模型（5-5）与模型（5-6）中的各个解释变量的系数变得更加合理，表明岭回归估计结果具有合理性。结果显示：在模型（5-4）中，可再生能源技术存量、化石能源技术存量、化石能源价格与化石能源消费量均通过了至少 10% 水平的显著性检验，系数大小分别为0.0635、0.1110、0.5257 与 0.7694。随后，逐渐加入技术溢出效应、环境规制与可再生能源政策的变量，模型的 $R^2$ 值逐渐变大，表明各个解释变量对中国能源技术进步偏向的解释比例不断提高。因此，本章主要基于模型（5-6）中的估计结果进行分析。

（1）可再生能源技术存量的系数通过了 10% 水平的显著性检验，系数为 0.0736，但化石能源技术存量的系数并未通过显著性检验，表明可再生能源技术存量的增加将促使中国能源技术进步偏向可再生能源技术，而化石能源技术存量的增加对中国能源技术进步偏向的作用不显著。这反映了中国能源技术进步偏向存在一定程度的路径依赖性，且主要存在于可再生能源技术进步，而在化石能源技术进步中则不存在，这部分地印证了 Aghion et al.（2016）的结论。可能的原因在于，在本章所选取的样本期内，虽然中国的可再生能源技术研发活动开展的时间相对较晚，但发展速度很快。特别是 2006 年颁布《中华人民共和国可再生能源法》之后，可再生能源技术进入了高速发展期，所积累的可再生能源技术存量快速增加，为后续的可再生能源技术研发活动提供了重要的支持，使得中国能源技术进步在偏向可再生能源技术时形成明显的路径依赖。

（2）化石能源消费量的系数通过了5%水平的显著性检验，系数为0.4646，而化石能源价格的系数则未通过显著性检验，表明化石能源消费量的增加将促使中国能源技术进步偏向可再生能源技术，但化石能源价格对中国能源技术进步偏向的作用不显著。可能的原因在于，从总体上来看，中国的化石能源与可再生能源之间存在互补关系，故而化石能源消费量增加，将促使中国的能源技术进步偏向可再生能源技术。这与第三章得出的结论一致。该研究结论与Schmookler（1966）的理论观点有所不同，也与Lin（1991、1992）、Hanlon（2015）的实证结论存在差异，这些研究着重关注技术进步的大小问题，主要分析某一生产要素的市场规模扩大是否会促进该生产要素的技术进步，未对技术进步的偏向问题予以关注。此外，中国的化石能源消费以煤炭为主，而在本章的研究样本期内，中国煤炭对外依存度很低，因而化石能源价格上涨对中国能源技术进步偏向的作用并不显著。

（3）溢出的可再生能源技术存量的系数通过了1%水平的显著性检验，系数仅为0.0744，溢出的化石能源技术存量的系数则未通过显著性检验，即从发达国家获取的可再生能源技术存量的增加将促使中国能源技术进步偏向可再生能源技术。这表明，中国通过进出口贸易、积极吸收发达国家的直接投资或者国内企业加快对发达国家的直接投资，可以有效地获取发达国家的可再生能源技术溢出，进而促使中国的能源技术进步偏向可再生能源技术。该研究结论不仅验证了李梅与柳士昌（2011）提出的"从发达国家获取技术溢出可以促进中国技术进步"论断，而且将此往前推进了一步，即中国可以通过获取不同类型的技术溢出来促使中国的技术进步偏向该类技术，进而促进该类技术进步。该研究结论也与Aghion et al.（2016）的"在某国进行研发活动可以获取该国的技术溢出，进而促进本国技术进步"论断异曲同工。原因在于，发达国家在完成工业化进程并迈入高收入国家之后，对高质量环境的需求不断增加，极大地促进了可再生能源技术的发展。中国的可再生能源技术水平相对比较落后，因而可以通过技术溢出效应来获取发达国家先进的可再生能源技术，来促进本国的可再生能源技术发展。

（4）可再生能源政策的系数通过了10%水平的显著性检验，系数为0.4014，但环境规制的系数未通过显著性检验，即政府加强环规规制力度并不影响中国的能源技术进步偏向，而提高对可再生能源发展的政策支持力度将促使中国能源技术进步偏向可再生能源技术。该研究结论部分有益地补充了景维民和张璐（2014）的实证结果，即政府对可再生能源发展的政策支持也可以促进中国走向绿色技术进步的道路，并且作用较大。可能的原因在于，相比于强制性的环境规制政策手段，对可再生能源发展的政策支持不仅可以直接为可再生能源技术研发提供补贴，缓解可再生能源技术研发的资金压力，而且可以直接通过指导可再生能源发电项目的上网电价等手段为可再生能源技术的发展提供市场支持。这种降成本并保证收益的做法，可以直接刺激可再生能源技术的研发。

总体来看，在促使中国能源技术进步偏向可再生能源技术的因素中，化石能源消费量的作用最大，可再生能源政策与溢出的可再生能源技术存量的作用次之，可再生能源技术存量的作用最小。显然，尽管化石能源消费量的作用最大，但在促使中国能源技术进步偏向可再生能源技术的过程中，其也会产生严重的环境污染问题。溢出的可再生能源技术存量、可再生能源技术存量与可再生能源政策的作用则不会产生环境污染问题，只是前两者的作用太小，而可再生能源政策的实施则会增加政府的财政负担，并且还面临着如何选择补贴对象的难题。

## 三、稳健性检验

本章对模型的稳健性检验主要包括两个部分：一是部分指标选择的稳健性检验；二是对化石能源价格与化石能源消费量这两个解释变量之间可能存在的相关关系进行检验。指标选择的稳健性检验也包括两个部分：一是对化石能源技术存量、可再生能源技术存量、溢出的化石能源技术存量与溢出的可再生能源技术存量估算中的折旧率水平的选取进行稳健性检验；二是对化石能源价格的选取进行稳健性检验。

此外，本章选取的化石能源价格是以中国化石能源消费结构为权重，对原油价格、煤炭价格及天然气价格进行加权计算得到的，这导致化石能源价格与化石能源消费量之间可能存在一定的相关关系。如图 5-2 所示，1995—2017 年，中国的化石能源消费量处于持续增加的态势，尤其是在进入 21 世纪之后，化石能源消费量的增幅突然加大。在此期间，中国的化石能源价格变化呈现出一定的阶段性。在 2003 年之前，化石能源价格相对比较稳定，在此之后，化石能源价格迅速上升，并在高位形成震荡。具体来看，1995—2011 年，化石能源消费量与化石能源价格同时呈现出明显的上升趋势，两者相向而行，存在一定程度的正相关性。2011—2017 年，化石能源消费量持续上升，而化石能源价格则呈先下降后上升的趋势，两者的变化趋势稍有不同。因此，中国的化石能源价格与化石能源消费量可能存在相关性，尤其是21 世纪之后，这种相关性变得比较显著。

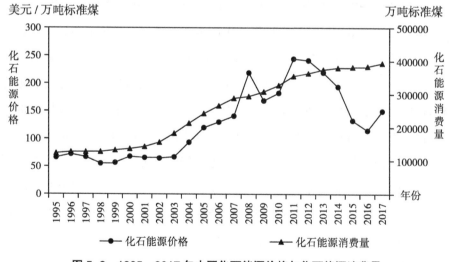

图 5-2 1995—2017 年中国化石能源价格与化石能源消费量

具体而言，在前文估算中国及 8 个国家的化石能源技术存量与可再生能源技术存量时，选取的折旧率水平为 10%。但在以往研究中，折旧率的选取并没有统一的规定，因此，有研究也将折旧率设定为 15% 或者 20%（Dechezlepretre et al.，2011；Johnstone et al.，2010）。为了避免折旧率设定对估计结果可能存在的影响，本章分别选取15%与20%的折旧率对模型进行稳健性检验。此外，由于中国的统计资料未提供化石能源价格的相关数据，因此已有研究直接选取国际原油价格、国际煤炭价格或中国国内的燃料动力价格指数。对此，本章也选取这3个能源价格指标对模型进行稳健性检验。为了对化石能源价格与化石能源消费量之间可能存在的相关关系进行检验，本章在进行计量分析时，分开考虑化石能源价格与化石能源消费量的作用。岭回归估计的稳健性检验具体结果如表5-7所示。

1. 指标选取的稳健性检验

在模型（5-7）与模型（5-8）中，将折旧率分别设定为15%与20%时，两者的估计结果与模型（5-6）中的估计结果接近，各个解释变量的系数的正负号及显著性水平均未发生明显变化，只是系数的大小发生了一些变化，但变化幅度并不太大。该检验结果表明，折旧率指标的选取并不影响估计结果，将折旧率设定为10%的做法比较稳健。

在模型（5-9）、模型（5-10）与模型（5-11）中，化石能源价格分别选取国际原油价格、国际煤炭价格与中国国内的燃料动力价格指数时，三者的估计结果与模型（5-6）中的估计结果均比较接近，各个解释变量的系数的正负号及显著性水平也均未发生明显变化。该检验结果表明，化石能源价格的指标选取也不影响估计结果。其中，当化石能源价格选取国际煤炭价格时，化石能源价格对中国可再生能源技术进步偏向的作用显著为正，这表明国际煤炭价格上升将促使中国能源技术进步偏向可再生能源技术。可能的原因在于，煤炭在中国能源消费中所占的比例较高，国际煤炭价格上升会严重冲击中国经济的发展，进而倒逼中国的能源技术研发活动。总体来看，本章的折旧率指标与化石能源价格指标的选取并不影响模型的估计结果。

2. 化石能源价格与化石能源消费量之间的稳健性检验

首先，在计量分析时不考虑化石能源价格，计量结果如模型（5-12）所示，结果显示：可再生能源技术存量、溢出的可再生能源技术存量、化石能源消费量与可再生能源政策4个变量的系数的大小、正负号及显著性水平均未发生明显变化。更为关键的是，化石能源消费量的系数通过了1%水平的

表 5-7 岭回归估计的稳健性检验结果

| 变量 | 指标稳健性检验 | | | | | 化石能源价格与化石能源消费量之间的稳健性检验 | |
| --- | --- | --- | --- | --- | --- | --- | --- |
| | 折旧率水平 | | 化石能源价格 | | | 不考虑化石能源价格 模型(5-12) | 不考虑化石能源消费量 模型(5-13) |
| | 0.15 模型(5-7) | 0.20 模型(5-8) | 国际原油价格 模型(5-9) | 国际煤炭价格 模型(5-10) | 燃料动力价格指数 模型(5-11) | | |
| 可再生能源技术存量 | 0.0723* (0.0382) | 0.0724** (0.0334) | 0.0749** (0.0335) | 0.0833** (0.0329) | 0.0699* (0.0362) | 0.0912** (0.0368) | 0.1024** (0.0410) |
| 化石能源技术存量 | 0.0021 (0.0699) | 0.0092 (0.0658) | -0.0112 (0.0713) | 0.0180 (0.0626) | -0.0229 (0.0791) | -0.0290 (0.0793) | 0.0407 (0.0688) |
| 化石能源价格 | 0.2866 (0.2099) | 0.2813 (0.1941) | 0.1280 (0.1622) | 0.3923* (0.2046) | 0.4123 (0.2506) | | 0.3521 (0.2076) |
| 化石能源消费量 | 0.4595** (0.1583) | 0.4253*** (0.1380) | 0.5100*** (0.1604) | 0.4167*** (0.13605) | 0.5058*** (0.1652) | 0.5636*** (0.1602) | |
| 溢出的可再生能源技术存量 | 0.0796*** (0.0260) | 0.0789*** (0.0245) | 0.0824*** (0.0245) | 0.0683*** (0.0214) | 0.0773*** (0.0234) | 0.0939*** (0.0271) | 0.0905*** (0.0245) |
| 溢出的化石能源技术存量 | 0.0153 (0.0397) | 0.0233 (0.0346) | 0.0205 (0.0408) | 0.0025 (0.0328) | 0.0105 (0.0411) | 0.0189 (0.0395) | 0.0261 (0.0392) |

续表

| 变量 | 指标稳健性检验 | | | | | 化石能源价格与化石能源消费量之间的稳健性检验 | |
| --- | --- | --- | --- | --- | --- | --- | --- |
| | 折旧率水平 | | 化石能源价格 | | | | |
| | 0.15 模型（5-7） | 0.20 模型（5-8） | 国际原油价格 模型（5-9） | 国际煤炭价格 模型（5-10） | 燃料动力价格指数 模型（5-11） | 不考虑化石能源价格 模型（5-12） | 不考虑化石能源源消费量 模型（5-13） |
| 环境规制 | 0.0271 (0.0849) | 0.0273 (0.0766) | 0.0221 (0.0881) | 0.0488 (0.0747) | 0.0080 (0.0863) | 0.0283 (0.0838) | 0.0356 (0.0842) |
| 可再生能源政策 | 0.3995* (0.2253) | 0.3885* (0.2075) | 0.4611* (0.2290) | 0.3589* (0.2026) | 0.4547* (0.2205) | 0.5143** (0.2125) | 0.4748* (0.2244) |
| 常数项 | -7.4666*** (1.7599) | -7.1139*** (1.5683) | -7.4576*** (1.7633) | -7.4256*** (1.4881) | -6.5923*** (1.8318) | -7.3914*** (1.6778) | -2.8157*** (0.7941) |
| $R^2$ | 0.8980 | 0.8977 | 0.8937 | 0.9030 | 0.8964 | 0.8949 | 0.8917 |
| $\overline{R}^2$ | 0.8353 | 0.8347 | 0.8283 | 0.8433 | 0.8327 | 0.8424 | 0.8376 |
| F 统计量 | 14.3094 | 14.2586 | 13.6591 | 15.1295 | 14.0626 | 17.0360 | 16.4735 |
| 样本数 | 23 | 23 | 23 | 23 | 23 | 23 | 23 |

注：同表 5-4。

显著性检验，即化石能源消费量对中国能源技术进步偏向的作用依旧十分显著。这表明，不考虑化石能源价格并不影响估计结果。其次，在计量分析时不考虑化石能源消费量，计量结果如模型（5-13）所示，结果显示：可再生能源技术存量、溢出的可再生能源技术存量与可再生能源政策3个变量的系数的大小、正负号及显著性水平也均未发生明显变化。化石能源价格的系数依旧未通过显著性检验，这表明化石能源价格对中国能源技术进步偏向的作用依旧不显著。因此，本章同时考虑化石能源价格与化石能源消费量并不影响模型的估计结果。

# 第四节　本章小结

本章根据第三章的能源技术进步偏向理论分析结果，选取1995—2017年中国能源技术进步偏向的相关数据，实证分析影响中国能源技术进步偏向的因素，得到以下4个结论。

（1）中国能源技术进步偏向存在路径依赖的特征，但主要体现在能源技术进步偏向可再生能源技术上。具体而言，中国可再生能源技术存量的增加将促使中国能源技术进步偏向可再生能源技术，且该作用比较大。

（2）中国能源技术进步偏向受到技术溢出效应的影响，但主要体现在可再生能源技术溢出上。具体而言，从能源技术水平较高的发达国家获取的可再生能源技术存量增加，将促使中国能源技术进步偏向可再生能源技术。

（3）政府的政策干预能够改变中国的能源技术进步偏向，使中国能源技术进步偏向可再生能源技术，有助于中国走上清洁能源技术进步道路。具体而言，政府对可再生能源发展的政策支持能促使中国能源技术进步偏向可再生能源技术，进而提升可再生能源的技术水平。

（4）化石能源消费量的增加将促使中国能源技术进步偏向可再生能源技术。具体而言，中国的化石能源与可再生能源在总体上存在互补关系，化石能源消费量增加将使得中国能源技术进步偏向可再生能源技术。

# 第六章

# 能源技术进步偏向：区域实证

## 第一节 引 言

改革开放在总体上促进了中国经济的快速增长，创造了举世瞩目的经济增长奇迹。然而，由点到线再到面，以及由沿海地区到内陆地区的改革模式使得中国各省（自治区、直辖市）的经济发展水平呈现出明显的区域差异性。如图6-1所示，1996—2020年，江苏、浙江、山东与广东4个省的生产总值居于全国前列水平，每个省的生产总值都超过了4000亿元。4个省的生产总值之和占全国GDP总量的比例常年保持在32%~34%，且处于持续增加的态势。到了2020年，每个省的生产总值均已经超过了6000亿元。相反，在此期间，青海、宁夏与西藏的生产总值均未超过500亿元，3个省（自治区）的生产总值之和占全国GDP总量的比例也仅在0.7%左右，差距十分显著。总体来看，东部地区的经济发展水平要高于中西部地区，尤其是在长三角地区与珠三角地区快速发展的推动下，东部地区与中西部地区的差距变得越来越明显。

在人均地区生产总值方面，各省（自治区、直辖市）也存在十分明显的区域差异性。如图6-2所示，1996—2020年，北京、天津、上海3个直辖市的人均地区生产总值居于全国前列水平，尽管这3个直辖市与贵州、甘肃、西藏的人均地区生产总值的差距存在收敛的趋势，但依旧十分明显。其中，北京

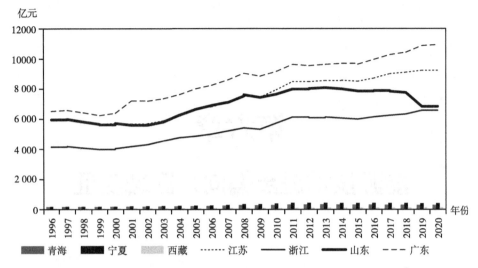

图 6-1　部分省（自治区）的地区生产总值（以 1996 年为基期）①

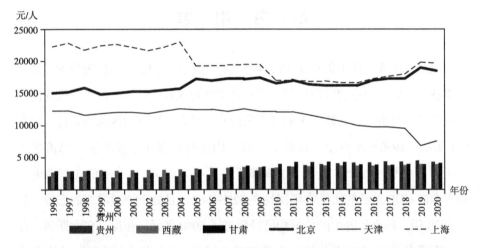

图 6-2　部分省（自治区、直辖市）的人均地区生产总值（以 1996 年为基期）②

与上海的人均地区生产总值在 15000 元 / 人以上，而贵州、西藏与甘肃的人均地区生产总值则未超过 5000 元 / 人，两者之间相差 3 倍以上。因此，无论是地区生产总值还是人均地区生产总值，全国 31 个省（自治区、直辖市）均

---

①　江苏、浙江、山东与广东的地区生产总值在全国居于前 10% 的水平，青海、宁夏与西藏的地区生产总值在全国居于后 10% 的水平。

②　北京、天津与上海的人均地区生产总值在全国居于前 10% 的水平，贵州、西藏与甘肃的人均地区生产总值在全国居于后 10% 的水平。

存在较大的差异。

除了经济发展总量之外，经济发展的内部结构也各有不同，例如各个省份的产业结构水平就存在较大差异。如图 6-3 和图 6-4 所示，北京、天津与上海的第一产业占地区生产总值的比例由 1996 年的 5.17%、6.40% 与 2.47% 进一步降至 2020 年的 0.30%、1.49% 与 0.27%，是全国 31 个省（自治区、直辖市）中第一产业占比最低的 3 个地区。与之对应的是，这 3 个地区的第三产业占地区生产总值的比例由 1996 年的 52.55%、40.59% 与 43.01% 逐步增加至 2020 年的 83.87%、64.40% 与 73.14%，产业结构调整的成效非常明显，

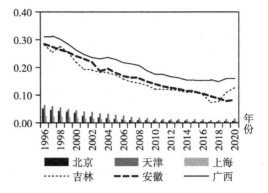

图 6-3　部分省（自治区、直辖市）的
第一产业占比

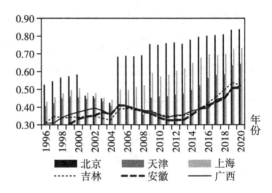

图 6-4　部分省（自治区、直辖市）的
第三产业占比

第一产业对地区生产总值的贡献度不断下降，第三产业成为推动地区生产总值增长的第一动力。不同的是，吉林、安徽与广西的第一产业占地区生产总值的比例在 1996 年分别高达 28.12%、28.45% 与 31.05%，居于全国前列水平。尽管在随后的年份中不断下降，但到了 2020 年，这 3 个地区第一产业的占比依旧分别达到 12.61%、8.23% 与 16.05%。对应的，这 3 个地区的第三产业占地区生产总值的比例在 1996 年为 31.26%、24.64% 与 30.97%，但在随后的年份中存在明显的波动，到了 2020 年，这一比例为 52.25%、51.25% 与 51.87%，产业结构调整成效相对较差。这表明，对于吉林、安徽与广西等地而言，虽然第一产业的占比存在较大程度的下降，但与其他地区相比依旧处于较高的水平，且第三产业的占比明显低于其他地区。

经济发展水平与产业结构不同，使得各省（自治区、直辖市）的化石能源消费量与化石能源消费结构也存在较大差异。如图 6-5 所示，河北、山西、辽宁、山东的化石能源消费量占全国化石能源消费总量的比例居于全国前列水平，常年保持在 5% 以上。其中，山东的化石能源消费量占比已经超过 10%，远高于其他地区，且在 2000 年之后存在明显增加的趋势。而海南与青海的化石能源消费量占全国化石能源消费总量的比例则远低于其他地区，仅在 0.5% 左右。也就是说，少部分经济发展水平较高的省份消耗了全国绝大部分的能源。此外，各个地区的化石能源消费结构也存在差异。例如，山西、内蒙古、贵州与云南地区的化石能源消费结构以煤炭为主，原油消费量所占比例几乎可以忽略不计，而海南地区的原油消费量较高，北京与四川的天然气消费量则比较高。可见不同地区依据自身的能源禀赋特征，选择了不同类型的化石能源作为主要能源。

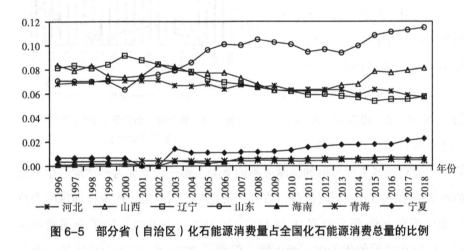

图 6-5　部分省（自治区）化石能源消费量占全国化石能源消费总量的比例

经济发展水平、产业结构、化石能源消费量、化石能源消费结构等存在的区域差异性，将导致全国层面与区域层面的能源技术进步偏向问题研究也存在不同。首先，全国层面的实证分析表明，化石能源消费量对能源技术进步偏向存在显著的作用。然而，在区域层面，化石能源消费量最高的地区与化石能源消费量最低的地区之间存在近 20 倍的差距。因此，在区域层面，化石能源消费量对能源技术进步偏向的作用可能会有所不同。其次，经济发展水平、产业结构与化石能源消费结构的不同会导致各个地区的环境规制水平存在差异。在 GDP 锦标赛的激励下，一些地方政府为了发展本地经济而倾向于采取较低的环境规制水平。此外，各地区实施不同水平的环境规制还会导致污染转移问题的发生，削弱环境规制的作用。因此，区域层面的环境规制是否会改变能源技术进步偏向，这一问题值得深究。最后，由沿海至内陆的改革开放模式，使得沿海地区能更早、更好地吸收发达国家的技术溢出，各个地区的能源技术溢出水平自然也会存在差异。因此，区域层面的技术溢出效应是否依旧对能源技术进步偏向产生显著的作用，这一问题同样需要深究。

对于能源技术进步偏向的影响因素研究而言，上述问题具有非常重要的现实意义。但第五章侧重于总体上的分析，对这些问题未予以充分的考虑。因此，本章在第五章的研究基础上，选取 2003—2017 年中国 30 个省（自治区、直辖市）的省际面板数据，进一步地研究区域层面的能源技术进步偏向的影响因素。一方面，可以充分考虑这些区域差异性问题，为中国各个地区的能源政策制定提供一些参考；另一方面，通过纳入更多的样本量，可以对变量之间的关系进行更深入的研究。

## 第二节　计量模型构建、变量的选取及其测算

### 一、计量模型构建

本章将中国区域能源技术进步偏向的计量模型设定为：

$$\ln PBE_{it} = \alpha_0 + \alpha_1 \ln PLE^C_{it-j} + \alpha_2 \ln PLE^D_{it-j} + \alpha_3 \ln PPE^D_{it-j} + \alpha_4 \ln PCF^D_{it-j} + \alpha_5 \ln PFE^C_{it-j} +$$
$$\alpha_6 \ln PFE^D_{it-j} + \alpha_7 \ln PER_{it-j} + \alpha_8 \ln PGS_{it-j} + \mu_i + \varepsilon_{i,t} \qquad (6-1)$$

其中，$PBE$ 表示中国各省（自治区、直辖市）的能源技术进步偏向。$PLE^C$ 与 $PLE^D$ 分别表示各地区已有的清洁能源技术水平与已有的污染能源技术水平，表征生产率效应。$PPE^D$ 与 $PCF^D$ 分别表示各地区的污染能源价格与污染能源技术面临的市场规模大小，分别表征价格效应与市场规模效应。$PFE^C$ 与 $PFE^D$ 分别表示各地区从发达国家获取的清洁能源技术溢出与污染能

源技术溢出，表征技术溢出效应。$PER$ 表示各地区政府对污染能源密集型中间产品生产的干预，表 $PGS$ 示各地区政府对清洁能源技术发展的支持，表征政府的政策干预。$j$ 表示滞后期，假设为 1，$\mu_i$ 为地区效应，$\varepsilon_{i,t}$ 为随机扰动项。

## 二、变量的选取

### （一）被解释变量

本章同样选取可再生能源技术表示清洁能源技术，主要包括生物质能、太阳能、风能、水能、地热能等能源技术，用 $PP_{CE}$ 表示。选取化石能源技术表示污染能源技术，主要包括石油、煤炭与天然气等能源技术，用 $PP_{DF}$ 表示。在此基础上，选取 $PP_{CE}/PP_{DF}$ 表示中国区域能源技术进步偏向，该值增加，表示中国区域能源技术进步偏向可再生能源技术，促进了各地区可再生能源技术水平的提升；反之，则表示中国区域能源技术进步偏向化石能源技术，促进了各地区化石能源技术水平的提升。

选取专利申请数来衡量各地区的可再生能源技术与化石能源技术，专利申请数增加，表示各地区能源技术水平提升。除了为细分的技术领域提供数据支持之外，专利申请数据还提供了有关发明本身及申请者的详细信息。其中，申请者的居住地址可以具体到街道一级，为本章的研究提供了有效的数据支持。在选取各个地区能源技术的专利申请数时，也是只考虑国内的发明申请与实用新型在内的各地区能源技术专利申请数，并不包括各地区在国外专利局申请的能源技术专利数。

在此基础上，从中国知识产权网中获取各地区的可再生能源技术与化石能源技术的专利申请数，其中，可再生能源技术的 IPC 与化石能源技术的 IPC 与第四章的一致。在进行专利数据搜索时，除了关键词、申请日与 IPC 之外，还需要加入各个地区的地址①，最终根据这 4 个方面的内容进行搜索。

---

① 在输入地址时，必须输入各个省份的完整名称，例如新疆与内蒙古，应该分别输入"新疆维吾尔自治区"与"内蒙古自治区"，北京与浙江，应该分别输入"北京市"与"浙江省"，其余的以此类推。这主要是为了避免专利数据的重复计数，例如在上海市有一条路名为"西藏路"，所以在地址栏输入"西藏"时，原本隶属于上海市的专利数，将会在西藏自治区中进行重复计算。

同样的，针对可能包含不相关的专利申请数问题，根据专利申请中的具体信息进行剔除。针对可能遗漏相关的专利申请数问题，首先，采用"关键词""申请日""地址"进行专利数据搜索，与已经剔除了不相关专利的专利数据集进行对比，查找遗漏的专利数据；其次，采用"IPC""申请日""地址"进行专利搜索，进一步查找遗漏的专利数据；最后，整理得到2003—2017年各地区的可再生能源技术专利申请数与化石能源技术专利申请数。

（二）解释变量

1. 各地区已有的清洁能源技术水平与污染能源技术水平

与全国层面的情况类似，各地区已有的能源技术水平对各地区在未来的能源技术研发活动存在促进作用或者抑制作用。各地区已有的能源技术水平较高，可能会降低能源技术研发活动的风险与不确定性，进而促进各地区在未来的能源技术研发；也可能会提高能源技术研发的难度，进而抑制各地区在未来的能源技术研发；对此，本章采用各地区的可再生能源技术存量与化石能源技术存量来衡量各地区已有的清洁能源技术水平与污染能源技术水平。

2. 各地区的污染能源价格

中国各地区的城市化与工业化进程产生了大量的化石能源需求，但自身的化石能源供给并不能有效满足该需求，使得大部分地区的化石能源依赖进口。对于北京、上海、浙江、广东等化石能源储量较低的地区而言，自身的化石能源需求主要依赖外部。而对于山西、内蒙古等化石能源储量居于全国前列的地区而言，自身的化石能源需求对外部的依赖性相对较低。因此，各地区化石能源价格的变化势必会产生 Hicks（1932）所强调的诱致性技术创新效应。对此，本章选取各地区的化石能源价格来衡量各地区的污染能源价格。

3. 各地区污染能源技术面临的市场规模

中国各地区的经济增速水平均较高，引发的化石能源需求量也十分庞大，为各地区的化石能源技术研发提供了充足的市场规模。其中，一些地区的第二产业占地区生产总值的比例远远高于第一产业与第三产业的占比，例如吉林、安徽、广西等地区。因而，在经济快速增长过程中，这些地区对化石能源的需求也相对更高。而一些地区的第三产业占比居于首位，经济快速增长所产生的化石能源需求相对较低。不同的化石能源需求为各地区的化石能源技术研发提供了不同水平的市场规模。对此，本章选取各地区的化石能源消费量来衡量各地区污染能源技术面临的市场规模。

4. 各地区的清洁能源技术溢出与污染能源技术溢出

从发达国家获取技术溢出是中国各地区促进本地区能源技术进步的一个重要来源，尤其是对于自身能源技术水平相对较低的地区而言，更是如此。但各地区的地理位置优势与对外开放程度并不相同，使得各地区从发达国家获取的能源技术溢出水平也不尽相同。对此，本章选取各地区通过进口、出口、外商直接投资与对外直接投资四个渠道，从能源技术水平较高的发达国家获取的可再生能源技术存量与化石能源技术存量来衡量各地区的清洁能源技术溢出与污染能源技术溢出。

5. 各地区政府对污染能源密集型中间产品生产的干预与对清洁能源技术发展的支持

各地区的经济发展水平不同，对环境质量的要求也存在差异。东部沿海地区的经济发展水平高，对环境质量的要求也比较高，通常执行较为严格的环境规制。但也有一些地区对经济增长的要求相对更高，因而执行的环境规制水平相对较低。因此，不同的环境规制水平对各地区能源技术进步偏向的作用也存在差异。各地区也未对不同类型的污染密集型产品生产实施不同的环境规制，因而也未形成与此相关的统计数据。对此，本章选取各地区的总体环境规制水平来衡量各地区政府对污染能源密集型中间产品生产的干预。此外，为了提高自身的环境质量，各地区也会加大对清洁能源技术研发的支持力度，但各地区并未提供对可再生能源技术研发进行补贴的相关数据。因此，本章选取各地区政府对可再生能源发展的政策支持来衡量其对清洁能源技术发展的支持。

### 三、变量的测算

**（一）各地区的可再生能源技术存量与化石能源技术存量**

本章采用永续盘存法（PIM）对各地区的可再生能源技术存量与化石能源技术存量进行估算，具体的估算公式为：

$$CP^i_{l,t} = (1-\delta^i)\,CP^i_{l,t-1} + P^i_{l,t} \tag{6-2}$$

其中，$l$ 代表中国各个省（自治区、直辖市），$i$ 包括可再生能源技术与化石能源技术，$CP^i_{l,t}$ 与 $CP^i_{l,t-1}$ 分别表示 $l$ 地区的 $i$ 类能源技术在 $t$ 期与 $t-1$ 期的存量水平，$\delta^i$ 表示 $i$ 类能源技术的折旧率，$P^i_{l,t}$ 表示 $l$ 地区在 $t$ 期的 $i$ 类能源技术水平，选取 $i$ 类能源的专利申请数来衡量。其中，折旧率选取 10%[①]。基期能源技术存量的估算公式为：

$$CP^i_{l,0} = \frac{P^i_{l,0}}{\delta^i + g^i_l} \tag{6-3}$$

其中，$CP^i_{l,0}$ 表示 $l$ 地区的 $i$ 类能源技术在基期年份的存量，即基期的能源技术专利存量，$P^i_{l,0}$ 表示 $l$ 地区的 $i$ 类能源技术在基期年份的专利申请数，$g^i_l$ 表示 $l$ 地区的 $i$ 类能源技术在样本期专利申请数的增长率。

**（二）各地区的化石能源价格与化石能源消费量**

同样选用煤炭、石油与天然气三者的消费量之和表示各地区的化石能源消费量，并且这三者的消费量都按标准煤表示。但各地区的化石能源价格数据无法直接获取，需要采用其他指标进行替代。中国各地区的化石能源消费结构存在明显的不同，山西、内蒙古、贵州的化石能源消费结构以煤炭为主，海南的石油消费占比远高于其他地区，而北京与四川的天然气消费量则比较高。根据各地区化石能源消费结构的差异，本章参考 Lin 和 Li（2014）及林伯强和刘泓汛（2015）的做法，选取国际原油价格、国际煤炭价格与国际天然气价格分别表示中国各地区的石油、煤炭与天然气的价格，接着以折算成标准煤之后的中国各地区的石油、煤炭与天然气的消费量占化石能源消

---

[①] 本章将对折旧率的选取进行稳健性检验。

费总量的比例作为权重，对这三种化石能源价格进行加权平均处理，最终得到中国各地区的化石能源价格。

（三）各地区溢出的可再生能源技术存量与化石能源技术存量

本章同样选取意大利、英国、德国、法国、美国、加拿大、日本、韩国8个国家作为中国各地区能源技术溢出的主要来源，并选取这8个国家在专利合作条约（PCT）中所申请的可再生能源技术专利与化石能源技术专利来衡量这8个国家的可再生能源技术水平与化石能源技术水平。首先，参考Pottelsberghe 和 Lichtenberg（1998）的做法，分别估算出中国通过进口、出口、FDI 与 OFDI 这4个渠道获取的能源技术溢出水平：

$$IM_P^i = \sum_{j=1}^8 \frac{IM_{jt}}{Y_{jt}} CP_{jt}^i \tag{6-4}$$

$$EX_P^i = \sum_{j=1}^8 \frac{EX_{jt}}{Y_{jt}} CP_{jt}^i \tag{6-5}$$

$$FDI_P^i = \sum_{j=1}^8 \frac{FDI_{jt}}{Y_{jt}} CP_{jt}^i \tag{6-6}$$

$$OFDI_P^i = \sum_{j=1}^8 \frac{OFDI_{jt}}{Y_{jt}} CP_{jt}^i \tag{6-7}$$

其中，$j$ 包括上述8个国家，$IM_P^i$、$EX_P^i$、$FDI_P^i$ 与 $OFDI_P^i$ 分别表示中国的 $i$ 类能源技术通过进口、出口、FDI 与 OFDI 渠道从8个国家获取的能源技术存量。$IM_{jt}$、$EX_{jt}$、$FDI_{jt}$ 与 $OFDI_{jt}$ 分别表示在 $t$ 年中国从 $j$ 国的进口总额、中国对 $j$ 国的出口总额、$j$ 国对中国的直接投资、中国对 $j$ 国的直接投资。$Y_{jt}$ 表示 $j$ 国在 $t$ 年的 GDP，而 $CP_{jt}^i$ 则表示 $j$ 国在 $t$ 年的 $i$ 类能源技术存量。其中，$CP_{jt}^i$ 同样采用 PIM 进行估算，估算公式与式（6-2）及式（6-3）一致。

接着，估算出各地区通过进口、出口、FDI 与 OFDI 渠道从8个国家获取的能源技术存量，具体估算公式为：

$$im_{lp}^i = IM_P^i \times \frac{IM_l}{\sum IM_l} \tag{6-8}$$

$$ex_{lp}^i = EX_P^i \times \frac{EX_l}{\sum EX_l} \tag{6-9}$$

$$fdi_{lp}^i = FDI_P^i \times \frac{FDI_l}{\sum FDI_l} \qquad (6\text{--}10)$$

$$ofdi_{lp}^i = OFDI_P^i \times \frac{OFDI_l}{\sum OFDI_l} \qquad (6\text{--}11)$$

其中，$l$ 代表地区，$im_{lp}^i$、$ex_{lp}^i$、$fdi_{lp}^i$ 与 $ofdi_{lp}^i$ 分别表示各地区的 $i$ 类能源技术通过进口、出口、FDI 与 OFDI 从发达国家获取的能源技术存量，$IM_l$、$EX_l$、$FDI_l$ 与 $OFDI_l$ 分别表示各地区的进口额、出口额、FDI 与 OFDI，$\sum IM_l$、$\sum EX_l$、$\sum FDI_l$ 与 $\sum OFDI_l$ 分别表示各地区的进口额、出口额、FDI 与 OFDI 的加总额。

（四）各地区的环境规制与政府对可再生能源发展的政策支持

中国的统计资料并未提供各地区的环境规制数据，需要采用其他指标进行替代。与前文的做法相似，基于数据的可得性，本章选取各地区的环境污染治理投资额与地区生产总值的比值来衡量各地区的环境规制。由于中国各地区的政府并没有立法权，因此，本章在衡量各地区政府对可再生能源技术发展的政策支持时，采取与前文相似的做法，以 2006 年正式实施的《中华人民共和国可再生能源法》为依据，对各地区设定一个政策虚拟变量，并以 2006 年为分界线，在此之前，该政策虚拟变量为 0，此后为 1。

## 四、变量的描述性统计

本章选取 2003—2017 年中国 30 个省（自治区、直辖市）的面板数据作为研究样本，主要基于 3 个方面的考虑：一是西藏的统计数据相对比较匮乏，大部分的变量选取得不到数据的支持，因而不予考虑；二是中国各地区从发达国家获取能源技术溢出的渠道中包括对外直接投资，但是，各地区的对外直接投资数据自 2003 年才开始提供，因而样本期始于 2003 年；三是专利数据从申请到批准并公开往往耗时 1~3 年（王班班与齐绍洲，2016）。因而，样本期终止于 2017 年。

中国各地区的专利申请数来源于中国知识产权网，发达国家的专利申请数直接取自于第四章的相关数据。各地区的进口、出口与 FDI 的数据来源于历年的《中国商务年鉴》，各地区的 OFDI 数据来源于历年的《对外直接投资统计公报》。国际原油价格、国际煤炭价格与国际天然气价格来源于 2020 年的《BP 世界能源统计年鉴》，各地区的煤炭、石油与天然气的消费量来源于历年的《中国能源统计年鉴》。各地区的地区生产总值来源于历年的《中国统计年鉴》，各地区的环境污染治理投资额的数据来源于历年的《中国环境统计年鉴》。各个变量的描述性统计分析如表 6-1 所示。

表 6-1　变量的描述性统计

| 变量 | 样本数 | 均值 | 标准差 | 最小值 | 最大值 |
| --- | --- | --- | --- | --- | --- |
| 可再生能源技术存量 | 450 | 5.9810 | 1.7722 | 1.7779 | 10.3214 |
| 化石能源技术存量 | 450 | 4.9380 | 1.5565 | 0.4657 | 8.9143 |
| 化石能源价格 | 450 | 5.0744 | 0.4041 | 3.9365 | 6.0381 |
| 化石能源消费量 | 450 | 9.0394 | 0.7823 | 6.2247 | 10.7782 |
| 溢出的可再生能源技术存量 | 450 | 0.0672 | 2.0152 | −5.2544 | 4.3226 |
| 溢出的化石能源技术存量 | 450 | 0.0678 | 1.7818 | −4.4373 | 4.0831 |
| 环境规制 | 450 | −4.4208 | 0.4552 | −5.8091 | −3.1606 |
| 可再生能源政策 | 450 | 0.8000 | 0.4004 | 0 | 1.0000 |

表 6-1 表明，与全国层面的情况类似：首先，各地区的可再生能源技术存量均值高于化石能源技术存量均值，溢出的化石能源技术存量均值要高于溢出的可再生能源技术存量均值，而可再生能源技术存量与溢出的可再生能源技术存量的标准差分别高于化石能源技术存量与溢出的化石能源技术存量的标准差，这表明各地区的化石能源技术研发活动比较稳定。其次，各地区可再生能源技术存量的最小值要大于化石能源技术存量的最小值，溢出的可再生能源技术存量的最小值小于溢出的化石能源技术存量的最小值，但可再生能源技术存量与溢出的可再生能源技术存量的最大值则分别高于化石能源技术存量与溢出的化石能源技术存量的最大值，这表明各地区的化石能源技术研发活动的开展时间相对较早，但可再生能源技术研发活动的发展速度相对较快。最后，各地区的化石能源消费量的标准差要大于化石能源价格的标

准差，这表明各地区受化石能源消费量增加的影响相对较大。

# 第三节　实证分析

## 一、基准回归分析

考虑各个地区的能源技术进步偏向可能存在相互作用，或者某个地区不同年份之间的能源技术进步偏向存在相互作用，本章先对面板数据进行相关检验。检验结果表明，面板数据存在组间异方差性，Wald 检验的值为130.14，$p$ 值为 0。为此，本章选取可行广义最小二乘法（FGLS）进行估计。具体的估计结果如表 6-2 所示，除了报告随机效应模型与固定效应模型的估计结果以外，本章还报告了混合 OLS 模型的估计结果，以进行比较。

表 6-2 的模型（6-1）、模型（6-2）与模型（6-3）中，仅考虑了生产率效应、价格效应及市场规模效应，即仅纳入了可再生能源技术存量、化石能源技术存量、化石能源价格与化石能源消费量。其中，面板设定的 F 检验结果显示，应该使用随机效应模型（6-2）或者固定效应模型（6-3）进行估计。在模型（6-2）与模型（6-3）中，可再生能源技术存量与化石能源价格对中国区域能源技术进步偏向的作用显著为正，而化石能源技术存量的作用则显著为负。继续纳入技术溢出效应，即加入溢出的可再生能源技术存量与溢出的化石能源技术存量这两个变量。在模型（6-5）与模型（6-6）中，化石能源技术存量、溢出的可再生能源技术存量与溢出的化石能源技术存量的系数均通过了显著性检验，其余的变量则未通过显著性检验。其中，溢出的可再生能源技术存量对中国区域能源技术进步偏向存在正向作用，而化石能源技术存量与溢出的化石能源技术存量对中国区域能源技术进步偏向存在负向作用。此后，继续加入表征政府政策干预的两个变量，即考虑了环境规制与可再生能源政策之后，面板设定的 F 检验结果依旧显示应该使用随机效应模型（6-8）或者固定效应模型（6-9）进行估计。由于在模型（6-9）的估计结果中，29 个虚拟变量中有 20 个虚拟变量至少通过了 10% 水平的显著性

表6-2 基础回归结果

| 变量 | 混合OLS 模型(6-1) | 随机效应 模型(6-2) | 固定效应 模型(6-3) | 混合OLS 模型(6-4) | 随机效应 模型(6-5) | 固定效应 模型(6-6) | 混合OLS 模型(6-7) | 随机效应 模型(6-8) | 固定效应 模型(6-9) |
|---|---|---|---|---|---|---|---|---|---|
| $PLE^C$ | 0.7074*** (−21.1834) | 0.2805*** (−2.7388) | 0.5404*** (−7.3093) | 0.4977*** (−5.2931) | −0.0362 (−0.3135) | 0.1040 (−1.0095) | 0.4228*** (−4.9428) | −0.0097 (−0.0873) | 0.0816 (−0.8222) |
| $PLE^D$ | −0.8032*** (−17.5317) | −0.7528*** (−6.7050) | −0.6942*** (−6.0617) | −0.7850*** (−12.1367) | −0.4890*** (−4.1978) | −0.4183*** (−3.5239) | −0.7425*** (−13.1609) | −0.4628*** (−4.0262) | −0.4111*** (−3.5527) |
| $PPE^D$ | 0.1151 (−1.5294) | 0.3249*** (−3.7539) | 0.2486*** (−2.8711) | −0.0154 (−0.1870) | 0.1040 (−1.0400) | 0.0073 (−0.0765) | −0.1197 (−1.3171) | −0.1100 (−1.0670) | −0.1899** (−1.9648) |
| $PCF^D$ | 0.0573 (−0.9867) | 0.1719 (−1.1799) | 0.2386 (−1.6229) | 0.0391 (−0.6827) | 0.0656 (−0.4579) | 0.0937 (−0.6435) | 0.0310 (−0.7051) | −0.0727 (−0.4978) | −0.0640 (−0.4333) |
| $PFE^C$ | | | | 0.2162 (−1.2673) | 0.9371*** (−5.7489) | 1.0006*** (−6.0908) | 0.2437 (−1.4405) | 1.0356*** (−6.5114) | 1.0877*** (−6.8291) |
| $PFE^D$ | | | | −0.0228 (−0.1629) | −0.9839*** (−4.8285) | −0.9536*** (−4.6876) | −0.0360 (−0.2478) | −1.0901*** (−5.4717) | −1.0811*** (−5.4587) |
| $PER$ | | | | | | | −0.2772*** (−3.9650) | −0.1976** (−2.5582) | −0.1937** (−2.5052) |

续表

| 变量 | 混合OLS模型（6-1） | 随机效应模型（6-2） | 固定效应模型（6-3） | 混合OLS模型（6-4） | 随机效应模型（6-5） | 固定效应模型（6-6） | 混合OLS模型（6-7） | 随机效应模型（6-8） | 固定效应模型（6-9） |
|---|---|---|---|---|---|---|---|---|---|
| *PGS* | 0.0115 （-0.0189） | -0.1759 （-0.1445） |  |  |  |  | 0.3937*** （-4.1427） | 0.4582*** （-5.1378） | 0.4885*** （-5.4978） |
| c |  |  | -1.8796* （-1.6688） | 1.9762** （-2.6941） | 2.4553* （-1.8891） | 1.6526 （-1.2921） | 1.2486** （-2.0462） | 3.4081** （-2.4987） | 3.0265** （-2.2431） |
| $R^2$ | 0.5961 | — | — | 0.6164 | — | — | 0.6445 | — | — |
| F | 154.20 | — | — | 114.65 | — | — | 101.20 | — | — |
| Wald | — | 1436.84 | 1349.46 | — | 1446.38 | 1405.03 | — | 1536.01 | 1511.60 |
| 样本数 | 420 | 420 | 420 | 420 | 420 | 420 | 420 | 420 | 420 |

注：***、**、*分别表示1%、5%与10%显著性水平，括号内数值为回归系数的标准误。除了可再生能源政策变量，其余解释变量均取对数并做一阶滞后处理，下同。

检验，因此，本章主要基于固定效应模型（6-9）的估计结果进行分析。

（1）化石能源技术存量的系数通过了1%水平的显著性检验，系数为 -0.4111，而可再生能源技术存量的系数未通过显著性检验，即化石能源技术存量的增加将促使中国区域能源技术进步偏向化石能源技术，而可再生能源技术存量的增加并不影响中国区域能源技术进步偏向。这表明，中国区域能源技术进步偏向存在路径依赖特征，并且在偏向化石能源技术时表现得更为显著，即以往研发所积累的某类能源技术的存量越高，越能促进该类能源技术未来的研发工作，产生了"站在巨人肩膀上"的效应。该研究结论与 Noailly 和 Smeets（2015）和 Aghion et al.（2016）的研究结论一致，且丰富了景维民和张璐（2014）的研究结论，即不仅绿色技术进步中存在路径依赖特征，而且以污染能源技术进步为代表的非绿色技术进步中也存在路径依赖。

此外，该研究结论也是对第五章研究结论的一个重要补充。第五章的实证分析结果表明，在全国层面，能源技术进步偏向存在路径依赖，但主要体现在能源技术进步偏向可再生能源技术时，而在偏向化石能源技术时并不显著。本章的研究结论却表明，在区域层面，能源技术进步在偏向化石能源技术时存在明显的路径依赖特征。可能的原因在于：一方面，不同于全国较高的可再生能源技术发展水平，区域层面的可再生能源技术发展水平存在非常显著的差异，有些省份的可再生能源技术发展水平较低，且波动比较剧烈。在各地区加大可再生能源技术研发力度时，虽然为了降低风险和不确定性，需要依赖自身积累的可再生能源技术存量，但是较多省份前期积累的可再生能源技术存量波动较大，尚无法促使能源技术进步偏向于可再生能源技术。另一方面，虽然各地区的化石能源消费量存在较大差异，但这并不会改变各地区的能源消费结构以化石能源为主的总体特征。且受限于地理位置与开发技术等原因，各地区对可再生能源的使用存在显著的差异。例如风能与太阳能的利用会受到地理位置的极大限制，而水能的利用则更是限定在东部沿海地区及存在大江大河的个别地区。因此，各地区的化石能源技术研发起步相对较早，并且各地区的化石能源技术水平存在的差异较小，导致中国区域能源技术进步在偏向化石能源技术时所形成的路径依赖程度较大。

（2）化石能源价格的系数在5%水平上显著为负，系数为–0.1899，而化石能源消费量的系数则未通过显著性检验，说明对于中国区域能源技术进步偏向而言，价格效应更显著。更为关键的是，化石能源价格的上涨促使中国区域能源技术进步偏向化石能源技术。该研究结论与Popp（2002）的研究结论并不相同，即化石能源价格的上涨幅度较大，将促使研发资源从污染能源技术研发转移至清洁能源技术研发。原因在于，在本章所选择的样本期内，虽然全球第三次能源危机爆发导致化石能源价格快速上升，但在2014年后，国际化石能源价格开始不断下降，使得化石能源价格的整体上升幅度不及第三次能源危机带来的能源价格上升幅度。例如国际原油价格由2003年的28.83美元/桶快速上升到2011年的111.26美元/桶，而后降至2017年的54.19美元/桶；国际煤炭价格由2003年的31.76美元/吨快速上升至2008年的148.06美元/吨，而后降至2017年的99.58美元/吨；国际天然气价格由2003年的2.71美元/百万英热快速上升至2008年的10.79美元/百万英热，而后降至2017年的5.80美元/百万英热。虽然化石能源价格上涨了，但与可再生能源相比，化石能源的利用成本依旧具有一定的优势。且为了应对化石能源价格的上涨，大量研发资源被投入到化石能源技术研发中，导致中国区域能源技术进步偏向化石能源技术。

在实证分析中国能源技术进步偏向的影响因素时，相关研究结果表明：化石能源价格的作用并不显著，而化石能源消费量的作用则比较显著。但是，在本章有关区域能源技术进步偏向的影响因素研究中，化石能源价格与化石能源消费量的作用恰好相反，可能的原因包括两个方面：一方面，第四章的实证分析所选取的样本时间为1995—2017年，而本章选取的样本时间为2003—2017年。前者的化石能源价格均值相对低于后者，使得化石能源价格对中国能源技术进步偏向的作用不显著，而对中国区域能源技术进步偏向的作用则十分显著。另一方面，中国各地区的化石能源需求主要由国家进行统一调配，诸如上海、江苏、浙江等化石能源贫乏的地区在这种机制下可以较好地保障自身的化石能源供给。但是，化石能源价格上涨将对这些化石能源贫乏的地区产生严重冲击。

（3）溢出的可再生能源技术存量与溢出的化石能源技术存量的系数均通过了 1% 水平的显著性检验，系数分别为 1.0877 与 −1.0811，即溢出的可再生能源技术存量增加将促使中国区域能源技术进步偏向可再生能源技术，而溢出的化石能源技术存量增加则将促使中国区域能源技术进步偏向化石能源技术，且前者的作用相对更大。这表明，在各地区不断加强与发达国家之间的经济合作之后，发达国家的能源技术溢出将显著影响中国区域能源技术进步偏向。以往研究主要以发达国家为研究对象，通常不考虑技术溢出的作用（Popp，2002；Acemoglu et al.，2012）。本章的研究弥补了这一不足，且与第五章的研究结论相比，发现除了溢出的可再生能源技术存量会影响中国区域能源技术进步偏向之外，溢出的化石能源技术存量也会影响中国区域能源技术进步偏向。可能的原因在于，自 1971 年爆发全球第一次石油危机之后，发达国家就开始加大对化石能源技术的研发，积累了丰富的化石能源技术存量。由于中国大部分地区的能源消费都以化石能源为主，在各地区大力发展经济的情况下，获取相对成熟的化石能源技术溢出不仅能降低风险，而且可以有效促进各地区的化石能源技术进步。

除此之外，相比于各地区自身积累的能源技术存量，溢出的能源技术存量对中国区域能源技术进步偏向的作用更大。可能的原因在于，研发活动不仅需要大量的资金支持，而且面临极大的不确定性与极高的风险，使得世界上绝大部分的研发都发生在发达国家（Grueber，2011）。这也使得发达国家的能源技术发展要远远快于中国。1971 年之后，发达国家开始加大对化石能源技术的研发，而在 1997 年签订《京都议定书》之后，发达国家又加快对可再生能源等清洁能源技术的研发。因此，发达国家在化石能源技术发展与可再生能源技术发展中均积累了丰富的技术存量，这也使得中国各地区能从溢出的化石能源技术存量与溢出的可再生能源技术存量中获取更大的帮助。

（4）环境规制的系数在 5% 水平上显著为负，而可再生能源政策的系数在 1% 的水平上显著为正，系数分别为 −0.1937 与 0.4885。即环境规制水平的提升将促使中国区域能源技术进步偏向化石能源技术，而政府对可再生能源发展的政策支持将促使中国区域能源技术进步偏向可再生能源技术。这反映了激励性的政府政策干预可以有效地改变中国区域能源技术进步偏向，促使中国区域能源技术进步偏向可再生能源技术，强制性的政府政策干预则不能达到这种效果。结合第四章的研究结论可以看出，政府对可再生能源发展的政策支持不仅可以在全国层面上促使能源技术进步偏向可再生能源技术，而且可以促使中国区域的能源技术进步偏向可再生能源技术。但是，环境规制只能在区域层面改变能源技术进步偏向，而在全国层面则未能达到这种效果。

总体来看，一方面，化石能源技术存量、化石能源价格、溢出的化石能源技术存量与环境规制均促使中国区域能源技术进步偏向化石能源技术，且化石能源价格的作用远远低于前两者。这表明，在各地区的能源需求以化石能源为主的情况下，中国区域能源技术进步更容易在偏向化石能源技术时形成路径依赖，且各地区从发达国家获取的化石能源技术存量会加强这一路径依赖。即使各地区采取环境规制，也难以改变区域能源技术进步偏向。另一方面，溢出的可再生能源技术存量与可再生能源政策均促使中国区域能源技术进步偏向可再生能源技术，且前者的作用更大。这反映了中国区域能源技术进步也能在偏向可再生能源技术时形成路径依赖，只是这一路径依赖作用相对较小。但是，各地区通过加大对可再生能源技术发展的支持力度可以有效弥补这些不足，进而加快中国区域能源技术进步偏向的改变进程，使得中国区域能源技术进步偏向可再生能源技术。

## 二、稳健性检验

本章的稳健性检验包括两个方面：一方面是对折旧率与化石能源价格这两个指标的选择进行稳健性检验。具体而言，分别选取 15% 与 20% 的折旧率水平对中国各地区及 8 个发达国家的化石能源技术存量与可再生能源技术存量进行估算，分别选取国际原油价格与国际煤炭价格及中国各地区的燃料动力价格指数来衡量各地区的化石能源价格，以此进行稳健性检验。另一方面是对计量分析中可能存在的问题进行稳健性检验，主要对个别地区被解释变量存在较多零值的情况及化石能源价格与化石能源消费量可能存在的相关性问题进行稳健性检验。

1. 指标选取的稳健性检验

在折旧率分别选取 15% 与 20%，化石能源价格分别选取国际原油价格、国际煤炭价格与燃料动力价格指数之后，采用固定效应模型分别进行稳健性检验，具体的结果如表 6-3 所示。

表 6-3　指标选取的稳健性检验结果

| 变量 | 折旧率 | | 化石能源价格 | | |
|---|---|---|---|---|---|
| | 0.15 模型（6-10） | 0.20 模型（6-11） | 国际原油价格 模型（6-12） | 国际煤炭价格 模型（6-13） | 燃料动力价格 指数模型 （6-14） |
| $PLE^C$ | 0.1141 （−1.2159） | 0.1318 （1.4914） | 0.0309 （−0.3297） | 0.1426 （−1.3995） | 0.0834 （−0.8580） |
| $PLE^D$ | −0.3832*** （−3.5193） | −0.3404*** （−3.3262） | −0.5799*** （−5.4098） | −0.3158*** （−2.7134） | −0.4765*** （−4.2360） |
| $PPE^D$ | −0.2077** （−2.1262） | −0.2186** （−2.2135） | −0.5970*** （−6.8452） | 0.2297** （−2.5490） | −1.4437*** （−4.0101） |
| $PCF^D$ | −0.0568 （−0.3823） | −0.0604 （−0.4025） | 0.0767 （−0.5667） | −0.1603 （−1.0630） | 0.0134 （−0.0929） |
| $PFE^C$ | 0.9872*** （−6.6866） | 0.9173*** （6.6831） | 1.2906*** （−8.6637） | 0.7732*** （−4.6577） | 1.4485*** （−7.6094） |
| $PFE^D$ | −0.9859*** （−5.2652） | −0.9200*** （−5.1732） | −1.1385*** （−6.1333） | −0.8233*** （−4.0420） | −1.3473*** （−6.3612） |
| $PER$ | −0.1892** （−2.4590） | −0.1835** （−2.3940） | −0.1646** （−2.2237） | −0.1687** （−2.2147） | −0.1839** （−2.4155） |
| $PGS$ | 0.4686*** （−5.2798） | 0.4546*** （−5.1111） | 0.6870*** （−7.6878） | 0.4021*** （−4.6753） | 0.6405*** （−6.4686） |
| c | 2.5610* （1.9281） | 2.1778* （1.6529） | 4.6594*** （−3.7891） | 0.9072 （−0.6901） | 2.2288* （−1.8591） |
| Wald | 1523.33 | 1528.50 | 1777.18 | 1528.80 | 1589.36 |
| 样本数 | 420 | 420 | 420 | 420 | 420 |

注：同表 6-2。

稳健性检验结果显示：折旧率的选择对计量分析结果影响较小，而化石能源价格的选择则不同。具体来看，在模型（6-12）、模型（6-13）与模型（6-14）中，国际煤炭价格的系数在5%水平上显著为正，而国际原油价格与燃料动力价格指数的系数在1%水平上显著为负。可能的原因在于，中国各地区的能源消费结构中，煤炭的消费量所占比重常年保持在65%~70%的高位，居于绝对的优势地位。更为关键的是，自2003年开始，各地区的煤炭供求结构开始失衡，逐渐形成了供给缺口，开始依靠国外进口。因此，当国际煤炭价格大幅度上涨之后，各地区的化石能源价格相对可再生能源价格的成本优势将会被扭转，反而会促使各地区的研发资源进入可再生能源技术研发活动，使得各地区的能源技术进步偏向于可再生能源技术。

2. 计量分析潜在问题的稳健性检验

剔除被解释变量存在较多零值的地区之后，同样采用固定效应模型进行计量分析，具体的计量结果如表6-4中的模型（6-15）所示。在分开考虑化石能源价格与化石能源消费量之后，也采用固定效应模型进行计量分析，结果如表6-4中的模型（6-16）与模型（6-17）所示。

表6-4　计量分析潜在问题的稳健性检验结果

| 变量 | 剔除零值较多地区<br>模型（6-15） | 不考虑化石能源价格<br>模型（6-16） | 不考虑化石能源消费量<br>模型（6-17） |
|---|---|---|---|
| $PLE^C$ | 0.095<br>（-0.8830） | 0.1010<br>（-1.0114） | 0.0821<br>（-0.8278） |
| $PLE^D$ | -0.3357**<br>（-2.5588） | -0.3574***<br>（-3.1252） | -0.4212***<br>（-3.7050） |
| $PPE^D$ | -0.3574**<br>（-2.0689） | | -0.1948**<br>（-2.0257） |
| $PCF^D$ | -0.1503<br>（-1.5154） | -0.1040<br>（-0.6990） | |
| $PFE^C$ | 1.0944***<br>（-6.4041） | 0.9637***<br>（-6.4552） | 1.0737***<br>（-6.8853） |
| $PFE^D$ | -1.1306***<br>（-5.3800） | -0.9903***<br>（-5.0794） | -1.0674***<br>（-5.4393） |

续表

| 变量 | 剔除零值较多地区<br>模型（6-15） | 不考虑化石能源价格<br>模型（6-16） | 不考虑化石能源消费量<br>模型（6-17） |
|---|---|---|---|
| PER | -0.1746**<br>（-2.2117） | -0.1844**<br>（-2.3894） | -0.1997***<br>（-2.6257） |
| PGS | 0.5415***<br>（-5.8424） | 0.4363***<br>（-5.1039） | 0.4789***<br>（-5.5497） |
| c | 4.6901***<br>（3.1827） | 1.9337<br>（1.5688） | 2.5813***<br>（3.0542） |
| Wald<br>统计量 | 1354.94 | 1490.03 | 1516.14 |
| 样本数 | 420 | 420 | 420 |

注：同表6-2。

稳健性检验结果显示：在剔除被解释变量存在较多零值的地区之后，各个解释变量的系数正负号并未发生变化，系数的大小也未发生明显变化，这表明被解释变量中的个别零值对总体的计量结果无太大影响，本章的样本选取不存在问题。分开考虑化石能源价格与化石能源消费量之后，在模型（6-16）与模型（6-17）中，计量分析结果未发生显著的变化，这表明同时考虑化石能源价格与化石能源消费量并不会影响计量分析结果的有效性。

## 三、差异性分析

### （一）区域差异性分析

幅员辽阔的中国在诸多方面都呈现出明显的区域差异性，其中，经济发展水平、化石能源储量与化石能源消费量的区域差异性将会对能源技术进步偏向产生重要的影响。首先，东部地区与中西部地区之间的经济发展水平差异将对各地区的能源技术进步偏向产生影响。东部地区地处沿海，是中国最早进行改革开放的地区，这一方面使得东部地区的经济发展水平要高于中西部地区，较高的经济发展水平为能源技术研发提供了相对充足的资金支持；另一方面使得东部地区的经济发展呈现出明显的外向型特点，使其更容易从发达国家获取能源技术溢出。因此，各个影响因素对东部地区与中西部地区的能源技术进步偏向的作用有所不同。其次，中国的化石能源储量主要集中在山西、内蒙古与新疆等地，而东部地区的浙江、上海、江苏等地化石能源储量几乎可以忽略不计。化石能源丰裕的地区在选择能源技术研发时，可能更倾向于对化石能源技术进行研发，而化石能源稀缺的地区则有可能更倾向于对可再生能源技术进行研发。此外，化石能源丰裕的地区可以优先利用化石能源，导致其环境污染更为严重，这些地区的政府执行环境规制时也可能发挥出更大的效果。因此，各个影响因素对化石能源储量不同地区的能源技术进步偏向的作用也可能存在差异。最后，中国各地区的化石能源消费量差异会对能源技术进步偏向产生影响。第三章的理论分析表明，市场规模对能源技术进步偏向存在影响，且第五章的实证分析也证实了这一点。但是，前文的基准回归结果却显示这一作用并不显著，这可能跟不同地区之间的化石能源消费量存在显著差异有关。

对此，本章从不同地区、不同化石能源禀赋、不同化石能源消费量 3 个方面进一步实证分析中国区域能源技术进步偏向的影响因素，分析这 3 个方面的差异性是否会影响相应的计量分析结果。具体的估计结果如表 6-5 所示[①]。

表 6-5　区域差异性的估计结果

| 变量 | 不同地区 | | 不同化石能源禀赋 | | 不同化石能源消费量 | |
|---|---|---|---|---|---|---|
| | 东部地区模型（6-18） | 中西部地区模型（6-19） | 高的地区模型（6-20） | 低的地区模型（6-21） | 高的地区模型（6-22） | 低的地区模型（6-23） |
| $PLE^C$ | −0.3432*（−1.8073） | 0.2305*（−1.6726） | 0.0752（−0.5193） | 0.1261（−0.7775） | −0.1142（−0.8875） | 0.4013**（−2.4758） |
| $PLE^D$ | −0.1339（−0.6356） | −0.3449**（−2.2350） | −0.3360*（−1.9168） | −0.4679***（−2.6018） | −0.3005*（−1.8011） | −0.5838***（−3.3009） |

---

① 东部地区与中西部地区的划分参考国家统计局的划分方式。化石能源禀赋与化石能源消费量不同地区的划分方法为：首先，去掉异常大与异常小的值；其次，对剩余地区的相应值取均值，高于均值的地区为高化石能源禀赋与高化石能源消费量地区，反之，则为低化石能源禀赋与低化石能源消费量地区；最后，将异常大的地区纳入高化石能源禀赋与高化石能源消费量地区，异常小的地区纳入低化石能源禀赋与低化石能源消费量地区。

续表

| 变量 | 不同地区 | | 不同化石能源禀赋 | | 不同化石能源消费量 | |
|---|---|---|---|---|---|---|
| | 东部地区模型（6-18） | 中西部地区模型（6-19） | 高的地区模型（6-20） | 低的地区模型（6-21） | 高的地区模型（6-22） | 低的地区模型（6-23） |
| $PPE^D$ | −0.3019** （−2.0528） | −0.1034 （−0.7721） | −0.1934 （−1.3762） | −0.1855 （−1.3027） | −0.2314* （−1.7844） | −0.1297 （−0.9071） |
| $PCF^D$ | 0.4159* （−1.9352） | −0.3592 （−1.6215） | −0.0855 （−0.3487） | 0.0058 （−0.0273） | 0.1685 （−0.6909） | −0.2622 （−1.3584） |
| $PFE^C$ | 1.6522*** （−6.0226） | 0.9694*** （−4.6969） | 1.1010*** （−4.8529） | 0.9944*** （−4.0872） | 1.4450*** （−6.5381） | 0.6049*** （−2.5833） |
| $PFE^D$ | −1.5743*** （−4.2767） | −1.1020*** （−4.2626） | −1.1023*** （−3.8659） | −0.9888*** （−3.3917） | −1.4577*** （−5.1381） | −0.6671** （−2.3651） |
| $PER$ | −0.1355 （−1.2139） | −0.2279* （−1.9516） | −0.4373*** （−3.4823） | −0.0352 （−0.3396） | −0.2325** （−2.0932） | −0.1620 （−1.5204） |
| $PGS$ | 0.4973*** （−3.8693） | 0.5254*** （−4.3250） | 0.4428*** （−3.3038） | 0.5025*** （−3.9462） | 0.4029*** （−3.2818） | 0.5443*** （−4.1121） |
| c | 0.7598 （0.3531） | 3.2157 （1.4049） | 2.0042 （0.7944） | 3.1547 （1.5983） | 1.5584 （0.6502） | 3.5176* （1.8356） |
| Wald 统计量 | 1007.19 | 544.69 | 459.28 | 775.51 | 869.04 | 649.42 |
| 样本数 | 154 | 266 | 210 | 210 | 196 | 224 |

注：同表6-2。

在考虑3个方面的区域差异性之后，除了溢出的可再生能源技术存量、溢出的化石能源技术存量与可再生能源政策依旧发挥显著作用之外，其他影响因素对中国区域能源技术进步偏向的作用均发生了一些变化，具体情况如下。

1. 东部地区与中西部地区的差异性分析

在考虑东部地区与中西部地区之间的差异性之后，估计结果如模型（6-18）与模型（6-19）所示：对于中西部地区而言，溢出的化石能源技术存量、溢出的可再生能源技术存量、环境规制与可再生能源政策均通过了显著性检验，各变量系数的正负号与基础估计中的模型（6-9）一致。此外，可再生能源技术存量与化石能源技术存量也通过了显著性检验，前者显著为正，后者显著为负，表明中西部地区的能源技术进步偏向存在生产率效应，且在化石能源技术上的生产率效应相对更大。但化石能源价格的系数未通过显著性检验，表明化石能源价格对中西部的能源技术进步偏向的作用不显著。而对于东部地区，溢出的可再生能源技术存量与溢出的化石能源技术存量对能源技术进步偏向的作用大幅度提升，作用大小分别提升至 1.6522 与 –1.5743，远远高于基准回归中模型（6–9）的结果。这主要与东部地区更早享受到中国改革开放的优惠政策有关，中国的改革最早始于深圳，并逐渐扩展至其他沿海城市。目前所形成的长三角与珠三角地区是中国对外开放程度最高的地区，也是中国获取发达国家先进技术溢出的前沿阵地。而中西部地区的诸多省份，尤其是地处西北的新疆与青海等地，开放程度相对较低。近几年来，中央政府大力推进"一带一路"建设，打通陆上丝绸之路，这无疑会增加内陆地区与发达国家之间的交流，内陆地区也可以从发达国家获取更多的先进技术。

2. 化石能源禀赋的差异性分析

考虑各地区的化石能源禀赋差异之后，估计结果如模型（6–20）与模型（6–21）所示。在化石能源禀赋低的地区，环境规制的作用不显著，但在化石能源禀赋高的地区，环境规制的系数通过了 1% 水平的显著性检验，系数为 –0.4373，远高于基础估计中模型（6–9）的系数。可能的原因在于，化石能源禀赋高的地区，存在优先利用化石能源的优势，使其更加依赖化石能源消费，所产生的环境污染也更为严重。这些地区的政府加大环境规制力度将促使这些地区加大对化石能源技术的研发力度，导致其能源技术进步偏向化石能源技术。化石能源禀赋低的地区，化石能源的需求主要依靠外省调配或者进口满足，存在将环境污染隐含地转移给化石能源禀赋高的省份的情况，因而当其加强环境规制后，对能源技术进步偏向的作用并不显著。

3. 化石能源消费量的差异性分析

考虑各地区的化石能源消费量差异之后，估计如模型（6–22）与模型（6–23）所示。对于化石能源消费量高的地区，化石能源价格与环境规制的系数均显著为负，但对于化石能源消费量低的地区，化石能源价格与环境规制的系数均未通过显著性检验，这表明化石能源价格与环境规制将促使化石能源消费量高的地区的能源技术进步偏向于化石能源技术，但对化石能源消费量低的地区的能源技术进步偏向不产生作用。可能的原因在于，化石能源消费量高的地区，其产生的环境污染问题也更加严峻，环境规制对这些地区能源技术进步偏向的作用就变得更加显著。另外，对于化石能源消费量高的地区而言，化石能源价格上涨会对其产生严重的冲击，促进其加大对化石能源技术的研发，导致其能源技术进步偏向于化石能源技术。

（二）技术溢出渠道的差异性分析

中国各地区获取发达国家的能源技术溢出时，所采取的方式主要包括进口、出口、FDI 与 OFDI 这 4 种。在早期，各地区主要通过进出口贸易与 FDI 来获取发达国家的先进技术。此后，随着各地区经济发展水平的不断提升，各地区越来越多的企业开始走出去，不断加大对外投资力度。一方面可以拓展自身的市场规模，另一方面则是为了获取发达国家的先进技术，存在明显的技术寻求动机（杜群阳与朱勤，2004；陈菲琼与丁宁，2009）。因此，这 4 个技术溢出渠道产生的能源技术溢出对中国区域能源技术进步偏向的作用可能存在差异，本章分别分析这 4 种技术溢出渠道的作用，具体的估计结果如表 6-6 所示。

表 6-6　不同技术溢出渠道的估计结果

| 变量 | 进口<br>模型（6-24） | 出口<br>模型（6-25） | FDI<br>模型（6-26） | OFDI<br>模型（6-27） |
|---|---|---|---|---|
| $PLE^C$ | 0.1160<br>（−1.1602） | 0.0626<br>（−0.6639） | −0.0530<br>（−0.5971） | 0.4372***<br>（−4.7592） |
| $PLE^D$ | −0.4616***<br>（−3.9635） | −0.3962***<br>（−3.4774） | −0.3882***<br>（−3.6404） | −0.6771***<br>（−5.7741） |
| $PPE^D$ | −0.1331<br>（−1.3981） | −0.2471**<br>（−2.5402） | −0.1513*<br>（−1.7602） | 0.0456<br>（−0.4606） |
| $PCF^D$ | −0.0210<br>（−0.1419） | −0.0823<br>（−0.5639） | −0.1239<br>（−0.8837） | 0.0818<br>（−0.5104） |

续表

| 变量 | 进口<br>模型(6-24) | 出口<br>模型(6-25) | FDI<br>模型(6-26) | OFDI<br>模型(6-27) |
|---|---|---|---|---|
| $PFE^C$ | 0.8475***<br>(−5.3566) | 1.1825***<br>(−7.6216) | 1.6819***<br>(−9.5989) | 0.2005<br>(−1.1890) |
| $PFE^D$ | −0.7637***<br>(−3.9751) | −1.1817***<br>(−6.7410) | −1.7639***<br>(−9.4619) | −0.1786<br>(−1.0409) |
| $PER$ | −0.2047***<br>(−2.6294) | −0.1876**<br>(−2.4585) | −0.1520**<br>(−2.0400) | −0.1828**<br>(−2.3193) |
| $PGS$ | 0.5467***<br>(−6.0414) | 0.4245***<br>(−4.7722) | 0.3186***<br>(−3.7290) | 0.3889***<br>(−4.1027) |
| c | 2.2462*<br>(1.6901) | 3.6228***<br>(2.6295) | 4.3507***<br>(3.3821) | 0.1676<br>(0.1142) |
| Wald<br>统计量 | 1459.18 | 1573.20 | 1728.59 | 1344.88 |
| 样本数 | 420 | 420 | 420 | 411 |

注:同表6-2。

估计结果表明:与基准估计结果一致,通过进口、出口与FDI这3个渠道溢出的可再生能源技术存量的系数显著为正,通过这3个渠道溢出的化石能源技术存量的系数显著为负,但通过OFDI渠道溢出的可再生能源技术存量与化石能源技术存量的系数则未通过显著性检验,这表明通过进口、出口与FDI这3个渠道溢出的可再生能源技术存量与化石能源技术存量将会影响中国区域能源技术进步偏向,但通过OFDI渠道溢出的可再生能源技术存量与化石能源技术存量并不会影响中国区域能源技术进步偏向。此外,在进口、出口与FDI这3个渠道中,通过FDI溢出的可再生能源技术存量与化石能源技术存量对中国区域能源技术进步偏向的作用最大,通过进口溢出的可再生能源技术存量与化石能源技术存量的作用最小。

## 四、进一步分析

发达国家在对中国各地区进行直接投资时,主要考虑两个问题:第一个问题是可以通过中国各地区吸引外资的优惠政策来利用各地区廉价的生产要素；第二个问题是中国各地区的环境标准普遍低于发达国家的环境标准，发达国家存在将污染型产业转移至中国的动机。为了吸引发达国家的直接投资，中国各地区存在降低环境规制水平的动机。因此，当中国各地区不断提升环境规制水平时，FDI 的区位选择及政府的引资政策等将会受到影响（蒋伏心等，2013）。而当环境规制提高了企业的生产成本时，为了追求利润最大化，发达国家会将污染密集型产业转移到环境规制相对较弱的地区（Baumol and Oates，1988）。

2003—2019 年，中部地区与西部地区的 FDI 逐年增加，年均增速分别达到了 16.44% 与 16.39%，远远高于东部地区的 4.21%。如图 6-6 所示，在绝大部分年份中，东部地区的 FDI 增速都远远低于中西部地区，其占全国的比例也由 2003 年的 86.53% 逐年下降至 2019 年的 52.18%，中部地区与西部地区的 FDI 占比则分别由 2003 年的 9.78% 与 3.69% 快速上升至 2019 年的 34.79% 与 13.03%。这表明，在中国各地区的环境规制水平不断上升之后，FDI 的区位选择开始发生变化，由东部地区慢慢地转移至中西部地区。

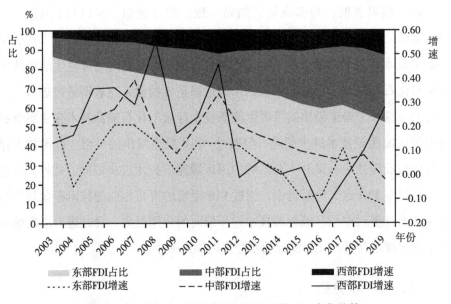

图 6-6 2003—2019 年中国三大地区的 FDI 变化趋势

此外，环境规制还可能影响各地区的进口与出口。环境规制水平的提升使得企业的产品生产成本也不断增加，降低了其比较优势，进而影响各地区的产品出口。但从另一方面来看，环境规制水平的提升将促使各地区产品的清洁度不断提升，逐渐接近发达国家的环境标准，使得各地区的清洁产品出口也不断增加。同样的，各地区的环境规制水平提升也将影响各地区从发达国家的产品进口，所进口产品的清洁度也将得到提升。

因此，环境规制不仅会直接影响中国区域能源技术进步偏向，而且还可能会通过影响能源技术溢出进而间接地影响中国区域能源技术进步偏向。为此，本章纳入了环境规制与溢出的化石能源技术存量的交叉项，并考虑了环境规制分别通过四种溢出渠道对中国区域能源技术进步偏向的间接作用。具体的估计结果如表6-7所示。

表6-7　环境规制间接作用的估计结果

| 变量 | 总的溢出模型（6-28） | 进口溢出模型（6-29） | 出口溢出模型（6-30） | FDI 溢出模型（6-31） | OFDI 溢出模型（6-32） |
|---|---|---|---|---|---|
| $PFE^D \times PER$ | −0.0297（−0.6879） | −0.0310（−1.2382） | −0.0138（−0.5535） | 0.0239*（1.9040） | −0.0041（−0.8436） |
| $PLE^C$ | 0.0751（−0.7508） | 0.0760（−0.7629） | 0.0756（−0.7596） | 0.0711（−0.7160） | 0.0400（−0.3863） |
| $PLE^D$ | −0.3985***（−3.3621） | −0.3939***（−3.3579） | −0.4017***（−3.4428） | −0.3881***（−3.3468） | −0.3542***（−2.9188） |
| $PPE^D$ | −0.1826*（−1.8766） | −0.1752*（−1.8037） | −0.1889*（−1.9549） | −0.2103**（−2.1575） | −0.1725*（−1.7642） |
| $PCF^D$ | −0.0776（−0.5221） | −0.0868（−0.5890） | −0.0723（−0.4857） | −0.0847（−0.5739） | −0.1023（−0.6680） |
| $PFE^C$ | 1.0958***（−6.8811） | 1.0520***（−6.5609） | 1.1098***（−6.8283） | 1.1014***（−6.9072） | 1.1224***（−6.8935） |
| $PFE^D$ | −1.2279***（−4.2185） | −1.1874***（−5.4421） | −1.1679***（−4.7024） | −1.0366***（−5.1700） | −1.1474***（−5.7819） |

| 变量 | 总的溢出模型（6-28） | 进口溢出模型（6-29） | 出口溢出模型（6-30） | FDI 溢出模型（6-31） | OFDI 溢出模型（6-32） |
|---|---|---|---|---|---|
| PER | −0.1735**<br>（−2.0445） | −0.1935**<br>（−2.5049） | −0.1973**<br>（−2.5386） | −0.0853<br>（−0.8969） | −0.2172***<br>（−2.7170） |
| PGS | 0.4895***<br>（5.5027） | 0.5032***<br>（5.5991） | 0.4833***<br>（5.4101） | 0.4868***<br>（5.4764） | 0.4369***<br>（4.8947） |
| c | 3.1780**<br>（2.3354） | 3.1049**<br>（2.3117） | 3.1669**<br>（2.3040） | 3.2415**<br>（2.3907） | 3.2090**<br>（2.3304） |
| Wald 统计量 | 1502.66 | 1502.29 | 1506.55 | 1516.26 | 1504.06 |
| 样本数 | 420 | 420 | 420 | 420 | 411 |

注：同表 6-2。

估计结果显示：在模型（6-28）至模型（6-32）中，除了模型（6-31）之外，环境规制与溢出的化石能源技术存量的交叉项均未通过显著性检验，表明环境规制不能通过影响溢出的化石能源技术存量来间接地影响中国区域能源技术进步偏向。这反映了各地区实施环境规制并不能抑制溢出的化石能源技术存量，即各地区与发达国家进行经济合作时，既可以从发达国家获取溢出的可再生能源技术存量，也可以从发达国家获取溢出的化石能源技术存量。而各地区的政府即使是执行严格的环境规制，也难以对此进行控制，尤其是无法控制溢出的化石能源技术存量。

此外，如图 6-6 所示，FDI 在中国各地区的分布发生了巨大变化，中西部地区越来越吸引发达国家的 FDI。本章的研究结论表明，环境规制能通过影响 FDI 这一渠道所溢出的化石能源技术存量而影响中国区域能源技术进步偏向。这反映了各地区执行严格的环境规制之后，能在一定程度上控制 FDI 溢出的化石能源技术存量。但是，环境规制不能通过影响进口、出口与 OFDI 这 3 个渠道溢出的化石能源技术存量来间接影响中国区域能源技术进步偏向，说明环境规制仅能控制一小部分溢出的化石能源技术存量。

# 第四节　本章小结

考虑到中国的经济发展水平、产业结构、化石能源消费量、化石能源消费结构等存在显著的区域差异性，本章根据第三章的能源技术进步偏向理论分析框架，选取 2003—2017 年中国 30 个省（自治区、直辖市）的面板数据，进一步实证分析了中国区域能源技术进步偏向的影响因素，得到以下 4 个结论。

（1）中国区域能源技术进步偏向存在路径依赖，且在中西部地区、低化石能源禀赋地区及低化石能源消费量地区表现得更显著。具体而言，各地区化石能源技术存量的增加，将促使中国区域能源技术进步偏向化石能源技术。相比于东部地区、高化石能源禀赋地区、高化石能源消费量地区，中西部地区、低化石能源禀赋地区及低化石能源消费量地区的化石能源技术存量对区域能源技术进步偏向的作用更显著，也更大。

（2）能源技术溢出对中国区域能源技术进步偏向存在显著影响，但不同技术溢出渠道形成的能源技术溢出所产生的作用存在十分明显的差异。具体来看，各地区溢出的化石能源技术存量增加，将促使中国区域能源技术进步偏向化石能源技术；而各地区溢出的可再生能源技术存量增加，将促使中国区域能源技术进步偏向可再生能源技术。其中，FDI 渠道所溢出的能源技术存量发挥的作用最大，出口次之，进口居于末位，而 OFDI 则尚未发挥作用。

（3）国际煤炭价格上涨与各地区政府对可再生能源的政策支持将改变中国区域能源技术进步偏向，促使中国区域能源技术进步偏向可再生能源技术，进而走上清洁能源技术进步的道路。国际煤炭价格价格上涨将促使中国区域能源技术进步偏向可再生能源技术，这与各地区 60% 以上的能源需求由煤炭来满足的特点有关。因此，试图通过控制化石能源价格来促使中国区域能源技术进步偏向可再生能源技术的做法，应该将焦点放在如何控制煤炭价格上。各地区政府对可再生能源的政策支持也将促使中国区域能源技术进步偏向可再生能源技术，且其作用较大。因此，各地区政府应该加大对可再生能源发展的政策支持。

（4）环境规制不能改变中国区域能源技术进步偏向。其不能直接促使中国区域能源技术进步偏向可再生能源技术，也不能通过抑制各地区从发达国家获取的化石能源技术存量，进而间接地促使中国区域能源技术进步偏向可再生能源技术。具体而言，各地区的环境规制水平提升将促使中国区域能源技术进步偏向化石能源技术。此外，环境规制通过作用于溢出的化石能源技术存量而对中国区域能源技术进步偏向产生的作用并不显著。

# 第七章

# 能源技术进步偏向：企业实证

## 第一节　引　言

当前，中国面临环境污染治理、二氧化碳减排与经济增长三重压力，加快推进清洁技术对污染技术的替代进程是有效解决这三重压力的重要手段。企业是研发活动的主体，承担着推动技术进步的重要责任，但其需要考虑利润最大化与风险问题。中国环境污染问题日趋严峻与二氧化碳排放量快速上升，其背后的主要原因在于，企业基于风险与利润最大化的考虑，在研发时通常进入风险较低的化石能源技术研发领域。对此，应加快吸引企业进入可再生能源技术研发领域，促进可再生能源技术水平的提升。这可以降低可再生能源的利用成本，使可再生能源替代化石能源，成为中国能源消费的主要来源，进而缓解这三重压力。

但是，相比于化石能源技术研发，可再生能源技术研发更容易受到融资约束的影响。一方面，与一般的研发投资活动一样，化石能源技术研发与可再生能源技术研发都会受到融资约束的影响。原因在于，研发投资活动从资金投入到形成专利权，再到进行商业化应用，需要持续较长的周期，更需要投入大量的资金，而企业自身积累的资金难以满足研发投资的资金需求（王静与张西征，2014）。因此，从事研发投资活动的企业更偏好通过发行股票与债券等外部融资渠道进行融资（Aghion et al., 2004）。企业在寻求外部资金支持的时候，又面临着资金需求者与资金供给者之间的信息摩擦，极大地限制了企业的外源融资（Hall, 2002）：一是研发投资项目通常具有明显的信息不对称特点，这严重地削弱了资金需求者向资金供给者详细说明其研发投资项目的动机（Myers and Majluf, 1984）；二是研发投资项目所包含的技术信息一般具有较高的市场价值，导致资金需求者在面对外部资金供给者时存在保密的动机（Teece, 1980）；三是不同类型的企业会从事不同类型的研发投资，导致资金供给者难以掌握研发项目的全部信息资源（Vicente-Lorente, 1998）；四是研发投资所形成的无形资产并不具备抵押价值，难以发挥担保作用（Hart, 1995）。因此，企业在进行化石能源技术研发与可再生能源技术研发时会面临十分严峻的融资约束问题。

另一方面，与化石能源技术研发活动相比，可再生能源技术研发活动面临的风险与不确定性更高，导致可再生能源技术研发活动受融资约束的影响要大于化石能源技术研发活动。原因包括两个方面：一是化石能源的物理性质比可再生能源的物理性质更加稳定。诸如风能、太阳能、水能等可再生能源的利用会受气候条件等自然因素的影响，其在利用过程中存在不稳定的特点，而化石能源的利用则相对比较稳定，通常不受自然因素的影响。例如对于风能的开发利用，要充分考虑风速的大小与风的持续时间，风速既不能太高也不能太低，风的持续时间要尽可能长，符合这些基本要求的省份并不多。对于太阳能的开发利用，要充分考虑光照的时长与稳定性。更为关键的是，风能发电与光伏发电具有即发即用的特征，且通常在用电水平较低的白天进行发电，极易造成"弃风""弃光"问题，需要配备相应的储能设备。二是化石能源更早地被人类社会所使用，化石能源技术研发活动开展得较早，积累了丰富的知识存量。自1971年爆发全球第一次石油危机以来，世界各国，尤其是化石能源稀缺的发达国家，不断加大对化石能源技术研发的支持力度。化石能源技术水平不断提升，为后续的化石能源技术研发奠定了基础，使得化石能源技术研发面临的风险与不确定性不断降低。然而，可再生能源技术研发活动的大规模兴起则始于全球气候不断变暖的21世纪之后，所积累的可再生能源技术存量水平相对较低，难以大幅度地降低可再生能源技术研发活动的风险与不确定性。因此，与化石能源技术研发活动相比，可再生能源技术研发活动所面临的融资约束可能更大。

企业面临的不同程度的融资约束将导致企业在化石能源技术研发与可再生能源技术研发中所投入的研发资源存在明显的差异，最终会导致企业能源技术进步产生偏向。对此，Noailly 和 Smeets（2016）选取从事能源技术研发的 1300 家欧洲企业，实证分析了融资约束对能源技术进步偏向的作用。企业的能源技术研发活动包括可再生能源技术研发与化石能源技术研发，实证分析的结果表明，融资约束水平的提升将通过两种渠道抑制企业的可再生能源技术研发，进而导致企业能源技术进步偏向化石能源技术：一是针对尚未进入研发活动的企业，融资约束水平的提升将阻止企业进入可再生能源技术研发领域；二是针对已经进入可再生能源技术研发的企业，融资约束水平的提升将不利于企业的可再生能源技术研发。Popp 和 Newell（2012）的研究也表明，对于可以同时从事清洁技术研发与污染技术研发的企业而言，当清洁技术研发所能获取的利润增加时，减少污染技术研发并增加清洁技术研发是最优选择，但融资约束会阻止这种转变的发生。这从侧面证明了融资约束的重要作用。

有别于发达国家，中国的化石能源主要由几家大型国有企业提供。除了追求利润最大化之外，化石能源企业还需要承担社会责任，例如保持国内能源价格稳定并进行大量的固定资产投资。因此，化石能源企业的资产规模通常比较大，但承担社会责任容易导致企业的负债水平相对较高，使得化石能源企业的财务水平相对较差。不同的是，可再生能源供给的垄断程度相对较低，相关企业的资产规模也相对较小。但在利润最大化目标的驱使下，可再生能源企业的财务水平也会相对较高。对于企业研发活动而言，资产规模与企业财务水平将直接影响其所能获取的资金支持（阳佳余，2012；王碧珺等，2015）。因此，中国的化石能源企业与可再生能源企业所面临的融资约束程度存在显著差异，这势必会影响企业的能源技术进步偏向。

对此，本章选取从事能源技术研发的企业，将其划分为从事化石能源技术研发的企业与从事可再生能源技术研发的企业，构建综合的融资约束指标。选取 2010—2017 年的企业面板数据，在全国层面与区域层面的研究基础上，进一步实证分析企业能源技术进步偏向的影响因素。不同于全国层面与区域层面，企业层面的能源技术进步偏向还受到融资约束的影响。因此，本章在考虑价格效应、市场规模效应、生产率效应、技术溢出效应及政府政策干预等因素的基础上，还纳入了融资约束，以期对微观层面的能源技术进步偏向问题进行更为深入的研究。

本章从企业层面实证分析能源技术进步偏向的影响因素，并考虑了融资约束的作用。一方面，在全国层面与区域层面的实证分析基础上，对能源技术进步偏向问题进行了深入分析。融资约束问题主要存在于企业的研发活动中，本章进一步考虑融资约束的作用，是对全国层面与区域层面研究的完善。另一方面，通过剖析中国能源技术进步偏向的微观机理，为相关政府部门进一步加快可再生能源技术发展提供政策建议。

# 第二节　计量模型构建、变量的选取及其测算

## 一、样本描述

本章的实证分析主要使用两套数据。第一套数据源自中国沪深两市上市企业的历年年报。上市企业的年报包含非常详细的企业财务数据，为本章的融资约束指标构建及市场规模指标与政府补贴指标的选取提供了有效的数据支持。为此，本章选取上市企业中从事能源技术研发的企业作为研究样本。第二套数据源自中国知识产权网的专利数据库，该数据库包含了专利的申请号、申请日、公开日、专利分类号、地址与发明人等信息，可以从该数据库中获取所有企业在每种技术领域的专利数据。

与全国层面及区域层面的做法一致，本章选取能源技术的专利申请数来衡量企业的能源技术水平。在样本期的选择上，由于专利数据从申请到批准和公开往往耗时 1~3 年。基于数据的可得性，本章选取的样本期截至 2017

年。此外，高风险与高不确定性使得从事能源技术研发的上市企业相对较少，且大部分企业的上市时间都晚于 2008 年。而 2008 年爆发的国际金融危机对中国宏观经济运行的严重冲击一直持续到 2009 年，这一冲击会导致中国企业财务数据质量急剧下降。为了保持企业财务数据的一致性，同时尽可能地保持更多的样本，本章选取的样本期开始于 2010 年。

通过筛选，本章选取 148 家上市企业，包括 57 家从事化石能源技术研发的企业与 91 家从事可再生能源技术研发的企业，并不包括同时从事这两种能源技术研发的企业。这与中国能源发展的特点有关：中国化石能源主要由国有企业垄断提供，可再生能源的供给则并不存在明显的垄断壁垒。国有企业的领导在 GDP 锦标赛的激励下，通常不愿意进入风险与不确定性更高的可再生能源技术研发领域，而可再生能源技术研发企业在进入化石能源技术研发领域时又面临着垄断壁垒的限制。因此，同时从事两种能源技术研发的企业非常少，不支持相关的实证分析，因而不予考虑。

在本章的样本企业中，一些企业会进行多元化经营活动及与之相对应的多元化研发活动。由于本章主要考虑企业的能源技术研发，因而只选取企业的能源技术专利申请数据，非能源技术专利申请数据不予考虑。在对企业的专利申请数进行详细筛选之后，可以得到样本企业的能源技术专利申请数。样本企业的能源技术专利申请数与主要财务数据的描述性统计结果如表 7-1 所示。

表 7-1　样本企业的能源技术专利申请数与主要财务数据的描述性统计

| 指标 | 化石能源技术研发企业 | | | | | 可再生能源技术研发企业 | | | | |
|---|---|---|---|---|---|---|---|---|---|---|
| | 样本数 | 均值 | 标准差 | 最小值 | 最大值 | 样本数 | 均值 | 标准差 | 最小值 | 最大值 |
| 能源技术专利申请数 | 456 | 16.086 | 59.572 | 0 | 522 | 728 | 7.841 | 23.932 | 0 | 406 |
| 总资产对数 | 456 | 22.820 | 1.794 | 19.702 | 28.509 | 728 | 22.282 | 1.247 | 19.633 | 26.438 |
| 现金资产比率 | 456 | 0.137 | 0.132 | 0.003 | 0.931 | 728 | 0.153 | 0.127 | 0.001 | 0.757 |

续表

| 指标 | 化石能源技术研发企业 | | | | | 可再生能源技术研发企业 | | | | |
|---|---|---|---|---|---|---|---|---|---|---|
| | 样本数 | 均值 | 标准差 | 最小值 | 最大值 | 样本数 | 均值 | 标准差 | 最小值 | 最大值 |
| 有形资产比率 | 456 | 0.730 | 0.298 | −0.076 | 1.000 | 728 | 0.757 | 0.287 | −0.049 | 1.000 |
| 流动比率 | 456 | 1.885 | 3.125 | 0.201 | 50.853 | 728 | 2.265 | 2.760 | 0.085 | 31.262 |
| 清偿比率 | 456 | 1.839 | 2.665 | −0.285 | 28.162 | 728 | 1.983 | 2.800 | −0.651 | 29.416 |

注：总资产已做对数化处理。

从表7-1可以看出，样本企业的能源技术专利申请数及主要财务数据具有两个特点。

（1）化石能源技术研发活动具有"少而悬殊"的特点，可再生能源技术研发活动则具有"多而均等"的特点。具体而言，化石能源技术专利申请数的均值为16.086，可再生能源技术专利申请数的均值仅为7.841。但是，化石能源技术专利申请数的标准差高达59.572，而可再生能源技术专利申请数的标准差仅为23.932。主要原因在于，由于进入壁垒的限制，从事化石能源技术研发活动的企业数相对较少，且主要由中国石油、中国石化与中国海油三家国有企业提供，导致化石能源技术研发活动在企业间存在明显的差异。但是，可再生能源技术研发并未受到明显的进入壁垒限制，从事可再生能源技术研发活动的企业也相对较多，各个企业的可再生能源技术研发活动相对比较均衡。

（2）化石能源技术研发企业的总资产水平高于可再生能源技术研发企业的总资产水平，但可再生能源技术研发企业的财务水平却高于化石能源技术研发企的业财务水平。具体而言，化石能源技术研发企业总资产对数的均值为22.820，高于可再生能源技术研发企业的22.282。可再生能源技术研发企业的现金资产比率、有形资产比率、流动比率与清偿比率的均值都高于化石能源技术研发企业相应指标的平均值，且前者的标准差大都低于后者的标准差。化石能源技术研发企业的总资产水平较高，现金持有水平也相对较高，表明化石能源技术研发企业在保障化石能源技术研发时的预防性动机更强。

一方面，化石能源技术研发企业的总资产规模与现金持有水平相对较高，即相比于可再生能源技术研发，化石能源技术研发受到的内部资金支持力度较大；另一方面，可再生能源技术研发企业的财务水平相对较高，即相比于化石能源技术研发，可再生能源技术研发能受到更大的外部资金支持。因此，难以简单地比较化石能源技术研发企业与可再生能源技术研发企业受到的融资约束程度。

## 二、计量模型构建

企业的能源技术研发活动主要包括两个阶段：在第一阶段，企业需要决定是否进入研发领域。如果企业决定不进入研发领域，则研发的产出必然为零，将不会促进企业的能源技术进步；如果企业决定进入研发领域，则进入第二阶段。在第二阶段，企业开始投入研发资源进行研发活动，但结果存在两种可能：一种可能是研发活动取得成功，获取正的产出，则促进企业的能源技术进步；另一种可能是研发活动失败，研发的产出为零，则无法促进企业的能源技术进步。因此，企业能源技术研发活动的产出存在诸多零值，即企业的能源技术专利申请数存在诸多零值。

能源技术专利申请数为非负整数，且在本章选取的样本企业中，可再生能源技术研发企业中的能源技术专利申请数的零值占总体样本的比例为31.73%，化石能源技术研发企业中的能源技术专利申请数的零值所占比例也达到了26.75%。一方面，企业的能源技术研发活动包括两个阶段；另一方面，企业的能源技术研发产出存在较多的零值。基于这两个关键特点，本章选取零膨胀泊松模型（ZIP）进行计量分析。其中，第一阶段的研发决策采用泊松模型，即：

$$E(P_{ispt} \mid X_{ispt}, \upsilon_i, \tau_p, \varphi_t) = \lambda_{ispt} \tag{7-1}$$

$$s.t.\ \lambda_{ispt} = exp\left(\alpha_0 + \alpha_1 FC_{it-1} + \alpha_2 X_{it-1} + \upsilon_i + \tau_p + \varphi_t + \varepsilon_{ispt}\right) \tag{7-2}$$

其中，$i$、$s$、$p$ 与 $t$ 分别表示企业、能源技术类型、企业所处地区与时间，$FC$ 表示企业面临的融资约束，$X$ 表示影响企业能源技术研发的其他变量，$v_i$、$\tau_p$、$\varphi_t$ 分别表示企业、企业所处地区与时间的效应。

第二阶段的研发活动采用 *Logit* 模型：

$$\Pr(P_{ispt} = 0) = \Lambda(\mu_{ispt}) = \frac{e^{\mu_{ispt}}}{1 + e^{\mu_{ispt}}} \qquad (7\text{-}3)$$

其中，$\mu_{ispt} = log\,(\lambda_{ispt})$，$\Lambda$ 表示 *Logistic* 分布函数。

上述模型中，$v_i$ 表示企业的异质性，可以涵盖企业在研发过程中产生的沉没成本与固定成本，但对于影响企业研发能力的财务水平等重要的企业异质性却难以完全涵盖（Noailly and Smeets，2016）。

此外，在决定是否进入能源技术研发领域时，企业在企业规模、盈利能力及发展战略等方面均存在差异，导致企业进入能源技术研发活动时有不同的倾向。为了衡量这些企业异质性，参考 Blundell et al.（1995、2002）的做法，本章选取样本之前的能源技术专利申请数均值来表示。

## 三、变量的选取

### （一）研发平滑

固定资产投资与研发投资是企业的两种最主要的投资活动。相比于固定资产投资，研发投资活动持续的时间更长，导致其调整成本也高于固定资产投资。一旦研发活动得不到足够的资金支持而中途停止，将会产生巨大的调整成本，给企业带来严重的损失。因此，企业在从事研发活动时，为了避免外部融资约束给企业研发活动带来的不利影响，通常会出于预防性动机而进行现金储备，对研发活动进行平滑操作，以保障企业的研发支出（Brown and Petersen，2011；卢馨等，2013）。如果不考虑企业的研发平滑作用，将会低估融资约束对企业研发的作用（Noailly and Smeets，2016）。对此，本章选取期末与期初的现金资产差值占企业总资产的比率衡量企业的研发平滑操作，其中，现金资产为货币资金与交易性金融资产之和。

### （二）已有能源技术水平

研发活动具有较高的风险与不确定性，企业为了降低风险与不确定性，通常会沿着自身以往的研发活动进行研发，这使得企业的研发活动容易存在路径依赖（Aghion et al., 2016）。但是，企业在以往研发活动中所积累的知识存量对企业的研发活动存在两种作用：一种作用是使企业的研发活动变得更简单，即产生"站在巨人肩膀上"的正向促进作用；另一种作用则刚好相反，以往积累的知识存量越多，企业后续的研发活动将变得越难，即产生"踩踏效应"的负向抑制作用（Rivera-Batiz and Romer, 1991; Popp, 2002）。对此，本章选取企业能源技术存量来衡量企业已有的能源技术水平。

（三）能源技术溢出

相比于企业自身进行研发活动，从外部获取技术溢出不仅可以有效降低企业自身进行研发活动时面临的风险与不确定性，而且可以有效降低企业的经营成本。因此，企业从外部获取技术溢出已经成为促进企业技术进步的主要组成部分（Aghion et al., 2016）。除此之外，大部分企业为了促进企业各经营单元之间的资源共享，通常会进行多元化经营。因此，企业会对不同的技术进行研发，且不同技术研发活动之间通常存在联系。换而言之，企业在从事能源技术研发活动时，也会从自身积累的其他类型的知识存量中获取技术溢出。基于此，本章主要考虑三个方面的技术溢出：一是企业从自身非能源技术中所获取的技术溢出（简称为Ⅰ类技术溢出），采用企业自身的非能源技术存量来衡量；二是企业从自身所申请专利的地区获取的能源技术溢出（简称为Ⅱ类技术溢出），采用地区溢出的能源技术存量来衡量；三是企业从发达国家获取的能源技术溢出（简称为Ⅲ类技术溢出），采用发达国家溢出的能源技术存量来衡量。

（四）能源价格

能源价格上涨对企业能源技术研发存在两种作用：一是化石能源价格上涨将促进企业的化石能源技术研发（Popp, 2002）；二是化石能源价格上涨将促进企业的可再生能源技术研发（Johnstone et al., 2010; Nesta et al., 2012）。由于中国的统计资料并未提供相关的能源价格数据，本章所选取的能源价格数据主要基于国际能源价格。具体而言，选取国际原油价格来表示从事石油技术研发企业所面临的能源价格，并以此类推。对于从事可再生能源技术研发的企业，本章选取企业所在地区的能源价格来衡量。企业所在地区的能源价格主要参考 Lin 和 Li（2014）及林伯强和刘泓汛（2015）的做法，选取国际原油价格、国际煤炭价格及国际天然气价格分别来表示各个地区的石油、煤炭与天然气的价格，以各地区折算成标准煤之后的煤炭、石油与天然气的消费量占比为权重，加权平均得到各个地区的能源价格。

（五）市场规模

企业从事研发活动面临较高的风险与不确定性，需要事后的利润来补偿。其中，企业研发的技术所面临的市场规模大小决定了企业研发活动的利润大小（Schmookler，1966；Hanlon，2015；Klier et al.，2016）。基于利润最大化的原则，企业会选择将研发资源投入到某种技术的研发中。因此，市场规模的大小将影响企业的能源技术研发活动，进而影响企业的能源技术进步偏向。对此，本章选取与能源技术相关的主营业务收入来衡量企业能源技术研发面临的市场规模。

（六）政府政策干预

化石能源技术研发企业的生产经营活动会产生环境污染问题，需要政府进行干预。而对于可再生能源技术研发企业，由于可再生能源技术研发面临的风险更高，亟须政府进行补贴。因此，政府可以通过两种政策干预手段来影响企业的能源技术研发活动：一是对污染型产品的生产实施环境规制；二是对清洁技术研发进行补贴（Acemoglu et al.，2012）。环境规制会增加企业的生产成本，但也可能激励企业的技术研发（Porter，1995；Ambec and Barla，2002、2006）。政府补贴可以为企业研发活动提供直接的资金支持，降低企业研发活动的风险。其中，企业面临的环境规制无法从企业的年报中获取，需要进行估算，而政府补贴可直接从上市公司年报中获取。

## 四、变量的测算

（一）融资约束

企业融资约束指标的构建主要有两种思路：第一，根据企业的某类特征区分企业面临的融资约束大小。该思路最早由 Fazzari et al.（1988）在使用投资—现金流敏感性方法时提出，此后的研究基于此选取了企业规模、企业成立年限、企业是否属于企业集团及股权结构等指标（Hoshi et al.，1991；Fazzari，1998）。第二种思路是选取企业的多个指标信息，构造综合指标（Musso and Schiavo，2008；Bellone et al.，2010）。前一种思路仅考虑企业融资的某一类指标，而缺乏对企业融资现状的整体描述，且需要对所有样本的年报与相关财务信息进行仔细分析，初步评估企业的融资能力并进行先验分类，对于大样本的经验研究较为困难（阳佳余，2012；王碧珺等，2015）。

基于中国企业融资渠道多样化的特征，本章主要参考阳佳余（2012）、王碧珺等（2015）的做法，选取第二种思路构建企业面临的融资约束，主要包括内源资金约束、外源资金约束与投资机会三个方面，具体变量如下。

（1）现金比率，本章选用现金存量占总资产的比率衡量，主要反映企业内部资金的相对充裕度。该指标的数值越高，表明企业面临的内源资金约束越低。此外，银行等金融机构在评估企业获取外部资金的资质时，该指标也可以提供参考（Kaplan and Zingales，1997；Whited and Wu，2006；王碧珺等，2015）。因此，该指标数值越高，企业面临的融资约束越小。

（2）盈利能力，本章选用净利润占销售收入的比率衡量。外部资金提供者在寻找投资机会时，通常会选取盈利能力高的企业（Kaplan and Zingales，1997；Bellone et al.，2010）。反过来，企业的盈利能力越高，就越容易获取外部资金支持，即该数值越大，表明企业面临的融资约束越小。

（3）企业规模，本章选用企业总资产的对数衡量。银行在评估企业的商业信用时，企业规模是一个重要指标。企业规模越大，越容易从银行获得贷款。因此，该数值越大，表明企业面临的融资约束越小。

（4）清偿比例，本章选用所有者权益占总负债的比率衡量。该指标反映了企业资产负债结构的稳健程度与偿债能力（王碧珺等，2015）。该数值越大，表明企业的偿债能力越强，企业也越容易获得外部资金支持，即企业面临的融资约束越小。

（5）固定资产净值率，本章选用固定资产占总资产的比率衡量。在企业寻求外部资金支持时，作为抵押品，固定资产被视为企业偿债的保障（Buch et al.，2014）。该数值越大，表明企业的抵押品越多，也越容易获得外部资金支持，即企业面临的融资约束越小。

每个指标的数值越大，表明企业面临的融资约束越小。将每一个指标按照数值的大小进行排序，按照各个企业所处的位置，分为（0，20%］、（20%，40%］、（40%，60%］、（60%，80%］与（80%，100%］5个区间，分别赋1~5的分值。加总5个指标的分值，再标准化至［0，10］，形成最终的融资约束指标。该指标的数值越大，表明企业面临的融资约束越大。

（二）能源技术存量

本章同样采用永续盘存法（PIM）对企业的能源技术存量进行估算，具体的估算公式为：

$$CP_t^L = (1 - \delta^L) \, CP_{t-1}^L + P_t^L \qquad (7-4)$$

其中，$L$ 包括可再生能源技术与化石能源技术，$CP_t^L$ 与 $CP_{t-1}^L$ 分别表示 $L$ 类能源技术在 $t$ 期与 $t-1$ 期的存量水平，$\delta^L$ 表示 $L$ 类能源技术的折旧率，$P_t^L$ 表示 $t$ 期的 $L$ 类能源技术水平，采用 $L$ 类能源技术的专利申请数来衡量。折旧率则主要参考 Dechezlepretre et al.（2010）与 Johnstone et al.（2010）的做法，选取 10%。各个企业的能源技术专利申请数在样本期内波动很大，因此，本章采用 1995—2009 年的数据估算出以 2010 年的能源技术存量为基期的能源技术存量，估算方法采用式（7-4）。

（三）能源技术溢出

同样采用 PIM 方法估算企业自身的非能源技术存量，估算过程与前面的能源技术存量的估算过程一致。其中，采用企业在 $t$ 期的非能源技术的专利申请数来表示式（7-4）中的 $P_t^L$，其余的指标选择相似。参考 Aghion et al.（2016）的做法，地区溢出的能源技术存量（II类技术溢出）的估算方法为：

$$SP_{it} = \sum_p \sum_s \frac{P_{istp}}{P_{ist}} \times PP_{spt} \qquad (7-5)$$

其中 $i$、$s$、$p$ 与 $t$ 分别表示企业、能源技术类型、地区与时间，$P_{istp}$ 表示 $t$ 期 $i$ 企业在地区 $p$ 中 $s$ 类能源技术的专利申请数，$P_{ist}$ 表示 $t$ 期 $i$ 企业 $s$ 类能源技术的专利申请数，$PP_{spt}$ 表示 $t$ 期 $P$ 地区 $s$ 类能源技术的专利存量，$PP_{spt}$ 的估算方法与能源技术存量的估算方法一致。

类似的，发达国家溢出的能源技术存量（Ⅲ类技术溢出）的估算方法为：

$$FP_{it} = \sum_p \sum_s \frac{P_{istp}}{P_{ist}} \times FP_{spt} \qquad (7\text{-}6)$$

其中，$FP_{spt}$ 表示 $p$ 地区从发达国家 $s$ 类能源技术中获取的溢出。本章也选取加拿大、美国、日本、韩国、意大利、英国、德国、法国 8 个国家作为能源技术溢出的来源，并选取各国在专利合作条约中的专利申请数来衡量各个国家的能源技术水平。具体的估算方法与前文第五章的估算方法一致。

（四）环境规制

大部分企业的上市年报并不报告企业的排污费，因此，参考估算能源技术溢出的做法，本章的环境规制估算方法为：

$$ER_{it} = \sum_p \frac{P_{itp}}{P_{it}} \times ER_{pt} \qquad (7\text{-}7)$$

其中，$P_{itp}$ 表示 $t$ 期 $i$ 企业在 $p$ 地区申请的能源技术专利数，$P_{it}$ 表示 $t$ 期 $i$ 企业的能源技术专利申请数，$ER_{pt}$ 表示 $t$ 期 $p$ 地区的环境规制水平。

其中，$ER_{pt}$ 的估算方法为：首先，选取工业二氧化硫去除率、工业烟尘去除率、工业固体废物综合利用率 3 个指标，每个指标的数值越大，表明环境规制水平越强。接着，将每一个指标按照数值的大小进行排序，按照各个地区所处的位置，分为（80%，100%]、（60%，80%]、（40%，60%]、（20%，40%]与（0，20%] 5 个区间，分别赋 1~5 的分值。最后，加总 5 个指标的分值，再标准化至 [0，10]，形成各个地区的环境规制水平。

## 五、变量的描述性统计

企业的能源技术专利申请数来源于中国知识产权网，直接在中国知识产权网中的专利数据库中输入企业的全称即可获取每个企业的所有专利申请数。对各个专利申请数进行筛选，可以获取每个企业的能源技术专利申请数，剩余的专利申请数为非能源技术专利申请数。融资约束、研发平滑、市场规模、政府补贴的相关数据均来源于企业历年的上市年报。在能源技术溢出中的Ⅱ类技术溢出与Ⅲ类技术溢出数据中，中国各省（自治区、直辖市）的能源技术专利申请数及8个发达国家的能源技术专利申请数的数据的获取方式与第五章一致。在能源价格数据中，国际原油价格、国际煤炭价格与国际天然气的价格来自2020年的《BP世界能源统计年鉴》，各省（自治区、直辖市）的石油、煤炭与天然气的消费量来自历年的《中国能源统计年鉴》。在环境规制数据中，各个地区的工业二氧化硫去除率、工业烟尘去除率、工业固体废物综合利用率的数据来自历年的《中国环境统计年鉴》。变量的描述性统计结果如表7-2所示。

表7-2 变量的描述性统计

| 变量 | 化石能源技术研发企业 | | | | | 可再生能源技术研发企业 | | | | |
|---|---|---|---|---|---|---|---|---|---|---|
| | 样本数 | 均值 | 标准差 | 最小值 | 最大值 | 样本数 | 均值 | 标准差 | 最小值 | 最大值 |
| 融资约束 | 456 | 0.370 | 0.399 | −1.233 | 2.241 | 721 | 1.858 | 0.260 | 0.916 | 2.303 |
| 样本前研发水平 | 456 | 55.657 | 292 | 0 | 2150 | 728 | 24.121 | 110 | 0 | 757 |
| 研发平滑 | 244 | −3.442 | 1.652 | −10.131 | 0.410 | 728 | 0.017 | 0.273 | −0.968 | 1.448 |
| 能源技术存量 | 456 | 2.128 | 2.063 | −2.619 | 7.909 | 728 | 1.674 | 1.932 | −2.724 | 6.845 |
| 企业自身的非能源技术存量 | 456 | 4.375 | 2.792 | −2.619 | 12.202 | 728 | 5.071 | 2.724 | −3.040 | 11.244 |
| 地区溢出的能源技术存量 | 456 | 6.128 | 1.447 | 2.593 | 9.969 | 728 | 7.499 | 1.548 | 2.478 | 10.442 |
| 发达国家溢出的能源技术存量 | 456 | 1.550 | 1.340 | −1.163 | 4.245 | 728 | 2.602 | 1.381 | −2.089 | 4.323 |
| 能源技术相关的主营业务收入 | 454 | 21.885 | 2.200 | 10.434 | 28.968 | 723 | 20.551 | 1.904 | 12.466 | 25.316 |
| 能源价格 | 456 | 4.311 | 0.620 | 1.545 | 4.834 | 728 | 5.283 | 0.295 | 4.504 | 5.859 |
| 环境规制 | 452 | 1.615 | 0.421 | −0.186 | 2.303 | 719 | 1.616 | 0.458 | −0.186 | 2.303 |
| 政府补贴 | 430 | 16.234 | 2.153 | 9.393 | 22.864 | 698 | 16.440 | 1.655 | 8.294 | 21.779 |

（1）可再生能源技术研发企业的融资约束均值要高于化石能源技术研发企业的融资约束均值，但其研发平滑均值也高于化石能源技术研发企业的研发平滑均值。这反映了可再生能源技术研发企业受到的融资约束比化石能源技术研发企业受到的融资约束更严重，但可再生能源技术研发企业为了缓解融资约束而进行研发平滑的水平较高。

（2）化石能源技术研发企业的样本前研发水平均值远远高于可再生能源技术研发企业的样本前研发水平均值。这反映了在样本期之前（2010 年之前），化石能源技术研发企业的化石能源技术研发远远多于可再生能源技术研发企业的可再生能源技术研发，化石能源技术研发企业的化石能源技术专利申请数也相应更多。

（3）可再生能源技术研发企业的三类能源技术溢出的均值都高于化石能源技术研发企业的三类能源技术溢出的均值，但是，可再生能源技术研发企业的能源技术存量均值要低于化石能源技术研发企业的能源技术存量均值。这表明，化石能源技术研发企业自身积累的能源技术存量较高，而可再生能源技术研发企业获取的能源技术溢出水平较高。

# 第三节　实证分析

## 一、基准回归分析

表 7-3 列示了本章的基准回归结果，模型（7-1）与模型（7-2）均考虑了地区效应与时间效应，大部分系数至少通过了 10% 水平的显著性检验。限于篇幅，本章并未报告这两个效应的系数。表 7-3 的上半部分为研发第一阶段的 ZIP 估计结果，即关于能源技术专利申请数的泊松模型，称为集约边际。下半部分为研发第二阶段的 Logit 模型估计结果，是企业能源技术专利申请数为零的概率，称为广延边际。变量的系数为负，表示该变量促进企业进入能源技术研发领域；系数为正，则表示该变量抑制企业进入能源技术研发领域。表底的 Vuong 统计量都通过了 1% 水平的显著性检验，表明零膨胀泊松

回归模型（ZIP）要优于零膨胀负二项回归模型（ZINB），因此，本章的分析主要基于 ZIP 模型的计量结果。

表 7-3　基准回归结果

| 变量 | 模型（7-1） | | 模型（7-2） | |
|---|---|---|---|---|
| | 化石能源技术研发企业 | 可再生能源技术研发企业 | 化石能源技术研发企业 | 可再生能源技术研发企业 |
| 集约边际 | | | | |
| 融资约束 | −0.0591<br>（−1.5685） | −0.7255***<br>（−11.4045） | −0.1296**<br>（−2.5009） | −0.3001***<br>（−4.1574） |
| 样本前研发水平 | 0.0012***<br>（−74.8207） | 0.0031***<br>（−45.8422） | 0.0002***<br>（−3.3721） | 0.0008***<br>（−5.5816） |
| 研发平滑 | | | 0.1885*<br>（−1.9002） | −0.0245<br>（−0.3028） |
| 能源技术存量 | | | 0.4199***<br>（−7.9344） | 0.5469***<br>（−35.0300） |
| 企业自身的非能源技术存量 | | | 0.1491***<br>（−3.9807） | 0.0725***<br>（−3.7556） |
| 地区溢出的能源技术存量 | | | −0.0165<br>（−0.5270） | 0.1159***<br>（−5.7221） |
| 发达国家溢出的能源技术存量 | | | 0.0761*<br>（−1.6720） | −0.0583<br>（−1.2395） |
| 能源技术相关的主营业务收入 | | | 0.1024***<br>（−5.2223） | 0.1529***<br>（−9.2495） |
| 能源价格 | | | 0.1627<br>（−1.5824） | −0.6115***<br>（−2.8823） |
| 环境规制 | | | −0.1262<br>（−1.1911） | 0.1762***<br>（−4.6785） |
| 政府补贴 | | | −0.0324<br>（−1.5223） | −0.0520***<br>（−2.9254） |
| 常数 | 2.5456***<br>（−20.5742） | 5.7269***<br>（−42.5337） | −1.7202***<br>（−2.9766） | 1.4286<br>（−1.4116） |

续表

| 变量 | 模型（7-1） | | 模型（7-2） | |
|---|---|---|---|---|
| | 化石能源技术研发企业 | 可再生能源技术研发企业 | 化石能源技术研发企业 | 可再生能源技术研发企业 |
| 广延边际 | | | | |
| 融资约束 | 0.0559<br>（−0.1623） | −0.6753**<br>（−1.9690） | −0.4219<br>（−0.8706） | −0.3245<br>（−0.5907） |
| 样本前研发水平 | −0.4111***<br>（−2.6721） | −0.0023<br>（−1.5115） | −0.2503<br>（−1.6272） | −0.0033<br>（−0.8790） |
| 研发平滑 | | | 0.1636<br>（−0.3295） | −0.7607<br>（−1.6288） |
| 能源技术存量 | | | 0.1435<br>（−0.5611） | −0.0828<br>（−0.8058） |
| 企业自身的非能源技术存量 | | | −0.1935<br>（−1.0809） | −0.2219***<br>（−2.6940） |
| 地区溢出的能源技术存量 | | | −0.0959<br>（−0.3527） | −0.1802<br>（−1.4116） |
| 发达国家溢出的能源技术存量 | | | 0.1598<br>（−0.5783） | 0.1655<br>（−1.0094） |
| 能源技术相关的主营业务收入 | | | 0.1791<br>（−1.1401） | −0.0241<br>（−0.2525） |
| 能源价格 | | | 0.9001*<br>（−1.6874） | 1.5916***<br>（−2.9138） |
| 环境规制 | | | 1.1996*<br>（−1.8459） | 1.0346**<br>（−2.1908） |
| 政府补贴 | | | −0.1669<br>（−1.1208） | 0.2076*<br>（−1.6871） |
| 常数 | −0.8506***<br>（−4.1606） | 0.2208<br>（−0.3502） | −7.6013*<br>（−1.8267） | −12.0432***<br>（−2.6834） |
| 年份效应 | 控制 | 控制 | 控制 | 控制 |
| 地区效应 | 控制 | 控制 | 控制 | 控制 |

续表

| 变量 | 模型（7-1） | | 模型（7-2） | |
|---|---|---|---|---|
| | 化石能源技术研发企业 | 可再生能源技术研发企业 | 化石能源技术研发企业 | 可再生能源技术研发企业 |
| 样本数 | 399 | 630 | 334 | 531 |
| Log likelihood | −2270.052 | −3245.052 | −933.482 | −1845.500 |
| Vuong test | 4.07*** | 5.53*** | 3.73*** | 3.76*** |

注：***、**、* 分别表示 1%、5% 与 10% 显著性水平，括号内数值为回归系数的标准误；解释变量均做对数处理；除了样本前研发水平，其余解释变量还做了一阶滞后处理；下同。

模型（7-1）中仅考虑融资约束，结果显示：融资约束的系数在化石能源技术研发企业的集约边际中未通过显著性检验，在可再生能源技术研发企业的集约边际中通过了 1% 水平的显著性检验，系数为 −0.7255；但融资约束的系数在化石能源技术研发企业与可再生能源技术研发企业的广延边际中的作用均未通过显著性检验。除此之外，表征企业效应的样本前研发水平的系数在化石能源技术研发企业与可再生能源技术研发企业的集约边际中均通过了 1% 水平的显著性检验，系数分别为 0.0012 与 0.0031；该系数在化石能源企业的广延边际中通过了 1% 水平的显著性检验，系数为 −0.4111，在可再生能源企业的广延边际中未通过显著性检验。模型（7-1）并未考虑其他解释变量的作用，为此，在模型（7-1）的基础上加入其他解释变量，具体结果如模型（7-2）所示，结果显示：

（1）融资约束的系数在化石能源技术研发企业与可再生能源技术研发企业的集约边际中分别通过了 5% 与 1% 水平的显著性检验，系数分别为 −0.1296 与 −0.3001，在广延边际中则未通过显著性检验。这表明，融资约束不会抑制企业进入化石能源技术研发与可再生能源技术研发的领域。但是当企业进入之后，融资约束将抑制化石能源技术研发与可再生能源技术研发，且对后者的抑制作用更大，使得企业能源技术进步偏向化石能源技术。该研究结论与 Noailly 和 Smeets（2016）的研究结论相似，不同的是，Noailly 和 Smeets（2016）还指出，融资约束将抑制企业进入可再生能源技术研发领域，而本章的研究结论则显示，融资约束并不存在这种作用。这与中国的能源消费结构以化石能源为主的特点有关，大规模的化石能源消耗吸引大量企业进入化石能源技术研发领域，不断提升化石能源的技术成熟度。因此，与可再生能源技术相比，化石能源技术更具竞争优势（Rexhuser and Lschel，2015）。一方面，这直接导致企业从事可再生能源技术研发需要更大规模的资金支持；另一方面，这也使得企业从事可再生能源技术研发面临更高的风险与不确定性。因而，融资约束将严重抑制企业的可再生能源技术研发，进而使企业能源技术进步偏向化石能源技术。

（2）研发平滑的系数在化石能源技术研发企业的集约边际中通过了 10% 水平的显著性检验，系数为 0.1885，而在可再生能源技术研发企业中则未通过显著性检验。该研究结论表明，企业为了抵御融资约束而持有现金的做法并不会对化石能源技术研发企业与可再生能源技术研发企业的研发产生平滑作用。当企业进入化石能源技术研发领域之后，持有现金的做法会促进企业的化石能源技术研发；当企业进入可再生能源技术研发领域之后，持有现金的做法并不会影响企业的可再生能源技术研发。这与 Brown 和 Petersen（2011）的研究结论截然不同。

（3）样本前研发水平的系数在化石能源技术研发企业与可再生能源技术研发企业的广延边际中未通过显著性检验，但在两类企业的集约边际中均通过了显著性检验，系数分别为 0.0002 与 0.0008。这表明，企业效应对企业的能源技术研发存在显著作用（Kruse and Wetzel，2016；Aghion et al.，2016）。具体而言，样本前化石能源技术研发水平的高低，并不会影响企业进入化石能源技术研发领域的概率；当企业进入化石能源技术研发领域之后，样本前化石能源技术研发水平越高，越会促进企业的化石能源技术研发，但这种作用很小，也低于样本前可再生能源技术研发水平的作用。

（4）能源价格的系数在可再生能源技术研发企业的集约边际与广延边际中均通过了显著性检验，系数分别为 -0.6115 与 1.5916，在化石能源技术研发企业的广延边际中通过了显著性检验，但在集约边际中未通过显著性检验。这表明，能源价格上涨会提高企业进入可再生能源技术研发领域的概率，但在企业进入可再生能源技术研发领域之后，能源价格上涨反而会严重抑制企业的可再生能源技术研发。另外，能源价格上涨会提高企业进入化石能源技术研发领域的概率，但在企业进入化石能源技术研发领域之后，能源价格上涨并不会影响企业的化石能源技术研发。因此，从总体上看，能源价格上涨将抑制企业的可再生能源技术进步，进而导致企业能源技术进步偏向化石能源技术。

（5）环境规制的系数在可再生能源技术研发企业的集约边际与广延边际中也都通过了显著性检验，系数分别为 0.1762 与 1.0346。不同的是，环境规制水平的提升会提高企业进入化石能源技术研发领域的概率，而一旦企业进入化石能源技术研发领域之后，环境规制水平的提升并不会影响企业的化石能源技术研发。该研究结论丰富了"波特假说"（Porter，1995）的相关研究，Porter（1995）主要关注企业在进入研发领域之后的环境规制作用，而本章的研究结论则表明，环境规制还影响企业进入研发领域的概率。环境规制水平提升对可再生能源技术研发同时发挥了集约边际与广延边际的作用，广延边际的作用弹性略小于化石能源技术研发企业中的广延边际作用。总体来看，环境规制水平提升可提高企业进入化石能源技术研发领域与可再生能源技术研发领域的概率，而且环境规制对化石能源技术研发的促进作用低于其对可再生能源技术研发的促进作用，导致企业能源技术进步偏向可再生能源技术。

（6）比较反常的是，政府补贴的系数仅在可再生能源技术研发企业的集约边际与广延边际中分别通过了 1% 与 10% 水平的显著性检验，系数分别为 –0.0520 与 0.2076，表明政府补贴会提高企业进入可再生能源技术研发领域的概率，但在企业进入可再生能源技术研发领域之后，政府补贴反而会抑制企业的可再生能源技术研发，导致企业能源技术进步偏向化石能源技术。可能的原因在于，基于数据的可得性，本章选取的数据是企业获取的全部政府补贴，而非专门针对能源技术研发的政府补贴。可再生能源技术研发面临的风险相对较高，当企业获取政府补贴之后，反而会选择减少可再生能源技术研发，转而从事其他风险较低的研发活动，产生了挤出效应。

（7）能源技术相关的主营业务收入的系数在化石能源技术研发企业与可再生能源技术研发企业的集约边际中均通过了 1% 水平的显著性检验，系数分别为 0.1024 与 0.1529，但在广延边际中均未通过显著性检验。这表明，市场规模的大小不会影响企业进入化石能源技术研发与可再生能源技术研发领域的概率。但在企业进入之后，市场规模扩大会促进企业的化石能源技术研发与可再生能源技术研发，且对可再生能源技术研发的促进作用更大。该结论有效印证了 Acemoglu et al.（2012）与 Hanlon（2015）有关市场规模对技术进步偏向存在显著作用的观点，且本章的研究表明，市场规模扩大将促使企业能源技术进步偏向可再生能源技术。

此外，企业能源技术存量、企业自身的非能源技术存量在化石能源技术研发企业与可再生能源技术研发企业的集约边际中均通过了显著性检验，系数均为正，但在广延边际中，只有企业自身的非能源技术存量在可再生能源技术研发企业中通过了显著性检验，系数为负，表明企业自身的非能源技术存量的增加会抑制企业进入可再生能源技术研发领域的概率。但是，在企业进入化石能源技术研发领域或者可再生能源技术研发领域之后，企业能源技术存量与企业自身的非能源技术存量上升会促进企业的化石能源技术研发与可再生能源技术研发，这反映了企业能源技术进步偏向存在路径依赖的特征。相比而言，企业能源技术存量的促进作用要大于企业自身的非能源技术存量的促进作用。此外，企业能源技术存量的促进作用在可再生能源企业中相对较大，而企业自身的非能源技术存量的促进作用在化石能源企业中相对较大。地区溢出的能源技术存量与发达国家溢出的能源技术存量在化石能源企业与可再生能源企业的广延边际中均未通过显著性检验，地区溢出的能源技术存量仅在可再生能源企业的集约边际中通过了显著性检验，系数为正，发达国家溢出的能源技术存量在化石能源企业的集约边际中通过了显著性检验，系数也为正。这表明，地区溢出的能源技术存量会导致企业能源技术进步偏向可再生能源技术，而发达国家溢出的能源技术存量会导致企业能源技术进步偏向化石能源技术。

## 二、差异性分析

企业受到的融资约束主要来源于两个方面：一方面是内源融资约束，即来自企业自身发展水平的融资约束，例如企业自身的现金流水平及盈利能力等均会影响企业的内源融资；另一方面是外源融资约束，即来自企业之外的融资约束，例如企业从银行或者资本市场获取资金支持所遇到的约束。因此，本章将融资约束按照来源划分为内源融资约束与外源融资约束。基于前文构建综合融资约束指标的做法，选取"总资产／现金存量"来衡量内源融资约束，该值越大，表明企业受到的内源融资约束程度越大。考虑到衡量外源融资约束的指标较多，本章参考以往研究的做法，分别选取"1／总资产""总资产／有形资产""总负债／所有者权益""流动负债／流动资产"这4个比较有代表性的指标来衡量外源融资约束，这些值越大，表明企业受到的外源融资约束程度越大。所有这些数据均取自企业的历年年报。

同样采用ZIP模型进行计量分析，具体的结果如表7-4所示。模型（7-3）至模型（7-6）分别为外源融资约束选取"1／总资产""总资产／有形资产""总负债／所有者权益""流动负债／流动资产"指标，而内源融资约束始终选取"总资产／现金存量"的估计结果。表底的Vuong检验均通过了1%水平的显著性检验，表明在进行计量分析时，选取ZIP模型要优于ZINB模型。因此，表7-5仅列示了ZIP模型的计量结果，相关分析也基于此。

模型（7-3）至模型（7-6）的计量结果显示：模型（7-5）和模型（7-6）中，内源融资约束与外源融资约束在化石能源技术研发企业与可再生能源技术研发企业的集约边际与广延边际中的显著性水平均较差；模型（7-3）与模型（7-4）中，内源融资约束与外源融资约束的显著性较好。基于模型（7-3）与模型（7-4）可以看出，内源融资约束在化石能源技术研发企业的广延边际与集约边际中均通过了显著性检验，且系数为负，但其在可再生能源技术研发企业的广延边际与集约边际中未通过显著性检验；外源融资约束在化石能源技术研发企业与可再生能源技术研发企业的广延边际中通过了显著性检验，且系数为负。这表明，在可再生能源技术研发企业中，外源融资约束会降低企业进入可再生能源技术研发领域的概率，进而抑制可再生能源技术研发，但在企业进入之后，外源融资约束并不影响企业的可再生能源技术研发。在化石能源技术研发企业中，内源融资约束与外源融资约束

表 7-4　不同来源的融资约束的估计结果 ①

| 变量 | 模型（7-3） | | 模型（7-4） | | 模型（7-5） | | 模型（7-6） | |
|---|---|---|---|---|---|---|---|---|
| | 化石能源技术研发企业 | 可再生能源技术研发企业 | 化石能源技术研发企业 | 可再生能源技术研发企业 | 化石能源技术研发企业 | 可再生能源技术研发企业 | 化石能源技术研发企业 | 可再生能源技术研发企业 |
| 集约边际 | | | | | | | | |
| 内源融资约束 | -0.0495** (-2.2598) | 0.0054 (-0.2315) | -0.0465** (-2.1244) | -0.0082 (-0.3595) | -0.0583** (-2.3604) | -0.0147 (-0.6013) | -0.0875*** (-3.2335) | 0.0146 (-0.5289) |
| 外源融资约束 | 0.1206** (-2.4364) | 0.1078*** (-3.1873) | 0.4625 (-1.2537) | 0.4085 (-0.9551) | 0.0390 (-0.7427) | 0.0186 (-0.7594) | 0.1690** (-2.4093) | -0.0569 (-1.4693) |
| 样本前研发水平 | 0.0002*** (-3.6629) | 0.0005*** (-3.5505) | 0.0001*** (-2.9615) | 0.0006*** (-4.6949) | 0.0001*** (-2.8792) | 0.0006*** (-4.4462) | 0.0001*** (-2.9165) | 0.0006*** (-4.7283) |
| 研发平滑 | 0.1236 (-1.211) | -0.0308 (-0.3947) | 0.1631 (-1.6413) | -0.0174 (-0.2221) | 0.1513 (-1.5099) | -0.0112 (-0.1437) | 0.1417 (-1.4267) | 0.0045 (-0.0575) |
| 广延边际 | | | | | | | | |
| 内源融资约束 | -0.5534** (-2.2057) | 0.1841 (-1.0107) | -0.5275** (-2.1275) | 0.2545 (-1.3752) | -0.4193 (-1.3853) | 0.2922 (-1.3578) | -0.6771* (-1.9351) | 0.4695* (-1.9076) |

① 本章计量模型中的解释变量较多，但本部分主要分析不同来源的融资约束的作用。因此，为了便于分析，本部分只列示了几个重要的解释变量的结果。

续表

| 变量 | 模型 (7-3) 化石能源技术研发企业 | 模型 (7-3) 可再生能源技术研发企业 | 模型 (7-4) 化石能源技术研发企业 | 模型 (7-4) 可再生能源技术研发企业 | 模型 (7-5) 化石能源技术研发企业 | 模型 (7-5) 可再生能源技术研发企业 | 模型 (7-6) 化石能源技术研发企业 | 模型 (7-6) 可再生能源技术研发企业 |
|---|---|---|---|---|---|---|---|---|
| 外源融资约束 | -0.6141* (-1.8549) | -0.4748** (-1.9763) | 3.8177 (-1.1345) | -6.3102* (-1.8659) | -0.1339 (-0.3814) | 0.0203 (-0.1067) | 0.3855 (-0.8285) | -0.4323 (-1.5212) |
| 样本前研发水平 | -0.2340 (-1.4604) | -0.0020 (-0.5576) | -0.2164 (-1.3674) | -0.0039 (-0.9091) | -0.2249 (-1.4629) | -0.0032 (-0.8511) | -0.2442 (-1.5182) | -0.0033 (-0.8487) |
| 研发平滑 | 0.4167 (-0.7547) | -0.8226* (-1.8950) | 0.3309 (-0.6266) | -0.7704* (-1.7452) | 0.3415 (-0.6256) | -0.7828* (-1.7882) | 0.2467 (-0.4831) | -0.6543 (-1.4527) |
| 年份效应 | 控制 | 控制 | 控制 | 控制 | 控制 | 控制 | 控制 | 控制 |
| 地区效应 | 控制 | 控制 | 控制 | 控制 | 控制 | 控制 | 控制 | 控制 |
| 样本数 | 334 | 537 | 334 | 537 | 333 | 537 | 334 | 537 |
| Log likelihood | -927.5369 | -1858.362 | -931.1011 | -1863.919 | -929.3842 | -1863.641 | -929.6256 | -1863.923 |
| Vuong test | 3.81*** | 3.93*** | 3.82*** | 3.89*** | 3.84*** | 3.82*** | 3.83*** | 3.89*** |

注：同表 7-3。

均会降低企业进入化石能源技术研发领域的概率，在企业进入之后，内源融资约束会抑制企业的化石能源技术研发，但抑制作用相对较小。

总体来看，在化石能源技术研发企业与可再生能源技术研发企业中，外源融资约束带来的抑制作用要大于内源融资约束，且对于可再生能源技术研发企业，外源融资约束是抑制可再生能源技术研发的主要原因。这反映了中国现阶段的金融市场尚未对这种需求提供有效的资金支持，严重抑制了企业的可再生能源技术研发，导致企业能源技术进步偏向化石能源技术。因此，促进企业的可再生能源技术研发，进而使企业能源技术进步偏向可再生能源技术的关键在于，加快中国的金融市场化改革，缓解中国的金融抑制，为企业的可再生能源技术研发提供足够的外部资金支持。

### 三、稳健性检验

本章从两个方面对上述计量分析进行稳健性检验：一方面是指标选取，主要包括能源技术存量估算中的折旧率选择与能源价格的选取，具体检验结果如表7-5所示；另一方面主要针对计量分析中可能存在的相关性问题及是否应该考虑企业效应进行检验，具体检验结果如表7-6所示。这两个方面的稳健性检验的计量分析同样选取ZIP模型，相关分析也基于此。

在模型（7-7）与模型（7-8）中，当折旧率分别选取15%与20%时，相关的计量结果并未发生太大变化。融资约束的系数在化石能源技术研发企业与可再生能源技术研发企业的广延边际中依旧未通过显著性检验，而在化石能源技术研发企业与可再生能源技术研发企业的集约边际中都通过了显著性检验。并且，融资约束对企业可再生能源技术研发的抑制作用要大于其对企业化石能源技术研发的抑制作用，使得企业能源技术进步偏向化石能源技术。

在模型（7-9）与模型（7-10）中，当能源价格分别选取国际原油价格与国际煤炭价格之后，融资约束同样会导致企业能源技术进步偏向化石能源技术。不同的是，当企业进入化石能源技术研发与可再生能源技术研发领域之后，国际原油价格上涨会促进企业的可再生能源技术研发，但对企业的化

表7-5　指标选取稳健性检验的估计结果

| 变量 | 折旧率 | | | | 能源价格 | | | |
| | 0.15 模型（7-7） | | 0.20 模型（7-8） | | 国际原油价格 模型（7-9） | | 国际煤炭价格 模型（7-10） | |
| | 化石能源技术研发企业 | 可再生能源技术研发企业 | 化石能源技术研发企业 | 可再生能源技术研发企业 | 化石能源技术研发企业 | 可再生能源技术研发企业 | 化石能源技术研发企业 | 可再生能源技术研发企业 |
| | | | | 集约边际 | | | | |
| 融资约束 | -0.1286** (-2.4811) | -0.2871*** (-3.9663) | -0.1271** (-2.4525) | -0.2754*** (-3.7976) | -0.1285** (-2.4903) | -0.2880*** (-3.9397) | -0.1252** (-2.4322) | -0.2997*** (-4.1453) |
| 样本前研发水平 | 0.0002*** (-3.0676) | 0.0008*** (-6.0197) | 0.0002*** (-2.8827) | 0.0009*** (-6.4670) | 0.0002*** (-3.3300) | 0.0008*** (-5.7413) | 0.0001*** (-3.2006) | 0.0008*** (-6.1192) |
| 研发平滑 | 0.1871* (-1.8930) | -0.0255 (-0.3155) | 0.1855* (-1.8831) | -0.0276 (-0.3406) | 0.1856* (-1.8799) | 0.0030 (-0.0385) | 0.1846* (-1.8689) | -0.0173 (-0.2164) |
| 能源技术存量 | 0.4179*** (-8.0948) | 0.5458*** (-35.0058) | 0.4138*** (-8.2615) | 0.5437*** (-34.9824) | 0.4453*** (-9.2439) | 0.5386*** (-35.0836) | 0.4513*** (-9.3306) | 0.5395*** (-35.0303) |
| 企业自身的非能源技术存量 | 0.1532*** (-4.1708) | 0.0737*** (-3.7838) | 0.1578*** (-4.3975) | 0.0740*** (-3.7852) | 0.1324*** (-3.8271) | 0.0788*** (-3.7788) | 0.1286*** (-3.7161) | 0.0708*** (-3.6252) |
| 地区溢出的能源技术存量 | -0.0112 (-0.3591) | 0.1075*** (-5.3377) | -0.0069 (-0.2227) | 0.0996*** (-4.9642) | -0.0203 (-0.6485) | 0.1198*** (-5.8761) | -0.0197 (-0.6328) | 0.1173*** (-5.7824) |

续表

| 变量 | 折旧率 | | | | 能源价格 | | | |
|---|---|---|---|---|---|---|---|---|
| | 0.15 模型（7-7） | | 0.20 模型（7-8） | | 国际原油价格 模型（7-9） | | 国际煤炭价格 模型（7-10） | |
| | 化石能源技术研发企业 | 可再生能源技术研发企业 | 化石能源技术研发企业 | 可再生能源技术研发企业 | 化石能源技术研发企业 | 可再生能源技术研发企业 | 化石能源技术研发企业 | 可再生能源技术研发企业 |
| 发达国家溢出的能源技术存量 | 0.0689 (-1.5142) | -0.0555 (-1.1728) | 0.0630 (-1.3868) | -0.0538 (-1.1286) | 0.0710 (-1.5708) | -0.0868* (-1.9324) | 0.0775* (-1.7101) | -0.0866* (-1.9291) |
| 能源技术相关的主营业务收入 | 0.1049*** (-5.3477) | 0.1463*** (-8.8654) | 0.1069*** (-5.4527) | 0.1399*** (-8.4894) | 0.1006*** (-5.1435) | 0.1509*** (-9.1556) | 0.1013*** (-5.1755) | 0.1509*** (-9.1574) |
| 能源价格 | 0.1571 (-1.5328) | -0.5898*** (-2.7828) | 0.1531 (-1.4989) | -0.5613*** (-2.6512) | 0.0796 (-0.3151) | 0.9385*** (-4.2785) | -0.1230 (-0.3052) | -1.4609*** (-4.1851) |
| 环境规制 | -0.1273 (-1.2042) | 0.1772*** (-4.7041) | -0.1298 (-1.2319) | 0.1780*** (-4.7235) | -0.0895 (-0.8613) | 0.1659*** (-4.4161) | -0.0946 (-0.9055) | 0.1700*** (-4.5008) |
| 政府补贴 | -0.0345 (-1.6165) | -0.0524*** (-2.9484) | -0.0359* (-1.6876) | -0.0523*** (-2.9463) | -0.0323 (-1.5307) | -0.0601*** (-3.3668) | -0.0341 (-1.6056) | -0.0564*** (-3.2081) |

续表

| 变量 | 折旧率 | | | | 能源价格 | | | |
| --- | --- | --- | --- | --- | --- | --- | --- | --- |
| | 0.15 模型 (7-7) | | 0.20 模型 (7-8) | | 国际原油价格 模型 (7-9) | | 国际煤炭价格 模型 (7-10) | |
| | 化石能源技术研发企业 | 可再生能源技术研发企业 | 化石能源技术研发企业 | 可再生能源技术研发企业 | 化石能源技术研发企业 | 可再生能源技术研发企业 | 化石能源技术研发企业 | 可再生能源技术研发企业 |
| 融资约束 | -0.4246 (-0.8723) | -0.2961 (-0.5311) | -0.4275 (-0.8720) | -0.2657 (-0.4691) | -0.5107 (-1.1013) | -0.2172 (-0.3819) | -0.2877 (-0.6410) | -0.5248 (-0.9437) |
| 样本前研发水平 | -0.2573 (-1.6337) | -0.0035 (-0.8974) | -0.2667 (-1.6402) | -0.0036 (-0.9176) | -0.3716* (-1.9278) | -0.0045 (-1.1156) | -0.3743* (-1.9076) | -0.0038 (-0.9917) |
| 研发平滑 | 0.1626 (-0.3271) | -0.7520 (-1.5955) | 0.1615 (-0.3238) | -0.7433 (-1.5638) | 0.1788 (-0.3683) | -0.5206 (-1.3002) | -0.1171 (-0.2382) | -0.9430** (-2.1393) |
| 能源技术存量 | 0.1379 (-0.5542) | -0.0844 (-0.8237) | 0.1335 (-0.5516) | -0.0849 (-0.8345) | 0.0923 (-0.3622) | -0.0172 (-0.1769) | 0.1396 (-0.5432) | -0.0392 (-0.3881) |
| 企业自身的非能源技术存量 | -0.1858 (-1.0584) | -0.2140*** (-2.5900) | -0.1765 (-1.0254) | -0.2047** (-2.4777) | -0.0313 (-0.1641) | -0.2007** (-2.0128) | -0.0653 (-0.3403) | -0.2238*** (-2.6572) |

续表

| 变量 | 折旧率 | | | | 能源价格 | | | |
|---|---|---|---|---|---|---|---|---|
| | 0.15 模型（7-7） | | 0.20 模型（7-8） | | 国际原油价格 模型（7-9） | | 国际煤炭价格 模型（7-10） | |
| | 化石能源技术研发企业 | 可再生能源技术研发企业 | 化石能源技术研发企业 | 可再生能源技术研发企业 | 化石能源技术研发企业 | 可再生能源技术研发企业 | 化石能源技术研发企业 | 可再生能源技术研发企业 |
| 地区溢出的能源技术存量 | -0.1280 （-0.4654） | -0.1787 （-1.3922） | -0.1630 （-0.5812） | -0.1788 （-1.3823） | 0.2338 （-0.9453） | -0.1468 （-1.0762） | 0.1133 （-0.4755） | -0.1421 （-1.0903） |
| 发达国家溢出的能源技术存量 | 0.1980 （-0.6891） | 0.1816 （-1.0784） | 0.2379 （-0.7892） | 0.1993 （-1.1507） | -0.1080 （-0.4550） | 0.3412** （-2.1001） | 0.0129 （-0.0526） | 0.3117** （-1.9730） |
| 能源技术相关的主营业务收入 | 0.1927 （-1.1873） | -0.0283 （-0.2933） | 0.2086 （-1.2436） | -0.0331 （-0.3391） | 0.1873 （-1.1528） | 0.0229 （-0.2459） | 0.2389 （-1.4074） | -0.0080 （-0.0852） |
| 能源价格 | 0.9170* （-1.7038） | 1.5945*** （-2.8718） | 0.9375* （-1.7226） | 1.5990*** （-2.8289） | 2.4158*** （-2.7564） | 3.0695*** （-3.3018） | 2.9938*** （-2.6461） | 2.9449*** （-4.0947） |
| 环境规制 | 1.2069* （-1.8446） | 1.0185** （-2.1433） | 1.2185* （-1.8454） | 0.9992** （-2.0945） | 1.3036** （-2.0486） | 0.7536* （-1.8492） | 1.1995* （-1.8819） | 0.8863** （-1.9756） |

续表

| 变量 | 折旧率 | | | | 能源价格 | | | |
|---|---|---|---|---|---|---|---|---|
| | 0.15 模型（7-7） | | 0.20 模型（7-8） | | 国际原油价格 模型（7-9） | | 国际煤炭价格 模型（7-10） | |
| | 化石能源技术研发企业 | 可再生能源技术研发企业 | 化石能源技术研发企业 | 可再生能源技术研发企业 | 化石能源技术研发企业 | 可再生能源技术研发企业 | 化石能源技术研发企业 | 可再生能源技术研发企业 |
| 政府补贴 | -0.1812 (-1.1720) | 0.2112* (-1.6867) | -0.1967 (-1.2290) | 0.2156* (-1.6910) | -0.1255 (-0.8089) | 0.2495* (-1.8827) | -0.2224 (-1.3608) | 0.2325* (-1.8766) |
| 年份效应 | 控制 | 控制 | 控制 | 控制 | 控制 | 控制 | 控制 | 控制 |
| 地区效应 | 控制 | 控制 | 控制 | 控制 | 控制 | 控制 | 控制 | 控制 |
| 样本数 | 334 | 531 | 334 | 531 | 334 | 531 | 334 | 531 |
| Log. likelihood | -931.923 | -1841.595 | -930.564 | -1839.197 | -930.564 | -1840.885 | -932.242 | -1845.632 |
| Vuong test | 3.72*** | 3.73*** | 3.71*** | 3.71*** | 3.89*** | 4.00*** | 3.84*** | 3.85*** |

注：同表7-3。

石能源技术研发作用并不显著，国际煤炭价格上涨会抑制企业的可再生能源技术研发，对企业的化石能源技术研发作用同样不显著。

在基础回归分析中，本章选取企业中与能源技术相关的主营业务收入来衡量市场规模。能源价格上涨，可能会通过影响市场规模而影响企业的能源技术研发。对此，可以分开考虑能源价格与市场规模的作用，具体的计量结果如模型（7–11）与模型（7–12）所示（见表7–6）。在分开考虑能源价格与市场规模之后，融资约束的作用与基础回归分析中的相差无几，即融资约束促使企业能源技术进步偏向化石能源技术。这表明，在计量分析中同时考虑能源价格与市场规模的作用并不会对计量分析结果产生影响。

表7–6　其他稳健性检验的估计结果[①]

| 变量 | 不考虑能源价格 模型（7–11） | | 不考虑市场规模 模型（7–12） | | 去掉企业效应 模型（7–13） | |
|---|---|---|---|---|---|---|
| | 化石能源技术研发企业 | 可再生能源技术研发企业 | 化石能源技术研发企业 | 可再生能源技术研发企业 | 化石能源技术研发企业 | 可再生能源技术研发企业 |
| 集约边际 | | | | | | |
| 融资约束 | −0.1243** （−2.4064） | −0.3007*** （−4.1508） | −0.0786 （−1.5879） | −0.3001*** （−4.1824） | −0.1212** （−2.3303） | −0.2071*** （−2.9574） |
| 样本前研发水平 | 0.0001*** （−3.0858） | 0.0008*** （−6.3537） | 0.0001** （−2.0497） | 0.0010*** （−7.4411） | | |
| 研发平滑 | 0.1855* （−1.8736） | −0.0141 （−0.1707） | 0.0983 （−1.0803） | −0.0266 （−0.3268） | 0.1833* （−1.8515） | −0.0111 （−0.1378） |
| 能源技术相关的主营业务收入 | 0.1022*** （−5.1951） | 0.1505*** （−9.1198） | | | 0.0848*** （−4.5529） | 0.1718*** （−10.4662） |
| 能源价格 | | | 0.1402 （−1.3239） | −0.5327** （−2.5008） | 0.0921 （−0.9061） | −0.8219*** （−3.9734） |

---

① 为了便于分析，本部分仅列示了几个重要解释变量的结果。

续表

| 变量 | 不考虑能源价格 模型（7-11） | | 不考虑市场规模 模型（7-12） | | 去掉企业效应 模型（7-13） | |
|---|---|---|---|---|---|---|
| | 化石能源技术研发企业 | 可再生能源技术研发企业 | 化石能源技术研发企业 | 可再生能源技术研发企业 | 化石能源技术研发企业 | 可再生能源技术研发企业 |
| 广延边际 | | | | | | |
| 融资约束 | −0.2351 （−0.5047） | −0.1871 （−0.3228） | −0.2921 （−0.6437） | −0.4863 （−0.9537） | −0.2057 （−0.4702） | −0.2054 （−0.3580） |
| 样本前研发水平 | −0.2005 （−1.4571） | −0.0020 （−0.6020） | −0.2250 （−1.5015） | −0.0033 （−0.9091） | | |
| 研发平滑 | 0.2415 （−0.4579） | −0.7707 （−1.4532） | 0.0411 （−0.0872） | −0.6706 （−1.5160） | 0.0813 （−0.1643） | −0.7284 （−1.5529） |
| 能源技术相关的主营业务收入 | 0.1707 （−1.0987） | −0.0608 （−0.6347） | | | 0.0832 （−0.5785） | −0.0262 （−0.2671） |
| 能源价格 | | | 0.8794* （−1.6996） | 1.6106*** （−3.0220） | 0.6339 （−1.4134） | 1.5870*** （−2.9067） |
| 年份效应 | 控制 | 控制 | 控制 | 控制 | 控制 | 控制 |
| 地区效应 | 控制 | 控制 | 控制 | 控制 | 控制 | 控制 |
| 样本数 | 334 | 531 | 334 | 534 | 334 | 531 |
| Log likelihood | −936.3589 | −1854.395 | −947.7889 | −1896.68 | −943.1154 | −1862.290 |
| Vuong test | 3.80*** | 3.60*** | 3.69*** | 3.68*** | 3.70*** | 3.80*** |

注：同表7-3。

除此之外，为了更好地区分企业进入能源技术研发领域的倾向差异，基础回归中纳入了企业效应，并选取企业样本前研发水平来衡量。为了检验计量分析中是否需要考虑企业效应，将企业效应去掉后再进行计量回归，具体的计量结果如模型（7-13）所示。在不考虑企业效应之后，融资约束的系数在化石能源技术研发企业与可再生能源技术研发企业的集约边际中依旧显著为负，且在可再生能源技术研发企业中的抑制作用更明显，与基础估计结果比较接近。该结果与经验事实比较符合，可能的原因在于，随着时间的推移，企业能源技术存量的积累不断增加，化石能源技术研发企业与可再生能源技术研发企业的能源技术存量差异不断加大，企业特征越发明显。而企业效应是由样本之前的企业能源技术研发情况来表征且平均水平较低，随着时间的推移，其对后续的能源技术研发产生的作用越来越小，企业特征的表征作用逐渐削弱。

## 四、进一步分析

除了研发活动之外，企业还从事普通的生产经营活动，且生产经营活动受到政府环境标准的约束。当政府实施环境规制并不断提升环境标准之后，除了通过研发活动提升企业生产经营活动的清洁度之外，企业还需要投入大量资金来改造与升级自身的生产经营活动，这势必会挤占企业的研发资金。因此，环境规制可能会加剧企业面临的融资约束，进而会影响企业的能源技术研发活动，最终影响企业的能源技术进步偏向。与之对应的是，政府对企业进行补贴可以为企业研发活动提供额外的资金支持，进而起到缓解企业融资约束的作用。对此，本章进一步考虑了环境规制与政府补贴对企业能源技术进步偏向的间接作用，分别纳入融资约束与环境规制的交叉项、融资约束与政府补贴的交叉项。同样采取 ZIP 进行估计，具体的估计结果如表 7-7 所示。

表 7-7　融资约束的进一步分析的估计结果 [①]

| 变量 | 模型（7-14） | | 模型（7-15） | |
| --- | --- | --- | --- | --- |
| | 化石能源技术研发企业 | 可再生能源技术研发企业 | 化石能源技术研发企业 | 可再生能源技术研发企业 |
| 集约边际 | | | | |
| 融资约束 | −0.1089<br>（−0.4616） | −0.9555***<br>（−3.7487） | 0.1365<br>（−0.3035） | 1.3620*<br>（−1.6777） |
| 样本前研发水平 | 0.0002***<br>（−3.3622） | 0.0008***<br>（−5.5472） | 0.0002***<br>（−3.3554） | 0.0008***<br>（−5.6106） |
| 研发平滑 | 0.1888*<br>（−1.8938） | −0.0252<br>（−0.3111） | 0.1836*<br>（−1.8620） | −0.0388<br>（−0.4737） |

① 为了便于分析，本部分也只列示了几个重要解释变量的结果，下同。

续表

| 变量 | 模型（7-14） | | 模型（7-15） | |
|---|---|---|---|---|
| | 化石能源技术研发企业 | 可再生能源技术研发企业 | 化石能源技术研发企业 | 可再生能源技术研发企业 |
| 融资约束×环境规制 | −0.0126 (−0.0889) | 0.3859*** (−2.6653) | | |
| 融资约束×政府补贴 | | | −0.0145 (−0.5826) | −0.0987** (−2.0544) |
| 环境规制 | −0.1217 (−1.0410) | −0.5436** (−2.0031) | −0.1160 (−1.0938) | 0.1647*** (−4.3118) |
| 政府补贴 | −0.0326 (−1.5279) | −0.0551*** (−3.0901) | −0.0253 (−1.1130) | 0.1330 (−1.4461) |
| 广延边际 | | | | |
| 融资约束 | −1.4327 (−0.7260) | 0.2934 (−0.1105) | 10.8402* (−1.9317) | 8.9897 (−1.4490) |
| 样本前研发水平 | −0.2431 (−1.5871) | −0.0034 (−0.8920) | −0.3071* (−1.8127) | −0.0031 (−0.8066) |
| 研发平滑 | 0.1393 (−0.2798) | −0.7791* (−1.6681) | 0.2418 (−0.4867) | −0.7963* (−1.6676) |
| 融资约束×环境规制 | 0.5902 (−0.5214) | −0.3433 (−0.2352) | | |
| 融资约束×政府补贴 | | | −0.7400** (−2.0131) | −0.5489 (−1.5040) |
| 环境规制 | 1.0347 (−1.4243) | 1.6638 (−0.6187) | 1.2253* (−1.8660) | 1.0350** (−2.1433) |
| 政府补贴 | −0.1627 (−1.0837) | 0.2127* (−1.7130) | 0.1642 (−0.7755) | 1.1687* (−1.7936) |
| 年份效应 | 控制 | 控制 | 控制 | 控制 |
| 地区效应 | 控制 | 控制 | 控制 | 控制 |
| 样本数 | 334 | 531 | 334 | 531 |
| Log likelihood | −933.345 | −1842.019 | −931.0451 | −1842.428 |
| Vuong test | 3.72*** | 3.71*** | 3.79*** | 3.77*** |

注：同表7-3。

模型（7-14）的结果显示：在考虑环境规制的间接作用之后，融资约束的系数在化石能源技术研发企业的集约边际中未通过显著性检验，在可再生能源技术研发企业的集约边际中通过了显著性检验，且环境规制与融资约束的交叉项的系数在化石能源技术研发企业的集约边际中未通过显著性检验，但在可再生能源技术研发企业的集约边际中显著为正。这表明，在考虑环境规制的间接作用之后，融资约束在化石能源技术研发企业中的作用弱化了，但加剧了可再生能源技术研发企业的融资约束，进而不利于可再生能源技术研发。同样的，模型（7-15）的结果也表明，在考虑政府补贴的间接作用之后，融资约束与政府补贴的交叉系数在化石能源技术研发企业的广延边际中显著为负，在可再生能源技术研发企业的集约边际中显著为负。这表明，政府补贴上升将通过影响化石能源技术研发企业的融资约束而降低企业进入化石能源技术研发领域的概率，在企业进入可再生能源技术研发领域之后，也会通过影响可再生能源技术研发企业的融资约束而抑制企业的可再生能源技术研发。

　　但是，模型（7-14）与模型（7-15）考虑的是企业受到的整体融资约束程度。对此，本章进一步考虑了内源融资约束与环境规制的交叉项、内源融资约束与政府补贴的交叉项，分析环境规制与政府补贴通过影响企业内源融资约束进而对企业能源技术进步偏向的作用。具体的计量结果如表7-8所示。

表7-8　不同来源融资约束的进一步分析估计结果

| 变量 | 模型（7-16） | | 模型（7-17） | |
| --- | --- | --- | --- | --- |
| | 化石能源技术研发企业 | 可再生能源技术研发企业 | 化石能源技术研发企业 | 可再生能源技术研发企业 |
| 集约边际 | | | | |
| 内源融资约束 | −0.0409<br>（−0.2419） | 0.0669<br>（−0.8542） | 0.0503<br>（−0.3143） | 0.0750<br>（−0.3874） |
| 外源融资约束 | 0.1203**<br>（−2.4311） | 0.1056***<br>（−3.1044） | 0.1163**<br>（−2.3349） | 0.1068***<br>（−3.1591） |
| 样本前研发水平 | 0.0002***<br>（−3.5933） | 0.0005***<br>（−3.5237） | 0.0002***<br>（−3.6368） | 0.0005***<br>（−3.3481） |

续表

| 变量 | 模型（7-16） | | 模型（7-17） | |
|---|---|---|---|---|
| | 化石能源技术研发企业 | 可再生能源技术研发企业 | 化石能源技术研发企业 | 可再生能源技术研发企业 |
| 研发平滑 | 0.1242 | −0.0229 | 0.1154 | −0.0241 |
| | (−1.2142) | (−0.2873) | (−1.1258) | (−0.3087) |
| 内源融资约束 × 环境规制 | −0.0044 | −0.0362 | | |
| | (−0.0455) | (−0.8234) | | |
| 内源融资约束 × 政府补贴 | | | −0.0052 | −0.0043 |
| | | | (−0.6314) | (−0.3636) |
| 环境规制 | −0.1057 | 0.1027 | −0.0954 | 0.1905*** |
| | (−0.3869) | (−0.8839) | (−0.9008) | (−5.1146) |
| 政府补贴 | −0.0454** | −0.0745*** | −0.0588* | −0.0876** |
| | (−2.0806) | (−3.9395) | (−1.8973) | (−2.4514) |
| 广延边际 | | | | |
| 内源融资约束 | 0.6478 | 0.0330 | 0.6922 | 3.1691* |
| | (−0.4350) | (−0.0426) | (−0.3323) | (−1.7748) |
| 外源融资约束 | −0.6476* | −0.4757** | −0.6437* | −0.5009** |
| | (−1.9301) | (−1.9819) | (−1.9443) | (−2.0288) |
| 样本前研发水平 | −0.2070 | −0.0019 | −0.2328 | −0.0018 |
| | (−1.3096) | (−0.5486) | (−1.4380) | (−0.5532) |
| 研发平滑 | 0.4317 | −0.8155* | 0.3749 | −0.7173* |
| | (−0.7812) | (−1.8315) | (−0.6699) | (−1.6969) |
| 内源融资约束 × 环境规制 | −0.6814 | 0.0859 | | |
| | (−0.8270) | (−0.1981) | | |
| 内源融资约束 × 政府补贴 | | | −0.0806 | −0.1826* |
| | | | (−0.5967) | (−1.6941) |
| 环境规制 | −0.8847 | 0.9842 | 0.8050 | 0.7972* |
| | (−0.4095) | (−0.9214) | (−1.2512) | (−1.9320) |
| 政府补贴 | −0.1515 | 0.3405** | −0.3673 | −0.1463 |
| | (−1.0123) | (−2.1914) | (−0.9286) | (−0.4584) |
| 年份效应 | 控制 | 控制 | 控制 | 控制 |
| 地区效应 | 控制 | 控制 | 控制 | 控制 |
| 样本数 | 334 | 537 | 334 | 537 |
| Log likelihood | −927.153 | −1857.974 | −927.1668 | −1856.782 |
| Vuong test | 3.82*** | 3.92*** | 3.77*** | 3.95*** |

注：同表7-3。

在考虑了环境规制与内源融资约束的交叉项之后，模型（7-16）的计量结果显示：内源融资约束与环境规制的交叉项在化石能源技术研发企业与可再生能源技术研发企业中的集约边际与广延边际中均未通过显著性检验。这表明，环境规制不会通过影响企业的内源融资约束来影响企业的化石能源技术研发与可再生能源技术研发，最终影响企业的能源技术进步偏向。结合模型（7-14）的结果可以看出，考虑环境规制的间接作用之后，化石能源技术研发企业中的融资约束的作用与内源融资约束的作用被弱化，变得不显著。可再生能源技术研发企业中的融资约束作用被强化，而内源融资约束的作用被弱化，变得不显著。也就是说，在可再生能源技术研发企业中，融资约束作用被强化，并不是通过环境规制对内源融资约束的作用而实现的。

不同的是，在考虑内源融资约束与政府补贴的交叉项之后，模型（7-16）的计量结果显示：内源融资约束与政府补贴的交叉项的系数在可再生能源技术研发企业的广延边际中通过了10%水平的显著性检验，但在化石能源技术研发企业中未通过显著性检验。这表明，政府补贴将通过影响企业的内源融资约束而间接地降低企业进入可再生能源技术研发领域的概率。

# 第四节　本章小结

吸引企业进入可再生能源技术研发领域可以有效促使能源技术进步偏向可再生能源技术，进而大力提升可再生能源技术水平。但是，企业从事可再生能源技术研发活动面临的风险与不确定性要高于从事化石能源技术研发所面临的风险与不确定性，这使得企业从事可再生能源技术研发活动更容易受到融资约束的影响。因此，融资约束会影响企业研发资源在化石能源技术研发与可再生能源技术研发之间的配置，进而影响企业的能源技术进步偏向。对此，在全国层面与区域层面研究的基础上，本章选取2010—2017年的企业面板数据进一步实证分析企业能源技术进步偏向的影响因素，并纳入了融资约束，得到以下研究结论。

（1）融资约束导致企业能源技术进步偏向化石能源技术，其中，外源融资约束是主因。企业从事化石能源技术研发与可再生能源技术研发都会受到融资约束的影响，但融资约束对可再生能源技术研发的抑制作用要远大于对化石能源技术研发的抑制作用，使得企业的可再生能源技术研发更难获得资金支持。进一步的，外源融资约束是抑制企业可再生能源技术研发的主要原因，即企业的可再生能源技术研发更难从外部获取资金支持。

（2）企业的能源技术进步偏向存在路径依赖，且在偏向可再生能源技术时所形成的路径依赖程度更高。具体而言，企业在以往研发中所积累的能源技术存量将有效促进企业未来的能源技术研发，形成路径依赖效应。但是，企业积累的可再生能源技术存量所发挥的作用更大。

（3）发达国家的能源技术溢出与来自企业自身的非能源技术溢出促使企业的能源技术进步偏向化石能源技术。具体而言，企业从发达国家获取的能源技术溢出将促进企业的化石能源技术研发，但对企业的可再生能源技术研发不存在显著作用。企业从自身非能源技术研发中获取的技术溢出将促进企业的化石能源技术研发，虽然会降低企业进入可再生能源技术研发领域的概率，但在进入后会促进企业的可再生能源技术研发，只是这种促进作用要小于其对化石能源技术研发的促进作用。

（4）能源价格上涨导致企业的能源技术进步偏向化石能源技术。能源价格上涨会吸引企业进入可再生能源技术研发与化石能源技术研发领域，在企业进入之后，能源价格上涨反而会显著抑制企业的可再生能源技术研发，但不会影响企业的化石能源技术研发。

（5）政府的政策干预能在一定程度上改变企业的能源技术进步偏向。具体而言，环境规制会提高企业进入化石能源技术研发与可再生能源技术研发领域的概率，在企业进入之后，环境规制会促进企业的可再生能源技术研发，进而使得企业能源技术进步偏向于可再生能源技术。但是，政府补贴会直接抑制企业的可再生能源技术研发，且会通过缓解企业的内源融资约束而降低企业进入可再生能源技术研发领域的概率，间接抑制企业的可再生能源技术研发。

# 第八章

# 研究结论、政策建议与研究展望

## 第一节　研究结论

在中国经济由高速增长转至中高速增长的过程中，中国的产业结构不断优化，研发投入与产出水平快速增加，促进了中国能源效率的提升。但是，中国的环境污染问题却未得到缓解，二氧化碳排放量水平逐渐超过了美国，排在世界第一位，以石油与天然气为代表的能源安全问题则进一步凸显。主要原因在于，目前中国使用大量的化石能源技术，而可再生能源技术的使用则非常少，前者是中国环境污染的主要来源，后者的使用则不会产生环境污染问题。为了有效解决中国的环境污染问题，实现碳达峰与碳中和的宏伟目标，同时有效保障中国的能源安全，需要加大对可再生能源技术的研发力度，促使中国能源技术进步偏向可再生能源技术，有效提升可再生能源技术水平，最终加快可再生能源对化石能源的替代进程。

基于此，本书将能源要素与技术进步偏向理论相结合，将能源要素划分为污染能源与清洁能源，前者与污染能源技术互补，后者与清洁能源技术互补，据此构建了中国能源技术进步偏向的理论分析框架。理论分析表明：影响中国能源技术进步偏向的因素主要包括价格效应、市场规模效应、生产率效应与技术溢出效应。当这四个效应使得中国能源技术进步偏向污染能源技术时，政府可以通过环境规制与研发补贴两种手段来改变中国的能源技术进步偏向，促使能源技术进步偏向清洁能源技术。

根据这一理论分析结果，本书分别选取化石能源与可再生能源来表示污染能源与清洁能源，并分别选取化石能源技术与可再生能源技术来表示污染能源技术与清洁能源技术，采用全国层面、区域层面与企业层面的数据进行实证检验，得到了以下六个结论。

（1）中国的能源技术进步偏向存在路径依赖特征。在全国层面，中国能源技术进步在偏向可再生能源技术时存在路径依赖，但在偏向化石能源技术时不存在路径依赖。在区域层面，能源技术进步在偏向化石能源技术时存在路径依赖，在偏向可再生能源技术时不存在路径依赖。但企业层面的能源技术进步在偏向化石能源技术与可再生能源技术时均存在明显的路径依赖性，即化石能源技术存量的增加将促使能源技术进步偏向化石能源技术，可再生能源技术存量的增加将促使能源技术进步偏向可再生能源技术。

（2）中国的能源技术进步偏向受到能源技术溢出的显著影响，但能源技术溢出对中国能源技术进步偏向的作用在区域层面与企业层面表现出截然相反的作用。具体而言，在区域层面，化石能源技术溢出与可再生能源技术溢出对能源技术进步偏向的作用要远远大于化石能源技术存量与可再生能源技术存量对能源技术进步偏向的作用，且可再生能源技术溢出的作用要大于化石能源技术溢出的作用。在企业层面，化石能源技术溢出与可再生能源技术溢出对能源技术进步偏向的作用要小于化石能源技术存量与可再生能源技术存量对能源技术进步偏向的作用，且化石能源技术溢出对能源技术进步偏向的作用更大。

（3）化石能源价格上涨可以改变中国区域能源技术进步偏向，促使中国区域能源技术进步偏向可再生能源技术，但其会抑制企业的可再生能源技术研发，因而无法改变企业的能源技术进步偏向。具体而言，化石能源价格上涨将促使中国区域能源技术进步偏向可再生能源技术，使得各地区的能源技术进步走上绿色的可再生能源技术进步道路。化石能源价格上涨将吸引企业进入可再生能源技术研发领域，但在企业进入之后，其反而会抑制企业的可再生能源技术研发，因而在总体上会抑制企业的可再生能源技术研发，最终导致企业的能源技术进步偏向化石能源技术。

（4）企业面临的融资约束将严重抑制企业的可再生能源技术研发，促使企业能源技术进步偏向化石能源技术，其中又以外源融资约束发挥的作用更大。企业从事可再生能源技术研发活动所面临的风险与不确定性要高于从事化石能源技术研发活动，使得企业的可再生能源技术研发得不到充足的资金支持，因而更容易受到融资约束的作用。融资约束，尤其是外源融资约束，将严重抑制企业的可再生能源技术研发，使得企业的能源技术进步偏向化石能源技术。

（5）政府对可再生能源发展的政策支持可以有效改变中国的能源技术进步偏向，促使中国能源技术进步偏向可再生能源技术，但对可再生能源技术研发的企业直接进行补贴反而会抑制企业的可再生能源技术研发。具体而言，从全国层面与区域层面来看，政府对可再生能源发展的政策支持将促使能源技术进步偏向可再生能源技术，进而改变中国的能源技术进步偏向。但是，对可再生能源技术研发企业进行补贴，反而不利于企业的可再生能源技术研发。

（6）环境规制难以改变中国区域能源技术进步偏向，但能促进企业的可再生能源技术研发，使得企业能源技术进步偏向可再生能源技术。具体来看，环境规制水平的提升将促使中国区域能源技术进步偏向化石能源技术，并且环境规制水平的提升并不能抑制企业的化石能源技术研发。环境规制会提高企业进入化石能源技术研发与可再生能源技术研发领域的概率，在企业进入之后，环境规制会促进企业的可再生能源技术研发，进而使得企业能源技术进步偏向于可再生能源技术。

# 第二节　政策建议

大力发展清洁的可再生能源技术是中国能源生产与消费革命的根本，也是促进中国经济绿色发展的关键所在。这不仅可以有效解决中国目前面临的环境污染问题，维持中国经济的中高速增长，而且可以有效降低中国能源的对外依存度，避免中国宏观经济运行受到外部因素的不利冲击。在目前中国化石能源技术水平较高的情况下，本书基于前文的理论研究与实证分析结果，给出促使中国能源技术进步偏向可再生能源技术，大幅度提升中国可再生能源技术水平的政策建议，主要包括以下五点。

（1）中央政府与各级地方政府进一步加强对可再生能源技术研发的政策支持力度。实证结果显示，可再生能源政策促使全国层面与区域层面的能源技术进步偏向可再生能源技术。因此，各级政府可以通过政策手段来促使能源技术进步偏向可再生能源技术，进而提升可再生能源技术水平。中国在2006年正式实施了《中华人民共和国可再生能源法》，从总体上为中国的可再生能源发展提供了指导。在此基础上，针对光伏发电、风电、水电、生物质能与地热能的不同特征，中央政府应该继续出台不同的支持政策来推动可再生能源发展，例如对于成本已经不断下降至与煤电水平接近的光伏发电与风电，中央政府应该出台与电网建设、储能相关的政策，并为分布式的光伏发展提供顶层政策设计，助力光伏发电与风电的消纳，持续推动光伏发电与风电降本增效；对于成本原本就较低的水电，中央政府可以通过绿色信贷等绿色金融手段加大对水电站建设的投资力度；对于成本相对较高且利用相对不广泛的生物质能与地热能，中央政府可以参考以往推动光伏发电与风电发展时出台的相关措施，利用直接补贴来推动两者发展，并根据两者的降本情况设计补贴支持政策与补贴退坡政策。

中央政府与国家能源局等中央部门在实现碳达峰与碳中和宏伟目标框架下，对可再生能源的发展进行顶层设计之后，要加强对地方政府的考核，同时要对各地方政府进行放权。中国的可再生能源分布存在十分显著的区域差异性，海洋能与水能主要分布在东部沿海地区与存在大江大河的地区，太阳能主要分布在西藏、青海、新疆、内蒙古南部及陕西北部等中西部省份，风能主要分布在东南沿海及其岛屿、内蒙古、甘肃北部、黑龙江、吉林东部及辽东半岛沿海地区，生物质能的分布则十分广泛，农林资源、城市垃圾等都是生物质能的重要来源。区域分布的差异性使得可再生能源的供给与需求形成明显的错位，各级地方政府应该根据自身所拥有的可再生能源禀赋，进一步制定不同类型的地区支持政策，推动各地区的能源技术革命。具体来看，太阳能与风能丰裕的西藏、内蒙古、甘肃与青海等地区地处中国西部，地方政府在加大对集中式风电与光伏发电大基地建设的基础上，要统筹规划电力网络的建设，为这些电力的输送提供必要的基础设施。应该制定政策支持可再生能源电力传输技术的发展，解决供给与需求存在的错位问题，安排专项资金支持电力企业对可再生能源电力传输技术的研发，也可以通过政府课题招标的形式积极吸引高校与各研究院攻克可再生能源电力传输技术。针对风电与太阳能发电的独有特征，各地方政府要加快抽水蓄能、电池储能等储能设施的建设，避免出现"弃风""弃光"等现象。同时，通过政府的财政支持，保障这些地区的太阳能与风能所生产的电力优先上网。对于农林资源丰裕的农村地区，地方政府可以通过财政支持的形式，支持农村地区沼气池的建设，避免农林资源直接燃烧所造成的资源浪费与环境污染。对于秸秆等生物质能源，各地方政府可以引导发电企业与秸秆交易机构进行合作，有效推动生物质发电的发展。对于城市垃圾产生量非常高的地区，要持续有效地推动生活垃圾分类工作，确保垃圾发电的高效性与低成本，同时，地方政府应该为垃圾发电企业提供土地与贷款等政策上的支持，保障垃圾发电优先上网。对于水能丰富的西南地区，要在保持生态环境不被破坏的基础上，加快大型水电站的建设。

（2）加强与可再生能源技术水平高的发达国家之间的经济合作与交流，尤其要积极吸引主营业务以可再生能源的技术研发及相关产品销售为主的企业对中国进行直接投资。与中国相比，发达国家对可再生能源技术的研发活动开展得更早，所积累的可再生能源技术存量十分丰富。本书的实证分析表明，发达国家的可再生能源技术溢出促使中国能源技术进步偏向可再生能源技术，并有效地促进企业的可再生能源技术研发。其中，通过FDI渠道溢出的可再生能源技术存量对中国能源技术进步偏向的作用最大。以德国、丹麦为代表的欧洲国家在推动国内可再生能源的发展上做出了巨大的努力，其可再生能源电力占电力消费总量的比例也逐渐提升，积累了大量的可再生能源发展经验。虽然中国的光伏发电与风力发电的发展速度非常快，且技术在全球范围内处于领先地位，但欧洲国家的可再生能源发展经验依旧值得中国借鉴。因此，中国应该加大与德国等可再生能源技术发展水平较高的发达国家之间的经济合作与交流。首先，积极吸收发达国家中主营业务以可再生能源为主的企业对中国的直接投资，提升发达国家的直接投资的清洁程度，避免以往"是菜都往篮子里捡"的做法。例如可以借鉴丹麦风电企业的发展经验与风电技术，可以借鉴吸收德国的太阳能技术与发展经验。中国可以通过外商直接投资来借鉴吸收这些可再生能源发展经验丰富的国家的先进技术，加快中国可再生能源技术的发展。其次，积极鼓励对可再生能源技术发展水平较高的发达国家的出口，加快通过出口来模仿与吸收发达国家的先进可再生能源技术，同时对高能耗的污染产品的出口设置标准，减少污染产品的出口。最后，积极进口可再生能源技术发展水平较高的发达国家的产品，尤其是进口可再生能源密集型产品，同时减少化石能源密集型产品的进口，提升中国进口产品的清洁程度。

（3）加快中国能源要素价格的市场化进程，政府仅通过能源税的形式调节中国国内的能源价格。能源安全关乎中国宏观经济运行的稳定，因此，政府对能源价格的控制力度相对较大。目前，中国国内能源价格的调整原则为"十个工作日一调整"，相对滞后于国际能源价格的波动。与此同时，国家对原油使用权与原油进口权的限制力度也相对较大，并完全限制了国内成品油的出口。对此，政府可以以原油进口的市场化为突破口，逐步放开中国的原油冶炼，从成品油批发的市场化开始逐步过渡到零售，进而将整个石油产业链渐次开放，最终促进中国能源价格的完全市场化。2016年，国家逐步放开了进口原油使用权与原油进口权，地方炼油企业开始大量进口与加工国际原油。但目前获取原油进口权的地方冶炼企业数量较小，且主要集中在山东。原油方面的瓶颈问题依旧十分显著，地方炼油企业参与程度相对较低。因此，政府需要进一步放开进口原油使用权与原油进口权，吸收更多的地方炼油企业参与，加快中国成品油的市场化进程，带动成品油批发与零售的市场化进程。

在国内能源价格市场化的进程中，吸收大量的民营资本参与其中，容易造成产能过剩与效率低下等问题。政府需要加大对民营资本参与能源价格市场化的审核力度与监管力度，避免市场化进程中产生乱象。同时，政府可通过设定能源税，避免国内能源价格过低给可再生能源发展造成不利影响，将国内能源价格维持在一个合理的区间。

（4）加快中国多层次资本市场的建设，为从事可再生能源技术研发的企业提供有效的外部资金支持。可再生能源技术研发需要大量的资金支持，但其面临的高风险与不确定性使得可再生能源技术研发不能从银行等传统资本市场获取足够的资金支持。为此，政府需要加大国内多层次资本市场的建设力度。具体而言，首先，以地方政府为主，大力发展针对可再生能源技术研发企业的天使投资基金，为可再生能源技术研发提供初步的资金支持。其次，对于那些相对比较成熟的可再生能源技术研发企业，政府可以以产业基金的形式为其提供进一步的资金支持。再次，对于运行平稳的可再生能源技术研发企业，政府可以借助风险分析与控制机构等第三方，利用大数据技术，实时跟踪可再生能源技术研发企业的经营情况与风险情况，促成银行等金融机构对经营状况良好且风险水平较低的可再生能源技术研发企业提供优惠贷款，促进可再生能源技术研发企业的成熟与壮大。最后，在可再生能源技术研发企业发展壮大之后，政府退出对可再生能源技术研发企业的支持，将资金支持的职能转移给传统的银行机构。

此外，也要充分考虑不同类型可再生能源发展的情况，为不同企业提供相应的外部资金支持。例如对于光伏企业、风电企业与水电企业，中国国内已经形成了完整的产业链，掌握了绝大部分核心技术，国产化水平较高，这些企业的技术研发与经营发展面临的风险较低，中国证券监督管理委员会（以下简称中国证监会）应该加快对此类企业上市申请的审批，利用北京证券交易所与科创板来推动此类企业的上市。对于已经上市的光伏企业、风电企业与水电企业，中国证监会要加快对此类企业的定向增发与可转债发行申请的审批，同时也可以通过绿色信贷来为企业提供资金支持。对于生物质能源与地热能相关的企业，由于其成本依旧保持在较高水平，相关的技术尚在不断突破中，研发活动与生产经营活动面临的风险较高，政府可以通过天使基金、产业基金等培育相应的企业，推动此类技术的发展。

（5）扩大可再生能源技术研发企业的市场规模，适度减少对可再生能源技术研发企业的直接补贴。可再生能源技术研发企业面临的市场规模越大，越能促进企业的可再生能源技术研发。政府对可再生能源技术研发企业进行直接补贴会缓解企业的内源融资约束，进而降低企业进入可再生能源技术研发领域的概率，最终抑制企业的可再生能源技术研发。为此，政府需要扩大可再生能源技术研发企业的市场规模。具体而言，在可再生能源丰裕的地区，政府在大力建设风力发电与光伏发电等大型基地的同时，要确保这些绿色电力有足够的市场规模，避免因市场规模不足而导致"弃风""弃光"现象。在此基础上，政府可以通过政府采购形式来购买可再生能源技术研发企业所研发的产品，例如大型风光基地的建设、政府大楼中的分布式光伏开发、节能建筑建造等，政府均可以增加可再生能源技术研发企业的市场规模。对于可以直接运用到居民生活的太阳能等相关产品，政府可以通过专项补贴的形式鼓励居民购买，进而间接扩大可再生能源技术研发企业的市场规模。

此外，政府不需要直接对可再生能源技术研发企业进行补贴，将政府补贴形式转变为扩大可再生能源技术研发企业市场规模的形式，将政府补贴用于采购可再生能源技术研发企业相关产品及对居民购买可再生能源相关产品的补贴之上。目前，中国对光伏发电与风力发电的补贴逐渐退坡，但两者逐渐进入了良性发展的阶段，其成本出现了大幅度的下降，与煤电的成本不断接近，同时也涌现出了隆基股份、明阳智能等十分优秀的光伏企业与风电企业，这也从侧面反映了不断减少对企业的补贴并不会抑制中国可再生能源的发展。

## 第三节　研究展望

本研究将能源与技术进步偏向理论相结合，构建了中国能源技术进步偏向的理论模型。在此基础上，分别从全国层面、区域层面及企业层面分析了中国能源技术进步偏向的影响因素，对中国的能源技术进步偏向问题展开了初步的研究，也为后续的相关研究贡献了微薄之力。但是，本研究存在一定的局限性，需要在未来进行进一步完善。未来需要深入研究的问题主要包括以下三个。

（1）构建不同技术溢出渠道下中国能源技术进步偏向理论的分析框架，并对此进行实证检验。本研究系统分析了技术溢出效应对中国能源技术进步偏向的影响作用，但对于具体的技术溢出渠道对中国能源技术进步偏向的作用则未深入分析。仅在区域层面实证分析了四个技术溢出渠道对中国区域能源技术进步偏向的作用大小，对于背后的理论机制则未曾涉及。以往研究中，Acemoglu et al.（2015）理论分析了离岸外包对技术进步偏向的作用，这为相关的研究提供了重要的参考。但是，进口、出口、FDI 与 OFDI 和外包并不相同，并且在中国的对外经贸合作中，出口与进口所占的比重非常高，FDI 次之，相比而言，OFDI 的占比较低。对于出口而言，如果中国的产品要出口到发达国家，则要符合发达国家的相关产品要求，以此来倒逼中国产品质量的提升，这是通过出口获取技术溢出的主要来源。进口与 FDI 比较类似，前者通过购买发达国家的产品获取技术溢出，后者通过直接吸引发达国家的资本与技术获取技术溢出，两者都属于主动获取技术溢出。OFDI 则是通过在发达国家进行投资，熟悉并遵守当地的技术标准与相关要求，以此来获得技术溢出。因此，这四个渠道的技术溢出机制并不相同。那么，进口、出口、FDI 与 OFDI 四个渠道的能源技术溢出如何作用于中国的能源技术进步偏向，背后的具体理论机制是什么，中国在这些情况中处于什么样的地位，应该发挥什么样的角色，这些都是在未来需要深入研究的问题。

（2）实证分析非能源企业的能源技术进步偏向问题是未来需要深入研究的另一个问题。受限于数据可得性，本研究主要实证分析了能源企业的能源技术进步偏向问题，而对于中国国内科研院所、高校及其他企业的能源技术进步偏向问题研究则未曾涉及。尤其是国内科研院所、高校的能源技术研发可能并不以利润最大化为基本原则，而是在政府课题指导下或者政、产、学、研相结合的指导下展开的，使得其能源技术进步偏向问题变得更加复杂。本研究选取的能源企业占中国企业总数的比例几乎可以忽略不计，但大部分企业都需要使用能源，也会在化石能源与可再生能源之间进行选择。尤其是在中国进行电力改革使得企业用电价格上升之后，越来越多的大企业开始兴建分布式光伏发电设施，通过光伏加储能的方式来降低用电成本，可以预见，在未来将会有越来越多的企业使用可再生能源。那么，这些非能源企业的能源技术进步偏向究竟如何，哪些因素会影响这些企业的能源技术进步偏向，这些问题需要进行深入分析。尤其是在政、产、学、研四位一体的情况下，能源技术进步偏向的形成机理是什么，哪些因素对此产生作用，政府又该如何进行干预，这些都是未来需要着重关注的问题。

（3）深入分析不同政策对中国能源技术进步偏向的影响作用。本研究在实证分析政府政策对中国能源技术进步偏向时采用的是虚拟变量，以2006年颁布实施的《中华人民共和国可再生能源法》作为设定虚拟变量的参考，得出的结论是政府对可再生能源发展的支持有助于能源技术进步偏向可再生能源技术，但这种处理方式相对比较笼统。事实上，在2006年之后，中国政府颁布了大量有关可再生能源发展的政策，大部分政策从表面上看起促进作用，例如对光伏产业进行补贴，对光伏发电优先上网，颁布实施可再生能源发展规划等。但也有从表面来看起抑制作用的政策，例如对可再生能源发展的补贴退坡，特别是影响深远的"光伏531新政"，这些政策直接导致中国的光伏发展在短期陷入了极大的困境。但从长期来看，对可再生能源进行补贴不一定起促进作用，反而会抑制企业进行可再生能源技术研发的积极性，补贴退坡也不一定起抑制作用，例如在"光伏531新政"之后，中国的光伏企业通过加大研发投入不断降低光伏的成本，反而促进了光伏的发展。因此，2006年之后政府颁布的政策各有不同，发挥的作用也各不相同，不能简单以虚拟变量来衡量。在未来的研究中，可以参考"经济政策不确定性指数"，运用词频法提炼出政府政策对可再生能源发展产生的政策指数，再实证分析政府政策对能源技术进步偏向的作用。这将是未来研究政府政策对中国能源技术进步偏向，尤其是区域层面的能源技术进步偏向的作用的主要方向。

附 录

由于 $n_{ct} = \overline{n_c}$，因此将 $Y_{dt}$ 与 $Y_{ct}$ 化简为：

$$Y_{dt} \propto (n_{dt})^{\frac{\beta\varepsilon}{1+\beta(\varepsilon-1)}} \left[ \Lambda (n_{dt})^{\frac{\beta(1-\varepsilon)}{\beta(1-\varepsilon)-1}} + \Phi \right]^{\frac{\beta-1}{\beta(1-\varepsilon)}} \qquad (1)$$

$$Y_{ct} \propto \left[ \mu (n_{dt})^{\frac{\beta(1-\varepsilon)}{\beta(1-\varepsilon)-1}} + \varphi \right]^{\frac{\beta-1}{\beta(1-\varepsilon)}} \qquad (2)$$

其中，$\Lambda$、$\Phi$、$\mu$ 及 $\varphi$ 均为大于零的常数。对于 $Y_{dt}$ 而言，求 $Y_{dt}$ 关于 $n_{dt}$ 的导数并化解可得：

$$\frac{\partial Y_{dt}}{\partial n_{dt}} = \left[ \Lambda (n_{dt})^{\frac{\beta(1-\varepsilon)}{\beta(1-\varepsilon)-1}} + \Phi \right]^{\frac{\beta-1}{\beta(1-\varepsilon)}} \times (n_{dt})^{\frac{\beta-1}{\beta(1-\varepsilon)-1}} \times$$

$$\left[ \frac{\beta\varepsilon}{1+\beta(\varepsilon-1)} + \frac{\beta-1}{\beta(1-\varepsilon)-1} \times \frac{\Lambda (n_{dt})^{\frac{\beta(1-\varepsilon)}{\beta(1-\varepsilon)-1}}}{\Lambda (n_{dt})^{\frac{\beta(1-\varepsilon)}{\beta(1-\varepsilon)-1}} + \Phi} \right] \qquad (3)$$

由于 $\left[ \Lambda (n_{dt})^{\frac{\beta(1-\varepsilon)}{\beta(1-\varepsilon)-1}} + \Phi \right]^{\frac{\beta-1}{\beta(1-\varepsilon)}} \times (n_{dt})^{\frac{\beta-1}{\beta(1-\varepsilon)-1}} > 0$，因此，仅考虑下面这一项，即：

$$\left[ \frac{\beta\varepsilon}{1+\beta(\varepsilon-1)} + \frac{\beta-1}{\beta(1-\varepsilon)-1} \times \frac{\Lambda (n_{dt})^{\frac{\beta(1\ \varepsilon)}{\beta(1-\varepsilon)-1}}}{\Lambda (n_{dt})^{\frac{\beta(1-\varepsilon)}{\beta(1-\varepsilon)-1}} + \Phi} \right]$$

由于 $(n_{dt})^{\frac{\beta(1-\varepsilon)}{\beta(1-\varepsilon)-1}} > 0$，因此，$0 < \dfrac{\Lambda (n_{dt})^{\frac{\beta(1-\varepsilon)}{\beta(1-\varepsilon)-1}}}{\Lambda (n_{dt})^{\frac{\beta(1-\varepsilon)}{\beta(1-\varepsilon)-1}} + \Phi} < 1$，令其为 $k_1$，则有：

$$\left[ \frac{\beta\varepsilon}{1+\beta(\varepsilon-1)} + \frac{\beta-1}{\beta(1-\varepsilon)-1} \times \frac{\Lambda (n_{dt})^{\frac{\beta(1-\varepsilon)}{\beta(1-\varepsilon)-1}}}{\Lambda (n_{dt})^{\frac{\beta(1-\varepsilon)}{\beta(1-\varepsilon)-1}} + \Phi} \right] = \frac{\beta\varepsilon + k_1(1-\beta)}{1+\beta(\varepsilon-1)} = \frac{\beta(\varepsilon-k_1)+k_1}{1+\beta(\varepsilon-1)} \qquad (4)$$

在式（4）中，当$0<\varepsilon<1$时，有$\dfrac{\beta(\varepsilon-k_1)+k_1}{1+\beta(\varepsilon-1)}>0$。当$\varepsilon>1$时，有$\dfrac{\beta(\varepsilon-k_1)+k_1}{1+\beta(\varepsilon-1)}>0$。

因此，$\varepsilon$取任何值时，都有$\left[\dfrac{\beta\varepsilon}{1+\beta(\varepsilon-1)}+\dfrac{\beta-1}{\beta(1-\varepsilon)-1}\times\dfrac{\Lambda(n_{dt})^{\frac{\beta(1-\varepsilon)}{\beta(1-\varepsilon)-1}}}{\Lambda(n_{dt})^{\frac{\beta(1-\varepsilon)}{\beta(1-\varepsilon)-1}}+\Phi}\right]>0$。因

此，有$\dfrac{\partial Y_{dt}}{\partial n_{dt}}>0$。即当$n_{dt}$增加时，$Y_{dt}$也增加。

参考文献

[1] Acemoglu D, Aghion P, Violante G.Deunionization, Technical Change and Inequality [J] Carnegie-Rochester Conference Series on Public Policy, 2001, 55 (1): 229-264.

[2] Acemoglu D, Akcigit U, Hanley D, et al.Transition to Clean Technology [J] .Journal of Political Economy, 2016, 124 (1): 52-104.

[3] Acemoglu D, Gancia G, Zilibotti F.Offshoring and Directed Technical Change [J] .American Economic Journal: Macroeconomics, 2015, 7 (3): 84-122.

[4] Acemoglu D, Philippe A, Hemous D.The Environment and Directed Technical Change in a North-South Model [J] .Oxford Review of Economic Policy, 2014, 30 (3): 513-530.

[5] Acemoglu D, Philippe A, Leonardo B, et al.The Environment and Directed Technical Change [J] .American Economic Review, 2012, 102 (1): 131-166.

[6] Acemoglu D, Zilibotti F.Productivity Differences [J] . Quarterly Journal of Economics, 2001, 116 (2): 563-606.

[7] Acemoglu D.Directed Technical Change [J] .Review of Economic Studies, 2002, 69 (4): 781-809.

[8] Acemoglu D.Economic Growth and Development in The Undergraduate Curriculum [J] .The Journal of Economic Education, 2013, 44 (2): 169-177.

[9] Acemoglu D.Introduction to Economic Growth [J] . Journal of Economic Theory, 2012, 147 (4): 545-550.

[10] Acemoglu D.Introduction to Modem Economic Growth [M] .Princeton, Nj: Princeton University Press, 2009.

[11] Acemoglu D.Labor-And Capital-Augmenting Technical Change [J] .Journal of The European Economic Association, 2003b, 1 (1): 1-37.

[12] Acemoglu D.Pattern of Skill Premia [J] .Review of Economic Studies, 2003a, 70 (2): 199-230.

［13］Acemoglu D.Technology，Unemployment and Efficiency［J］.European Economic Review，1997，1（41）：525-533.

［14］Acemoglu D.Why Do New Technologies Complement Skills? Directed Technical Change and Wage Inequality［J］. Quarterly Journal of Economics，1998，113（4）：1055-1089.

［15］Adriaan V Z，Yetkiner H I. An Endogenous Growth Model with Embodied Energy-Saving Technical Change［J］. Resource and Energy Economics，2003，25（1）：81-103.

［16］Adriana D A，Cees V B. Energy Subsidies，Structure of Electricity Prices and Technological Change of Energy Use［J］.Energy Economics，2013，40（C）：495-502.

［17］Aghion P，Dechezleprêtre A，Hemous D，et al.Carbon Taxes，Path Dependency，and Directed Technical Change：Evidence From The Auto Industry［J］. Journal of Political Economy，2016，124（1）：1-51.

［18］Aghion P，Hemous D，Kharroubi E. Cyclical Fiscal Policy，Credit Constraints，and Industry Growth［J］. Journal of Monetary Economics，2014，62（3）：41-58.

［19］Aghion P，Howitt P.A Model of Growth Through Creative Destruction［J］. Econometrica，1992，60（2）：323-351.

［20］Alan L O，Paul R.Induced Innovation in American Agriculture：A Reconsideration［J］. Journal of Political Economy，1993，101（1）：100-118.

［21］Alfons O L，Elvira S，Spiro S.Decomposing Productivity Growth Allowing Efficiency Gains and Price-Induced Technical Progress［J］.European Review of Agricultural Economics，2000，27（4）：497-518.

［22］Alwyn Y.Substitution and Complementarity in Endogenous Innovation［J］. Quarterly Journal of Economics，1993，108（3）：775-807.

［23］Ambec S，Barla P.A Theoretical Foundation of The Porter Hypothesis［J］. Economics Letters，2002，75（3）：355-360.

［24］Ambec S，Barla P.Can Environmental Regulations Be Good for Business? An Assessment of The Porter Hypothesis［J］. Energy Studies Review，2006，14（2）：601-610.

［25］Ambec S，Cohen M A，Elgie S，et al.The Porter Hypothesis At 20：Can Environmental Regulation Enhance Innovation and Competitiveness?［J］. Review of Environmental Economics and Policy，2013，7（1）：2-22.

［26］Amiti M，Cameron L A. Economic Geography and Wages：The Case of Indonesia［R］. Imf Working Papers，2004.

［27］Amiti M，Cameron L.Economic Geography and Wages［J］. Review of Economics and Statistics，2007，89（1）：15-29.

［28］Amiti M，Cameron L.Trade Liberalization and The Wage Skill Premium：Evidence from

Indonesia[J]. Journal of International Economics, 2011, 87 (2): 277-287.

[29] Anup S, Meghnad D.Growth Cycles With Induced Technical Change[J].Economic Journal, 1981, 91 (364): 1006-1010.

[30] Arrow K.Economic Welfare and The Allocation of Resources for Invention [M] //The Rate and Direction of Inventive Activity: Economic and Social Factors. Princeton University Press, 1962.

[31] Autor D H, Katz L F, Kearney M S.Trends in U.S. Wage Inequality: Revising The Revisionists [J]. Review of Economics and Statistics, 2008, 90 (2): 300-323.

[32] Autor D H, Katz L F, Krueger A B.Computing Inequality: Have Computers Changed The Labor Market? [J]. Social Science Electronic Publishing, 1998, 113 (4): 1169-1213.

[32] Autor D H, Levy F, Murnane R J.The Skill Content of Recent Technological Change: An Empirical Exploration [J]. Quarterly Journal of Economics, 2003, 118 (4): 1279-1333.

[33] Baumol W J, Oates W E.The Theory of Environmental Policy [M]. Cambridge: Cambridge University Press, 1988.

[34] Beaudry P, Doms M, Lewis E.Endogenous Skill Bias in Technology Adoption: City-Level Evidence from The IT Revolution [R]. National Bureau of Economic Research, 2006.

[35] Behrman J R, Gaviria A, Székely M, et al. Intergenerational Mobility in Latin America[J]. Economia, 2001, 2 (1): 1-44.

[36] Behrman J R, Rosenzweig M R.Does Increasing Women's Schooling Raise The Schooling of The Next Generation? [J].American Economic Review, 2002, 92 (1): 323-334.

[37] Bellone F, Musso P, Nesta L, et al.Financial Constraints and Firm Export Behaviour [J]. The World Economy, 2010, 33 (3): 347-373.

[38] Binswanger H P.A Microeconomic Approach to Induced Innovation [J].Economic Journal, 1974, 84 (336): 940-958.

[39] Binswanger Hans P.A Microeconomic Approach to Induced Innovation [J]. Economic Journal, 1974, 84 (336): 940-958.

[40] Binswanger Hans P.The Microeconomics of Induced Technical Change [M] //Binswanger Hans P, Vernon W R.Induced Innoation: Technology, Institutions, and Development. Baltimore. Md: Johns Hopkins University Press, 1978.

[41] Blanchard O.The Medium Run [J].Brookings Papers on Economic Activity, 1997 (2): 89-158.

[42] Blundell R, Bond S.Initial Conditions and Moment Restrictions in Dynamic Panel Data Models [J]. Journal of Econometrics, 1998, 87 (1): 115-143.

［43］Blundell R，Griffith R，Van Reenen J.Dynamic Count Data Models of Technological Innovation ［J］.Economic Journal，1995，105（429）：333-344.

［44］Blundell R，Griffith R，Windmeijer F.Individual Effects and Dynamics in Count Data Models ［J］.Journal of Econometrics，2002，108（1）：113-131.

［45］Boucekkine R，Río F D，Licandro O.Obsolescence and Modernization in The Growth Process ［J］.Journal of Development Economics，2005，77（1）：153-171.

［46］Boucekkine R，Fabbri G，Pintus P.Growth and Financial Liberalization Under Capital Collateral Constraints：The Striking Case of The Stochastic AK Model With Cara Preferences ［J］.Economics Letters，2014，122（2）：303-307.

［47］Boucekkine R，Licandro O，Puch L A，et al.Vintage Capital and The Dynamics of The AK Model ［J］.Journal of Economic Theory，2005，120（1）：39-72.

［48］Brewer A A.A Three（Or More）Factor Model of Growth With Induced Innovation ［J］.Review of Economic Studies，1975，42（130）：285-292.

［49］Bricongne J C，Fontagne L，Gaulier G，et al.Exports and Sectoral Financial Dependence：Evidence on French Firms During The Great Global Crisis ［R］.Working Paper，2010.

［50］Brown J R，Petersen B C.Cash Holdings and R&D Smoothing ［J］.Journal of Corporate Finance，2011，17（3）：694-709.

［51］Brunnermeier S B，Cohen M A.Determinants of Environmental Innovation in U.S. Manufacturing Industries ［J］.Journal of Environmental Economics and Management，2003，45（2）：278-293.

［52］Buch C M，Kesternich I，Lipponer A，et al.Financial Constraints and Foreign Direct Investment：Firm-Level Evidence ［J］.Review of World Economics，2014，150（2）：393-420.

［53］Calel R，Dechezlepretre A.Environmental Policy and Directed Technological Change：Evidence From The European Carbon Market ［J］.Review of Economics and Statistics，2016，98（1）：173-191.

［54］Card D，Lemieux T，Riddell W C.Unions and Wage Inequality ［J］.Journal of Labor Research，2004，25（4）：519-559.

［55］Card D，Lemieux T.Can Falling Supply Explain The Rising Return to College for Younger Men? A Cohort-Based Analysis ［J］.Quarterly Journal of Economics，2001，116（2）：705-746.

［56］Card D，Lemieux T.Wage Dispersion，Returns to Skill，and Black-White Wage Differentials ［J］.Journal of Econometrics，1996，74（2）：319-361.

［57］Celikkol P，Stefanou S E.Measuring The Impact of Price-Induced Innovation on Technological Progress: Application to The U.S. Food Processing and Distribution Sector [J].Journal of Productivity Analysis, 1999, 12 (2): 135–151.

[58] Chandana C, Romesh D.R&D and Components of Technical Change [J]. Eastern Economic Journal, 1989, 15 (4): 365–371.

[59] Christer B, Patrik S.Modeling Technical Change in Energy System Analysis: Analyzing The Introduction of Learning-By-Doing in Bottom-Up Energy Models [J].Energy Policy, 2006, 34 (12): 1344–1356.

[60] Cleary S.The Relationship Between Firm Investment and Financial Status [J].Journal of Finance, 1999, 54 (2): 673–692.

[61] Coe D T, Helpman E.International R&D Spillovers [J]. European Economic Review, 1995, 39 (5): 859–887.

[62] Cole M A, Elliott R J R.Determining The Trade - Environment Composition Effect: The Role of Capital, Labor and Environmental Regulations [J]. Journal of Environmental Economics and Management, 2003, 46 (3): 363–383.

[63] Copeland B R, Taylor M S.North-South Trade and The Environment [J]. Quarterly Journal of Economics, 1994, 109 (3): 755–787.

[64] Copeland B R, Taylor M S.The Trade-Induced Degradation Hypothesis [J]. Resource and Energy Economics, 1997, 19 (4): 321–344.

[65] Copeland B R, Taylor M S.Trade and The Environment: A Partial Synthesis [J]. American Journal of Agricultural Economics, 1995, 77 (3): 765–771.

[66] Copeland B R, Taylor M S.Trade and The Environment: Theory and Evidence [M]. Princeton: Princeton University Press, 2013.

[67] Copeland B R, Taylor M S.Trade and Transboundary Pollution [J]. American Economic Review, 1995, 85 (4): 716–737.

[68] Costantini V, Crespi F.Environmental Regulation and The Export Dynamics of Energy Technologies [J]. Ecological Economics, 2008, 66 (22): 447–460.

[69] Costantini V, Mazzanti M.On The Green and Innovative Side of Trade Competitiveness? The Impact of Environmental Policies and Innovation on Eu Exports [J].Research Policy, 2012, 41 (1): 132–153.

[70] Cristiano A.Localized Technological Change and Factor Markets: Constraints and Inducements to Innovation [J]. Structural Change and Economic Dynamics, 2006, 17 (2): 224–247.

[71] Dale W J. The Role of Energy in Productivity Growth [J].Energy Journal, 1984, 5 (3): 11–26.

［72］David P A，Klundert T.Biased Efficiency Growth and Capital-Labor Substitution in The U.S.，1899-1960［J］. American Economic Review，1965，55（3）：357-394.

［73］Dechezleprêtre A，Glachant M，Haščič I，et al.Invention and Transfer of Climate Change‐Mitigation Technologies：A Global Analysis［J］. Review of Environmental Economics and Policy，2011，5（1）：109-130.

［74］Dechezleprêtre A，Glachant M，Ménière Y.What Drives The International Transfer of Climate Change Mitigation Technologies? Empirical Evidence from Patent Data［J］. Environmental and Resource Economics，2013，54（2）：161-178.

［75］Dechezleprêtre A，Neumayer E，Perkins R.Environmental Regulation and The Cross-Border Diffusion of New Technology：Evidence From Automobile Patents［J］. Research Policy，2015，44（1）：244-257.

［76］Dechezleprêtre A，Sato M.The Impacts of Environmental Regulations on Competitiveness［J］. Review of Environmental Economics and Policy，2017，11（2）：183-206.

［77］Emanuel K.Increasing Destructiveness of Tropical Cyclones Over The Past 30 Years［J］. Nature，2005，436（7051）：686.

［78］Ernst B，Charles K，Jong-Kun L.Measuring The Energy Efficiency and Productivity Impacts of Embodied Technical Change［J］.Energy Journal，1993，14（1）：33-55.

［79］Farinas J C，Martín‐Marcos A.Exporting and Economic Performance：Firm‐Level Evidence of Spanish Manufacturing［J］. World Economy，2007，30（4）：618-646.

［80］Fazzari S M，Hubbard R G，Petersen B C，et al.Financing Constraints and Corporate Investment［J］. Brookings Papers on Economic Activity，1988，19（1）：141-206.

［81］Fazzari S，Minsky H.Domestic Monetary Policy：If Not Monetarism，What?［J］. Journal of Economic Issues，1984，18（1）：101-116.

［82］Felbermayr G J，Kohler W.Exploring The Intensive and Extensive Margins of World Trade［J］. Review of World Economics，2006，142（4）：642-674.

［83］Felbermayr G J，Toubal F.Cultural Proximity and Trade［J］. European Economic Review，2010，54（2）：279-293.

［84］Fischer C，Newell R G.Environmental and Technology Policies for Climate Mitigation［J］. Journal of Environmental Economics and Management，2008，55（2）：142-162.

［85］Gancia G，Bonfiglioli A.North-South Trade and Directed Technical Change［J］. Journal of International Economics，2008，76（2）：276-295.

［86］Görg H，Greenaway D.Much Ado About Nothing? Do Domestic Firms Really Benefit from Foreign Direct Investment?［J］. The World Bank Research Observer，2004，19（2）：171-197.

［87］Greenaway D, Guariglia A, Yu Z.The More The Better? Foreign Ownership and Corporate Performance in China［J］. European Journal of Finance, 2014, 20（7-9）: 681-702.

［88］Greenaway D, Yu Z.Firm-Level Interactions Between Exporting and Productivity: Industry-Specific Evidence［J］. Review of World Economics, 2004, 140（3）: 376-392.

［89］Grossman G M, Helpman E. Quality Ladders in The Theory of Growth［J］. Review of Economic Studies, 1991, 58（1）: 43-61.

［90］Grossman G M, Helpman E.Endogenous Innovation in The Theory of Growth［J］. Journal of Economic Perspectives, 1994, 8（1）: 23-44.

［91］Grueber C E, Nakagawa S, Laws R J, et al.Multimodel Inference in Ecology and Evolution: Challenges and Solutions［J］. Journal of Evolutionary Biology, 2011, 24（4）: 699-711.

［92］Guariglia A, Liu X, Song L.Internal Finance and Growth: Microeconometric Evidence on Chinese Firms［J］. Journal of Development Economics, 2008, 96（1）: 79-94.

［93］Hall B H.The Financing of Research and Development［J］. Oxford Review of Economic Policy, 2002, 18（1）: 35-51.

［94］Hanlon W W.Necessity Is The Mother of Invention: Input Supplies and Directed Technical Change［J］.Econometrica, 2015, 83（1）: 67-100.

［95］Hart D M.Competing Conceptions of The Liberal State and The Governance of Technological Innovation in The U.S. 1933-1953［D］.Massachusetts Institute of Technology, 1995.

［96］Haščič I, Johnstone N, Kalamova M.Environmental Policy Flexibility, Search and Innovation［J］. Finance a Uver: Czech Journal of Economics & Finance, 2009, 59（5）: 426-441.

［97］Hascic I, Johnstone N, Michel C. Environmental Policy Stringency and Technological Innovation: Evidence From Patent Counts［C］//European Association of Environmental and Resource Economists 16th Annual Conference, Gothenburg, Sweden. 2008.

［98］Hassler J, Mora J V R, Zeira J.Inequality and Mobility［J］. Journal of Economic Growth, 2007, 12（3）: 235-259.

［99］Hassler J, Mora J V R, Zeira J.Inequality and Mobility［J］. Journal of Economic Growth, 2007, 12（3）: 235-259.

［100］Hayami Y, Ruttan V W. Factor Prices and Technical Change in Agricultural Development: The United States and Japan, 1880-1960［J］. Journal of Political Economy, 1970, 78（5）: 1115-1141.

［101］Heckman J J, Lochner L, Taber C.Explaining Rising Wage Inequality: Explorations With A Dynamic General Equilibrium Model of Labor Earnings With Heterogeneous Agents［J］.

Review of Economic Dynamics, 1998, 1（1）：1-58.

[ 102 ] Hemous D.The Dynamic Impact of Unilateral Environmental Policies［J］.Journal of International Economics, 2016, 103（C）：80-95.

[ 103 ] Hicks J R.The Theory of Wages［M］.London：Macmillan & Co. Ltd., 1932.

[ 104 ] Hoppe M.Technology Transfer Through Trade［J/OL］. Social Science Electronic Publishing, 2005（1）：1-57.

[ 105 ] Horbach J.Determinants of Environmental Innovation-New Evidence from German Panel Data Sources［J］. Research Policy, 2008, 37（1）：163-173.

[ 106 ] Horel A E.Application of Ridge Analysis to Regression Problems［J］. Chemical Engineering Progress, 1962, 58（1）：54-59.

[ 107 ] Hoshi T, Kashyap A, Scharfstein D.Corporate Structure, Liquidity, and Investment：Evidence from Japanese Industrial Groups［J］.Quarterly Journal of Economics, 1991, 106（1）：33-60.

[ 108 ] Hubbard R G.Capital-Market Imperfections and Investment［R］.National Bureau of Economic Research, 1997.

[ 109 ] Huw Lloyd-Ellis. Endogenous Technological Change and Wage Inequality［J］. American Economic Review, 1999, 89（1）：47-77.

[ 110 ] Jaffe A B, Lerner J.Innovations and Its Discontents：How Our Broken Patent System Is Endangering Innovation and Progress, and What to Do About It［M］.New York：Princeton University Press, 2004.

[ 111 ] Jaffe A B, Newell R G, Stavins R N.A Tale of Two Market Failures：Technology and Environmental Policy［J］. Ecological Economics, 2005, 54（2）：164-174.

[ 112 ] Jaffe A B, Newell R G, Stavins R N.Environmental Policy and Technological Change［J］. Environmental and Resource Economics, 2002, 22（1）：41-70.

[ 113 ] Jaffe A B, Palmer K.Environmental Regulation and Innovation：A Panel Data Study［J］. Review of Economics and Statistics, 1997, 79（4）：610-619.

[ 114 ] Janvry A D.A Socioeconomic Model of Induced Innovations for Argentine Agricultural Development［J］. Quarterly Journal of Economics, 1973, 87（3）：410-435.

[ 115 ] Jensen M. C.Agency Costs of Free Cash Flow, Corporate Finance, and Takeovers［J］. American Economic Review, 1986, 76（2）：323-329.

[ 116 ] Johnstone N, Haščič I, Popp D.Renewable Energy Policies and Technological Innovation：Evidence Based on Patent Counts［J］. Environmental and Resource Economics, 2010, 45（1）：133-155.

[ 117 ] Kaldor N.Capital Accumulation and Economic Growth［M］.The Theory of Capital：Pal-

grave Macmillan Uk, 1961.

[ 118 ] Kalt J P.Technological Change and Factor Substitution in The United States: 1929–1967 [ J ] . International Economic Review, 1978, 19 ( 3 ): 761–775.

[ 119 ] Kaplan S N, Zingales L.Do Investment-Cash Flow Sensitivities Provide Useful Measures of Financing Constraints? [ J ]. Quarterly Journal of Economics, 1997, 112( 1 ): 169–215.

[ 120 ] Kaplan S N, Zingales L.Investment-Cash Flow Sensitivities Are Not Valid Measures of Financing Constraints [ J ] . Quarterly Journal of Economics, 2000, 115 ( 2 ): 707–712.

[ 121 ] Katz L F, Murphy K M.Changes in Relative Wages, 1963–1987: Supply and Demand Factors [ J ] . Quarterly Journal of Economics, 1992, 107 ( 1 ): 35–78.

[ 122 ] Kennedy C.Induced Bias in Innovation and The Theory of Distribution [ J ] .Economic Journal, 1964, 74 ( 295 ): 541–547.

[ 123 ] Klemetsen M E, Bye B, Raknerud A.Can Direct Regulations Spur Innovations in Environmental Technologies? A Study on Firm-Level Patenting [ J ] . Scandinavian Journal of Economics, 2016, 24 ( 5 ): 45–81.

[ 124 ] Klier T, Linn J.The Effect of Vehicle Fuel Economy Standards on Technology Adoption [ J ]. Journal of Public Economics, 2016, 133 ( C ): 41–63.

[ 125 ] Klump R, Mcadam P, Willman A.Factor Substitution and Factor-Augmenting Technical Progress in The United States: A Normalized Supply-Side System Approach [ J ] .Review of Economics and Statistics, 2007, 89 ( 89 ): 183–192.

[ 126 ] Klump R, Saam M.Calibration of Normalised Ces Production Functions in Dynamic Models [ J ] . Economics Letters, 2008, 99 ( 22 ): 256–259.

[ 127 ] Konisky D M.Regulatory Competition and Environmental Enforcement: Is There a Race to The Bottom? [ J ] . American Journal of Political Science, 2007, 51 ( 4 ): 853–872.

[ 128 ] Kravis I B.Relative Income Shares in Fact and Theory [ J ] . American Economic Review, 1959, 49 ( 5 ): 917–949.

[ 129 ] Kruse J, Wetzel H.Innovation in Clean Coal Technologies: Empirical Evidence from Firm-Level Patent Data [ R ] . Ewi Working Paper, 2016.

[ 130 ] Krusell P, Quadrini V, Ríos-Rull J V.Politico-Economic Equilibrium and Economic Growth [ J ] . Journal of Economic Dynamics and Control, 1997, 21 ( 1 ): 243–272.

[ 131 ] Kumar S, Managi S.Energy Price-Induced and Exogenous Technological Change: Assessing The Economic and Environmental Outcomes [ J ] .Resource and Energy Economics, 2009, 31 ( 4 ): 334–353.

[ 132 ] Kvist J.Does Eu Enlargement Start a Race to The Bottom? Strategic Interaction Among Eu

Member States in Social Policy［J］. Journal of European Social Policy, 2004, 14（3）: 301-318.

［133］Landsea C W.Meteorology: Hurricanes and Global Warming［J］. Nature, 2005, 438 （7071）: E11-E12.

［134］Lanjouw J O, Mody A.Innovation and The International Diffusion of Environmentally Responsive Technology［J］. Research Policy, 1996, 25（4）: 549-571.

［135］Lanoie P, Laurent - Lucchetti J, Johnstone N, et al.Environmental Policy, Innovation and Performance: New Insights on The Porter Hypothesis［J］. Journal of Economics and Management Strategy, 2011, 20（3）: 803-842.

［136］Lanzi E, Sue Wing I.Capital Malleability, Emission Leakage and The Cost of Partial Climate Policies: General Equilibrium Analysis of The European Union Emission Trading System［J］. Environmental and Resource Economics, 2013, 55（2）: 257-289.

［137］Lanzi E, Sue Wing I.Directed Technical Change in The Energy Sector: An Empirical Test of Induced Directed Innovation［C］//Wcere 2010 Conference, Mimeo, 2011.

［138］Lennox J A, Witajewski-Baltvilks J.Directed Technical Change With Capital-Embodied Technologies: Implications for Climate Policy［J］. Energy Economics, 2017, 67（9）: 400-409.

［139］Levin R C, Klevorick A K, Nelson R R, et al.Appropriating The Returns from Industrial Research and Development［J］.Brookings Papers on Economic Activity, 1987（3）: 783-831.

［140］Lin B Q, Li J L.The Rebound Effect for Heavy Industry: Empirical Evidence from China ［J］. Energy Policy, 2014, 74（C）: 589-599.

［141］Lin J Y.Education and Innovation Adoption in Agriculture: Evidence from Hybrid Rice in China［J］. American Journal of Agricultural Economics, 1991, 73（3）: 713-723.

［142］Lin J Y.Education and Innovation Adoption in Agriculture: Evidence from Hybrid Rice in China［J］. American Journal of Agricultural Economics, 1991, 73（3）: 713-723.

［143］Lin J Y.Rural Reforms and Agricultural Growth in China［J］. American Economic Review, 1992, 82（1）: 34-51.

［144］Liu Q H, Shumway C R.Geographic Aggregation and Induced Innovation in American Agriculture［J］. Applied Economics, 2006, 38（6）: 671-682.

［145］Low P, Yeats A.Do "Dirty" Industries Migrate?［R］. World Bank Discussion Papers, 1992.

［146］Martin R, Wagner U J.Climate Policy and Innovation: Evidence from Patent Data［R］. Working Paper, 2009.

［147］Mitchell J F B, Lowe J, Wood R A, et al.Extreme Events Due to Human-Induced Climate Change［J］. Philosophical Transactions of the Royal Society of London A: Mathematical, Physical and Engineering Sciences, 2006, 364（1845）: 2117-2133.

［148］Moreno G E, Sneessens H R.Low-Skilled Unemployment, Capital-Skill Complementarity and Embodied Technical Progress［J］. Louvain Economic Review, 2007, 73（3）: 241-272.

［149］Munch J R, Skaksen J R.Human Capital and Wages in Exporting Firms［J］. Journal of International Economics, 2008, 75（2）: 363-372.

［150］Munch J R, Skaksen J R.Product Market Integration and Wages in Unionized Countries ［J］. Scandinavian Journal of Economics, 2002, 104（2）: 289-299.

［151］Munch J R, Skaksen J R.Specialization, Outsourcing and Wages［J］. Review of World Economics, 2009, 145（1）: 57-73.

［152］Musso P, Schiavo S.The Impact of Financial Constraints on Firm Survival and Growth［J］. Journal of Evolutionary Economics, 2008, 18（2）: 135-149.

［153］Myers S C, Majluf N S.Corporate Financing and Investment Decisions When Firms Have Information That Investors Do Not Have［J］.Journal of Financial Economics, 1984, 13（1）: 187-221.

［154］Nesta L, Vona F, Nicolli F.Environmental Policies, Competition and Innovation in Renewable Energy［J］. Journal of Environmental Economics and Management, 2014, 67（3）: 396-411.

［155］Nesta L, Vona F, Nicolli F.Environmental Policies, Product Market Regulation and Innovation in Renewable Energy［J］.Documents De Travail De Lofce, 2012, 234（6）: 120-141.

［156］Newell R G, Jaffe A B, Stavins R N.The Induced Innovation Hypothesis and Energy-Saving Technological Change［J］. The Quarterly Journal of Economics, 1999（114）: 941-975.

［157］Nicholls R J, Lowe J A.Climate Stabilisation and Impacts of Sea-Level Rise［J］.General Information, 2006, 30（Special 14）: 44-53.

［158］Noailly J, Batrakova S.Stimulating Energy-Efficient Innovations in The Dutch Building Sector: Empirical Evidence From Patent Counts and Policy Lessons［J］.Energy Policy, 2010, 38（12）: 7803-7817.

［159］Noailly J, Smeets R.Financing Energy Innovation: The Role of Financing Constraints for Directed Technical Change From Fossil-Fuel to Renewable Innovation［R］. Eib Working Papers, 2016.

243

［160］Nordhaus W.Some Skeptical Thoughts on The Theory of Induced Innovation［J］.Quarterly Journal of Economics，1973，87（2）：208-219.

［161］Panik M J.Factor Learning and Biased Factor-Efficiency Growth in The United States，1929-1966［J］.International Economic Review，1976，17（13）：733-739.

［162］Peters M，Schneider M，Griesshaber T.The Impact of Technology-Push and Demand-Pull Policies on Technical Change-Does The Locus of Policies Matter?［J］.Research Policy，2012，41（8）：1296-1308.

［163］Popp D，Hascic I，Medhi N.Technology and The Diffusion of Renewable Energy［J］.Energy Economics，2011，33（4）：648-662.

［164］Popp D，Newell R G，Jaffe A B.Energy，The Environment，And Technological Change［J］.Handbook of The Economics of Innovation，2010（2）：873-937.

［165］Popp D，Newell R.Where Does Energy R&D Come From? Examining Crowding Out From Energy R&D［J］.Energy Economics，2012，34（4）：980-991.

［166］Popp D.Entice：Endogenous Technological Change in The Dice Model of Global Warming［J］.Journal of Environmental Economics and Management，2003，48（1）：742-768.

［167］Popp D.Induced Innovation and Energy Prices［J］.American Economic Review，2002，92（1）：160-180.

［168］Popp D.International Innovation and Diffusion of Air Pollution Control Technologies：The Effects of $NO_x$ and $SO_2$ Regulation in The US，Japan，and Germany［J］.Journal of Environmental Economics and Management，2006，51（1）：46-71.

［169］Popp D.Lessons From Patents：Using Patents to Measure Technological Change in Environmental Models［J］.Ecological Economics，2005，54（2）：209-226.

［170］Porter M E，Van Der Linde C.Green and Competitive：Ending The Stalemate［J］.Harvard Business Review，1995，73（5）：120-134.

［171］Porter M E，Van Der Linde C.Toward A New Conception of The Environment-Competitiveness Relationship［J］.Journal of Economic Perspectives，1995，9（4）：97-118.

［172］Rehfeld K M，Rennings K，Ziegler A.Integrated Product Policy and Environmental Product Innovations：An Empirical Analysis［J］.Ecological Economics，2007，61（1）：91-100.

［173］Rexhauser S，Loschel A.Invention in Energy Technologies：Comparing Energy Efficiency and Renewable Energy Inventions at The Firm Level［J］.Energy Policy，2015，83（C）：206-217.

［174］Rexhäuser S，Löschel A.Invention in Energy Technologies：Comparing Energy Efficiency and Renewable Energy Inventions at The Firm Level［J］.Energy Policy，2015，83（8）：

206–217.

[175] Richard G N, Adam B J, Robert N S.The Induced Innovation Hypothesis and Energy-Saving Technological Change [J] .Quarterly Journal of Economics, 1999, 114 (3): 941–975.

[176] Ripatti A.Declining Labour Share: Evidence of A Change in Underlying Production Technology [R] .Bank of Finland Discussion Papers, 2001.

[177] Rivera-Batiz L A, Romer P M.Economic Integration and Endogenous Growth [J] .Quarterly Journal of Economics, 1991, 106 (2): 531–555.

[178] Romer P M.Endogenous Technological Change [J] .Journal of Political Economy, 1990, 98 (5): S71–S102.

[179] Samuelson P A.A Theory of Induced Innovation Along Kennedy-Weisacker Lines [J] . Review of Economics and Statistics, 1965, 47 (4): 343–356.

[180] Sato R, Morita T.Quantity Or Quality: The Impact of Labour Saving Innovation on U.S. and Japanese Growth Rates, 1960–2004[J] . Japanese Economic Review, 2009, 60(4): 407–434.

[181] Sato R.The Estimation of Biased Technical Progress and The Production Function [J] . International Economic Review, 1970, 11 (2): 179–208.

[182] Sauchanka P.Fuel Prices and Environment-Friendly Innovations: Evidence From The Automobile Industry [R] .Working Paper, 2015.

[183] Schmookler J.Innovation and Economic Growth [M] . Cambridge Mass: Harvard University Press, 1966.

[184] Solow R M.Economic History and Economics [J] . American Economic Review, 1985, 75 (2): 328–331.

[185] Stott P A, Stone D A, Allen M R.Human Contribution to The European Heatwave of 2003 [J] . Nature, 2004, 432 (7017): 610–614.

[186] Teece D J.Economy of Scope and The Scope of The Enterprise [J] .Journal of Economic Behavior & Organization, 1980, 1 (3): 223–245.

[187] Topel R.Labor Markets and Economic Growth [J] . Handbook of Labor Economics, 1999, 3 (C): 2943–2984.

[188] Van Pottelsberghe B, Lichtenberg F.International R&D Spillovers Comment [J] .Ulb Institutional Repository, 1998, 42 (8): 1483–1491.

[189] Van Z A, Yetkiner I H.An Endogenous Growth Model With Embodied Energy-Saving Technical Change [J] . Resource and Energy Economics, 2003, 25 (1): 81–103.

[190] Verdolini E, Galeotti M.At Home and Abroad: An Empirical Analysis of Innovation and

Diffusion in Energy Technologies［J］.Journal of Environmental Economics and Management，2011，61（2）：119–134.

［191］Wang C，Hua L，Pan S Y，et al.The Fluctuations of China's Energy Intensity：Biased Technical Change［J］.Applied Energy，2014，135（15）：407－414.

［192］Wang X，Wang T J.Energy Conversion Analysis of Hydrogen and Electricity Co-Production Coupled With In Situ $CO_2$ Capture［J］.Energy For Sustainable Development，2012，16（4）：421–429，

［193］Weiss M.Skill-Biased Technological Change：Is There Hope for The Unskilled?［J］.Economics Letters，2008，100（3）：439–441.

［194］Whited T M，Wu G.Financial Constraints Risk［J］.Review of Financial Studies，2006，19（2）：531–559.

［195］Whited T M.Debt，Liquidity Constraints，and Corporate Investment：Evidence From Panel Data［J］.Journal of Finance，1992，47（4）：1425–1460.

［196］Wilkinson M.Factor Supply and The Direction of Technological Change［J］.American Economic Review，1968，58（1）：120–128.

［197］Yeaple S R.A Simple Model of Firm Heterogeneity，International Trade，and Wages［J］.Journal of International Economics，2005，65（1）：1–20.

［198］Yeaple S R.Firm Heterogeneity and The Structure of U.S. Multinational Activity［J］.Journal of International Economics，2009，78（2）：206–215.

［199］Young A T.Labor's Share Fluctuations，Biased Technical Change，and The Business Cycle［J］.Review of Economic Dynamics，2004，7（4）：916–931.

［200］Zeira J.Wage Inequality，Technology，and Trade［J］.Journal of Economic Theory，2007，137（1）：79–103.

［201］白重恩，钱震杰，武康平.中国工业部门要素分配份额决定因素研究［J］.经济研究，2008（8）：16–28.

［202］白重恩，钱震杰.国民收入的要素分配：统计数据背后的故事［J］.经济研究，2009（3）：27–41.

［203］白重恩，钱震杰.谁在挤占居民的收入——中国国民收入分配格局分析［J］.中国社会科学，2009（5）：99–115.

［204］陈菲琼，丁宁.全球网络下区域技术锁定突破模式研究——OFDI逆向溢出视角［J］.科学学研究，2009（11）：1641–1650.

［205］陈欢，王燕.国际贸易与中国技术进步方向——基于制造业行业的经验研究［J］.经济评论，2015（3）：84–96.

［206］陈欢，王燕.中国制造业技术进步演进特征及行业差异性研究［J］.科学学研究，

2015（6）：859–867.

［207］陈诗一.节能减排、结构调整与工业发展方式转变研究［M］.北京：北京大学出版社，2011.

［208］陈诗一.节能减排与中国工业的双赢发展：2009—2049［J］.经济研究，2010（3）：129–143.

［209］陈诗一.能源消耗、二氧化碳排放与中国工业的可持续发展［J］.经济研究，2009（4）：41–55.

［210］陈诗一.中国的绿色工业革命：基于环境全要素生产率视角的解释（1980—2008）［J］.经济研究，2010（11）：21–34.

［211］陈诗一.中国碳排放强度的波动下降模式及经济解释［J］.世界经济，2011（4）：124–143.

［212］陈晓玲，徐舒，连玉君.要素替代弹性、有偏技术进步对我国工业能源强度的影响［J］.数量经济技术经济研究，2015（3）：58–76.

［213］陈宇峰，陈启清.国际油价冲击与中国宏观经济波动的非对称时段效应：1978—2007［J］.金融研究，2011（5）：86–99.

［214］陈宇峰，陈准准.能源冲击对中国部门间劳动力市场需求结构的影响［J］.国际贸易问题，2012（4）：16–29.

［215］陈宇峰，贵斌威，陈启清.技术偏向与中国劳动收入份额的再考察［J］.经济研究，2013（6）：113–126.

［216］陈宇峰.后危机时代的国际油价波动与未来走势：一个多重均衡的视角［J］.国际贸易问题，2010（12）：3–11.

［217］戴天仕，徐现祥.中国的技术进步方向［J］.世界经济，2010（1）：54–70.

［218］邓明，吴亮.中国地区层面技能溢价来源的分解与识别：源自偏向性技术进步还是资本—技能互补？［J］.劳动经济评论，2021（1）：67–92.

［219］邓明.技术进步偏向与中国地区经济波动［J］.经济科学，2015（1）：5–17.

［220］邓明.人口年龄结构与中国省际技术进步方向［J］.经济研究，2014（3）：130–143.

［221］丁建勋，仪姗，林一晓.技术进步与资本积累的动态融合对劳动收入份额的影响［J］.劳动经济评论，2020（1）：102–119.

［222］董直庆，蔡啸，王林辉.技能溢价：基于技术进步方向的解释［J］.中国社会科学，2014（10）：22–40.

［223］董直庆，戴杰，陈锐.技术进步方向及其劳动收入分配效应检验［J］.上海财经大学学报，2013（5）：65–72.

［224］董直庆，王芳玲，高庆昆.技能溢价源于技术进步偏向性吗［J］.统计研究，2013

（6）：37-44.

[225] 董直庆，王辉.异质性研发补贴、技术进步方向和环境质量［J］.南京社会科学，
2018（8）：15-25.

[226] 杜群阳，朱勤.中国企业技术获取型海外直接投资理论与实践［J］.国际贸易问题，
2004（11）：66-69.

[227] 菲利普·阿格因，彼得·豪伊特.增长经济学［M］.杨斌，译.北京：中国人民大
学出版社，2011.

[228] 冯烽，叶阿忠.技术溢出视角下技术进步对能源消费的回弹效应研究——基于空间
面板数据模型［J］.财经研究，2012（9）：123-133.

[229] 付海燕.对外直接投资逆向技术溢出效应研究——基于发展中国家和地区的实证检
验［J］.世界经济研究，2014（9）：54-61.

[230] 葛美瑜，张中祥，张增凯.国际生产分工的技能溢价效应［J］.经济与管理研究，
2020（1）：48-62.

[231] 郭凯明，杭静，颜色.资本深化、结构转型与技能溢价［J］.经济研究，2020（9）：
90-105.

[232] 杭雷鸣，屠梅曾.能源价格对能源强度的影响——以国内制造业为例［J］.数量经
济技术经济研究，2006（12）：93-100.

[233] 何小钢，王自力.能源偏向型技术进步与绿色增长转型——基于中国33个行业的
实证考察［J］.中国工业经济，2015（2）：50-62.

[234] 何晓萍.工业投资、技术变迁与工业节能［J］.投资研究，2013（3）：62-76.

[235] 黄先海，徐圣.中国劳动收入比重下降成因分析——基于劳动节约型技术进步的视
角［J］.经济研究，2009（7）：34-44.

[236] 蒋伏心，王竹君，白俊红.环境规制对技术创新影响的双重效应——基于江苏制造
业动态面板数据的实证研究［J］.中国工业经济，2013（7）：44-55.

[237] 景维民，张璐.环境管制、对外开放与中国工业的绿色技术进步［J］.经济研究，
2014（9）：34-47.

[238] 匡国静，王少国.技术进步偏向及其形式的收入分配效应研究［J］.审计与经济研
究，2020（5）：105-115.

[239] 雷钦礼.技术进步偏向、资本效率与劳动收入份额变化［J］.经济与管理研究，
2012（12）：15-24.

[240] 李稻葵，何梦杰，刘霖林.我国现阶段初次分配中劳动收入下降分析［J］.经济理
论与经济管理，2010（2）：13-19.

[241] 李稻葵，刘霖林，王红领.GDP中劳动份额演变的U型规律［J］.经济研究，2009
（1）：70-82.

［242］李飞跃.技术选择与经济发展［J］.世界经济，2012（2）：45-62.

［243］李惠娟，李文秀，蔡伟宏.参与全球价值链分工、技能偏向性技术进步与技能溢价［J］.国际经贸探索，2021（12）：35-54.

［244］李梅，柳士昌.对外直接投资逆向技术溢出的地区差异和门槛效应——基于中国省际面板数据的门槛回归分析［J］.管理世界，2012（1）：21-32.

［245］李梅，柳士昌.国际R&D溢出渠道的实证研究——来自中国省际面板的经验证据［J］.世界经济研究，2011（10）：62-68.

［246］李梅，柳士昌.人力资本与国际R&D溢出——基于OFDI传导机制的实证研究［J］.科学学研究，2011（3）：373-381.

［247］李平，慕绣如.波特假说的滞后性和最优环境规制强度分析——基于系统GMM及门槛效果的检验［J］.产业经济研究，2013（4）：21-29.

［248］廉晓梅，王科惠.我国区域偏向性技术进步的收入分配效应研究［J］.经济纵横，2020（4）：96-103.

［249］林伯强，杜克锐.要素市场扭曲对能源效率的影响［J］.经济研究，2013（9）：125-136.

［250］林伯强，刘泓汛.对外贸易是否有利于提高能源环境效率——以中国工业行业为例［J］.经济研究，2015（9）：127-141.

［251］林伯强，刘希颖.中国城市化阶段的碳排放：影响因素和减排策略［J］.经济研究，2010（8）：66-78.

［252］林伯强，牟敦国.能源价格对宏观经济的影响——基于可计算一般均衡（CGE）的分析［J］.经济研究，2008（11）：88-101.

［253］林伯强，魏巍贤，李丕东.中国长期煤炭需求：影响与政策选择［J］.经济研究，2007（2）：48-58.

［254］林伯强，姚昕，刘希颖.节能和碳排放约束下的中国能源结构战略调整［J］.中国社会科学，2010（1）：58-71.

［255］林伯强，邹楚沅.发展阶段变迁与中国环境政策选择［J］.中国社会科学，2014（5）：81-95.

［256］卢馨，郑阳飞，李建明.融资约束对企业R&D投资的影响研究——来自中国高新技术上市公司的经验证据［J］.会计研究，2013（5）：51-58.

［257］陆雪琴，文雁兵.偏向型技术进步技能结构与溢价逆转——基于中国省级面板数据的经验研究［J］.中国工业经济，2013（10）：18-30.

［258］陆雪琴，章上峰.技术进步偏向定义及其测度［J］.数量经济技术经济研究，2013（8）：20-34.

［259］罗来军，朱善利，邹宗宪.我国新能源战略的重大技术挑战及化解对策［J］.数量

经济技术经济研究，2015（2）：113-128.

[260] 罗长远，张军.经济发展中的劳动收入占比：基于中国产业数据的实证研究[J].中国社会科学，2009（4）：65-79.

[261] 罗长远，张军.劳动收入占比下降的经济学解释——基于中国省级面板数据的分析[J].管理世界，2009（5）：25-35.

[262] 罗长远.卡尔多"特征事实"再思考：对劳动收入占比的分析[J].世界经济，2008（11）：86-96.

[263] 潘士远.贸易自由化、有偏的学习效应与发展中国家的工资差异[J].经济研究，2007（6）：98-105.

[264] 潘士远.最优专利制度、技术进步方向与工资不平等[J].经济研究，2008（1）：127-136.

[265] 蒲志仲，刘新卫，毛程丝.能源对中国工业化时期经济增长的贡献分析[J].数量经济技术经济研究，2015（10）：3-19.

[266] 申朴，刘康兵，朱雨静.进口贸易对我国技能工资差距的影响——基于替代和技能偏向型技术进步效应的实证研究[J].复旦学报（社会科学版），2020（6）：154-164.

[267] 沈坤荣，张成.中国企业的外源融资与企业成长——以上市公司为案例的研究[J].管理世界，2003（7）：120-126.

[268] 盛斌，郝碧榕.全球价值链嵌入与技能溢价——基于中国微观企业数据的经验分析[J].国际贸易问题，2021（2）：80-95.

[269] 宋冬林，王林辉，董直庆.技能偏向型技术进步存在吗？——来自中国的经验证据[J].经济研究，2010（5）：68-81.

[270] 单豪杰.中国资本存量K的再估算：1952—2006年[J].数量经济技术经济研究，2008（10）：17-31.

[271] 陶敏阳.我国人口结构变化、资本偏向型技术进步与劳动收入份额演变——基于1990—2017省际面板数据的研究[J].技术经济，2019（11）：100-108.

[272] 王班班，齐绍洲.市场型和命令型政策工具的节能减排技术创新效应——基于中国工业行业专利数据的实证[J].中国工业经济，2016（6）：91-108.

[273] 王班班，齐绍洲.有偏技术进步、要素替代与中国工业能源强度[J].经济研究，2014（2）：115-127.

[274] 王碧珺，谭语嫣，余淼杰，等.融资约束是否抑制了中国民营企业对外直接投资[J].世界经济，2015（12）：54-78.

[275] 王静，张西征.融资约束、出口与R&D投资——中国出口的高速增长为何未带来经济转型？[J].产业经济研究，2014（4）：73-83.

［276］王俊，胡雍.中国制造业技能偏向技术进步的测度与分析［J］.数量经济技术经济研究，2015（1）：82-96.

［277］王俊.贸易自由化与技能溢价：基于技能偏向技术进步视角的研究［J］.国际经贸探索，2019（5）：40-51.

［278］王林辉，蔡啸，高庆昆.中国技术进步技能偏向性水平：1979—2010［J］.经济学动态，2014（4）：56-65.

［279］王林辉，韩丽娜.技术进步偏向性及其要素收入分配效应［J］.求是学刊，2012（1）：56-62.

［280］王林辉，王辉，董直庆.经济增长和环境质量相容性政策条件——环境技术进步方向视角下的政策偏向效应检验［J］.管理世界，2020（3）：39-60.

［281］王林辉，袁礼.有偏型技术进步、产业结构变迁和中国要素收入分配格局［J］.经济研究，2018（11）：115-131.

［282］王永进，盛丹.要素积累、偏向型技术进步与劳动收入占比［J］.世界经济文汇，2010（4）：33-50.

［283］魏楚，杜立民，沈满洪.中国能否实现节能减排目标：基于DEA方法的评价与模拟［J］.世界经济，2010（3）：141-160.

［284］魏楚，沈满洪.规模效率与配置效率：一个对中国能源低效的解释［J］.世界经济，2009（4）：84-96.

［285］魏楚，沈满洪.结构调整能否改善能源效率：基于中国省级数据的研究［J］.世界经济，2008（11）：77-85.

［286］魏楚，沈满洪.能源效率研究发展及趋势：一个综述［J］.浙江大学学报（人文社会科学版），2009（3）：55-63.

［287］魏楚.中国城市 $CO_2$ 边际减排成本及其影响因素［J］.世界经济，2014（7）：115-141.

［288］魏楚.中国能源效率问题研究［D］.杭州：浙江大学，2009.

［289］文雁兵，陆雪琴.中国劳动收入份额变动的决定机制分析——市场竞争和制度质量的双重视角［J］.经济研究，2018（9）：83-98.

［290］吴国锋，谢建国.对外贸易与中国劳动者的收入份额——基于1978—2012年中国省际面板数据的研究［J］.国际贸易问题，2015（4）：66-74.

［291］吴俊，黄东梅.研发补贴、产学研合作与战略性新兴产业创新［J］.科研管理，2016（9）：20-27.

［292］吴宗鑫，滕飞.第三次工业革命与中国能源向绿色低碳转型［M］.北京：清华大学出版社，2015.

［293］徐雷，杨家辉，郑理.中国劳动收入份额的时空分异特征及动态演变研究［J］.北

京工商大学学报（社会科学版），2021（1）：92–104.

[294] 许培源，章燕宝. 行业技术特征、知识产权保护与技术创新 [J]. 科学学研究，2014（6）：950–960.

[295] 阳佳余. 融资约束与企业出口行为：基于工业企业数据的经验研究 [J]. 经济学（季刊），2012（4）：1503–1524.

[296] 杨飞，程瑶. 南北贸易、产权保护与技能偏向性技术进步——论产权保护是否存在门槛效应 [J]. 财经研究，2014（10）：59–70.

[297] 杨继生，徐娟，吴相俊. 经济增长与环境和社会健康成本 [J]. 经济研究，2013（12）：17–29.

[298] 杨扬，姜文辉，张卫芳. 人口老龄化、技术偏向是否加剧了中国劳动收入份额下降——基于中国省际面板数据的理论与实证分析 [J]. 经济问题，2018（6）：6–13.

[299] 姚毓春，袁礼，王林辉. 中国工业部门要素收入分配格局——基于技术进步偏向性视角的分析 [J]. 中国工业经济，2014（8）：44–56.

[300] 易先忠，张亚斌，刘智勇. 自主创新、国外模仿与后发国知识产权保护 [J]. 世界经济，2007（3）：31–40.

[301] 殷德生，唐海燕. 技能型技术进步、南北贸易与工资不平衡 [J]. 经济研究，2006（5）：106–114.

[302] 尤济红，王鹏. 环境规制能否促进 R&D 偏向于绿色技术研发？——基于中国工业部门的实证研究 [J]. 经济评论，2016（3）：26–38.

[303] 余东华，陈汝影. 资本深化、要素收入份额与全要素生产率——基于有偏技术进步的视角 [J]. 山东大学学报（哲学社会科学版），2020（5）：107–117.

[304] 余淼杰，梁中华. 贸易自由化与中国劳动收入份额——基于制造业贸易企业数据的实证分析 [J]. 世界经济，2017（7）：22–31.

[305] 喻美辞，蔡宏波. 出口产品质量与技能溢价：理论机制及中国证据 [J]. 统计研究，2019（8）：60–73.

[306] 喻美辞，熊启泉. 中间产品进口、技术溢出与中国制造业的工资不平等 [J]. 经济学动态，2012（3）：55–62.

[307] 张成，陆旸，郭路，等. 环境规制强度和生产技术进步 [J]. 经济研究，2011（2）：113–124.

[308] 张江山，张旭昆. 技术进步、能源效率与回弹效应——来自中国省际面板数据的经验测算 [J]. 山西财经大学学报，2014（11）：50–59.

[309] 张军，吴桂英，张吉鹏. 中国省际物质资本存量估算：1952—2000 [J]. 经济研究，2004（10）：35–44.

[310] 张俊，钟春平. 偏向型技术进步理论：研究进展及争议 [J]. 经济评论，2014（5）：

148-160.

［311］张莉，李捷瑜，徐现祥．国际贸易偏向型技术进步与要素收入分配［J］．经济学（季刊），2012（2）：409-428.

［312］张平，张鹏鹏，蔡国庆．不同类型环境规制对企业技术创新影响比较研究［J］．中国人口·资源与环境，2016（4）：8-13.

［313］张庆丰，罗伯特·克鲁克斯．迈向环境可持续的未来［M］．北京：中国财政经济出版社，2012.

［314］张涛，林季红．中国的贸易开放与工资收入差距——来自微观数据的经验研究［J］．国际经贸探索，2012（10）：4-14.

［315］张文彤，董伟．SPSS 统计分析高级教程［M］.2 版.北京：高等教育出版社，2013.

［316］张先锋，张敬松，夏宏博．贸易自由化、相对价格效应与技能溢价［J］．财贸研究，2015（3）：79-87+132.

［317］张宇，钱水土．绿色金融、环境技术进步偏向与产业结构清洁化［J/OL］．科研管理，2022-02-18.

［318］赵伟，古广东，何元庆．外向 FDI 与中国技术进步：机理分析与尝试性实证［J］．管理世界，2006（7）：53-60.

［319］郑江淮，荆晶．技术差距与中国工业技术进步方向的变迁［J］．经济研究，2021（7）：24-40.

［320］钟世川．要素替代弹性、技术进步偏向与我国工业行业经济增长［J］．当代经济科学，2014（1）：74-81.